合肥市活断层探测与地震危险性评价

郑颖平　方良好　疏　鹏　路　硕等　编著

科学出版社

北　京

内 容 简 介

城市活断层是城市地震灾源之一。本书是合肥城市活断层探测项目的技术方法和理论成果总结。内容包括研究区区域构造特征、合肥盆地新生代沉积特征分析、城市活断层探测、活断层定年与定位、深部构造环境探测与研究、地震危险性评价和危害性预测等，是反映我国城市活断层探测理论、方法和应用的实例之一。

本书可供城市规划部门、建设部门、地质与地球物理勘探行业、工程勘察行业相关研究人员和有关院校师生参考。

图书在版编目（CIP）数据

合肥市活断层探测与地震危险性评价/郑颖平等编著. —北京：科学出版社，2020.6

ISBN 978-7-03-063858-8

Ⅰ. ①合⋯　Ⅱ. ①郑⋯　Ⅲ. ①活动断层–地震勘探–研究–合肥　Ⅳ. ①P631.4

中国版本图书馆 CIP 数据核字（2019）第 300134 号

责任编辑：周　丹　沈　旭/责任校对：杨聪敏
责任印制：师艳茹/封面设计：许　瑞

科 学 出 版 社 出版

北京东黄城根北街 16 号
邮政编码：100717
http://www.sciencep.com

三河市春园印刷有限公司 印刷

科学出版社发行　各地新华书店经销

*

2020 年 6 月第　一　版　　开本：787×1092　1/16
2020 年 6 月第一次印刷　　印张：17 1/4
字数：405 000

定价：199.00 元
（如有印装质量问题，我社负责调换）

《合肥市活断层探测与地震危险性评价》
编委会成员

主要编著人员：郑颖平　方良好　疏　鹏　路　硕
　　　　　　　洪德全　倪红玉　张　洁　潘浩波
　　　　　　　杨源源　李鹏飞　王　鑫　刘春茹
　　　　　　　王子珺　孙丽娜

主 要 成 员：刘　欣　张有林　王行舟　张　毅
　　　　　　　刘庆忠　黄显良　蒋春曦　宋方敏
　　　　　　　杨晓平　尹功明　刘保金　张景发
　　　　　　　赵伯明　姬继发　金学申　李　杰
　　　　　　　谢庆胜　刘世靖　李玲利　汪小厉

前　言

我国绝大部分 6 级以上的地震都发生在活动构造带上。活动断层不仅是产生强烈地震的主要根源，且其地表破裂或强变形带及附近更是建筑物破坏最严重、人员伤亡最集中的地带。

随着中国城市化的快速发展，人口和物质财富向城市高度集中，一旦发生地震灾害，城市建筑、管网、电力、水利、道路桥梁、通信、燃气等设施被破坏，将严重影响城市的可持续发展，如 1976 年唐山地震、2003 年伊朗巴姆地震、2005 年巴基斯坦地震等均给城市带来毁灭性的破坏。城市活断层是导致城市地震巨灾的根源，因其位于城市之下，若发生突然快速错动将导致直下型地震，城市附近地震诱发城区活断层的活动也会加重活断层沿线建筑物的破坏和地面灾害，如 1999 年台湾集集强震沿车笼埔断裂带使得大批建筑物遭到毁坏。

鉴于城市直下型地震可能造成的重大人员伤亡和经济损失危害，通过对合肥市活断层探测与地震危险性评价工作，了解合肥市及其周围活断层的空间分布，并评价其可能造成的危险性和危害性，为防震减灾措施的针对性提供依据，提高合肥市的综合抗震设防能力，为实现城市综合减灾目标提供重要基础资料。

研究区合肥盆地一方面是与其南缘大别山超高压变质岩带毗邻的后陆盆地，另一方面又是具有油气开发远景的中新生代断陷盆地，因此对它的研究从 20 世纪 50 年代持续至今。

1958 年以来先后有地质部、石油部、华东石油勘探局、地质部航磁大队、地质部华东石油物探大队、安徽石油勘探处、石油地球物理勘探局和胜利油田等十几家勘探队伍进行过合肥盆地的油气勘探，前后经历了四个勘探阶段（陈建平，2004）。

第一阶段（1958～1964 年）为重、磁、化探普查阶段。完成了 1∶20 万航磁、地面重、磁普查。在盆地北部做过少量垂向电测深和化探工作。在盆地内打了 43 口地质浅井（井深在 1000 m 以内），总进尺 25172m。在盆地北部朱 1 井首次发现了下白垩统朱巷组 30 多米厚的暗色泥岩，分析认为可能是生油岩。

第二阶段（1970～1985 年）为光点模式地震普查阶段。1970 年，安徽石油勘探处成立后，即以合肥盆地为重点开始了新一轮勘探，先后钻深井 6 口，总进尺 16511m，地质浅井 14 口，进尺 12293 m，完成地震测线 1520.25km，其中光点地震剖面超过 500km。

第三阶段（1988～1996 年）为二维数字地震普查阶段。该阶段进行了以数字地震勘探为代表的油气普查勘探工作。1991～1992 年，中国石油天然气总公司物探局二处在盆地东部以白垩系、古近系为主要勘探目的层，完成数字地震测线 13 条，长 694km，其中区域大剖面 2 条。1992～1993 年继续完成数字地震测线 3 条，长 261km，其中 2 条为区域大剖面。在此期间，中国石油天然气总公司物探局五处及中国科学技术大学先后在盆地内完成 5 条 MT 区域大剖面。1993 年下半年起，南方新区油气勘探经理部接手合肥盆地的油气普查勘探工作,根据石油物探局所做的贯穿全盆地中部的南北向地震大剖面,在下侏罗统上部发现可能的含煤建造以及印支面以下可能有较厚的古生界地层。1993~1996年,连续3个年度在盆地中部目标区部署地震测线19条,在盆地西部部署区域大剖面5条,合计24条,共1285km。

第四阶段(1999年至今)为盆地综合普查阶段。1999~2000年,胜利油田物探公司首次完成了覆盖全盆地的9条区域地震大剖面,总长1366.75km。随后在合肥西北的吴山庙南打了安参1井,井深5150m,自上而下揭露的地层为第四系、白垩系、侏罗系、二叠—石炭系。同期胜利油田石油管理局勘探事业部也开展了"合肥盆地油气地质前期评价"的研究工作,对下侏罗统及石炭系、二叠系两个主要烃源岩的平面展布、热演化历史进行了较深入的分析、评价,并进行了油气资源量估算,指出有利的勘探区带和局部构造。

上述四个阶段的工作,使人们对合肥盆地基底岩性、地质结构、断裂构造、中—新生界发育及油气的生储盖组合等有了较全面的认识。

造山带与沉积盆地是大陆上最基本的两个构造单元,具有盆山转换和盆山耦合的地质特征。大别山造山带的隆升对合肥盆地的演化具有重要的影响,相反,合肥盆地的地层记录又是研究大别山造山带造山作用的窗口。因此,伴随大别山超高压变质岩带的深入研究,合肥盆地作为盆山耦合系统中的组成部分也引起人们的极大关注和研究热情,有多位学者进行了这方面的研究(王清晨等,1997;李忠和李任伟,1999;薛爱民等,1999;周进高等,1999;赵宗举等,2000a,2000b;贾红义等,2001;陈海云等,2004)。

20世纪80年代以来,随着国民经济的飞速发展,一大批国家级和安徽省级的重大建设项目先后在探测区及其周边地区开工建设。为保证项目的安全建设,安徽省地震局和中国地震局有关直属单位等开展了大量工程场地地震安全性评价工作,对探测区及其外围开展了大量的地质调查、工程场地地球物理勘探、工程勘探、钻探、水文地质勘探等,积累了大量基础资料和探测经验(安徽省地震工程研究院,2012;中国地震局地球物理研究所,2012;北京中震创业工程科技研究院等,2007)。

依据中国地震局"大城市地震活断层探测与地震危险性评价"项目工作大纲,结合合肥市城市建设与发展及其所处地震构造与地震活动背景和合肥市区主要断层的分布情况,确定了合肥市探测区范围:东西宽200km,南北长200km,面积40000km^2;地理坐标:东经116°05′~118°14′,北纬31°07′~32°55′。目标区范围:东西宽35km,南北长35km,面积1225km^2;地理坐标:东经117°05′~117°29′,北纬31°38′~31°59′。开展目标区桑涧子—广寒桥断裂(F1)、乌云山—合肥断裂(F2)、大蜀山—吴山口断裂(F3)、桥头集—东关断裂(F4)、大蜀山—长临河断裂(F5)、六安—合肥断裂(F6)和肥西—韩摆渡断裂(F7)共7条目标断裂的综合探测、定位与活动性鉴定,开展合肥盆地中郯庐断裂带深部探测,开展合肥市主要断裂地震危险性和危害性评价等,为合肥市防震减灾相关规划及城市中长期发展提供科学依据。

在技术方法选择上,根据多年来活断层探测相关工作开展积累的宝贵经验,结合合肥地区地质地貌条件,采用的地球物理勘探方法主要为地震勘探(反射法)。主要技术工作内容如下:

1）初查与目标断层的活动性鉴定

采用多源遥感信息复合处理技术对探测区及目标区近地表主要断层的位置与分布特征开展高分辨率解译；利用重力、航磁资料对区域内断裂的深部延展情况及地壳结构特征开展解译分析；采用线路追索与横穿剖面相结合，辅以小型槽探技术对郯庐断裂带分支断层及其他断层在探测区及目标区附近裸露部分开展地震地质调查；采用钻探与收集已有深钻资料相结合、地层对比与多种测年方法相结合的方法开展目标区第四系剖面研究；采用浅层地震结合钻探方法的综合技术手段开展目标断层的活动性鉴定。

2）深部地震构造环境探测与研究

采用近垂直深地震反射方法，通过一条横跨郯庐断裂带的近东西向测线探测研究探测区地壳精细结构及郯庐断裂带深部延伸状态和深浅结构特征；利用 1970 年以来探测区及外围 M_L1.0 级以上地震的观测资料，对探测区及外围小震进行精确定位，对 1976 年以来探测区及外围台站分布和观测数据进行反演计算，获得探测区较高精度的层析成像结果，根据探测区现代地震的震源机制解资料计算现今构造应力场特征，为目标区主要断层的地震危险性评价提供科学依据。

3）主要断层地震危险性评价

通过地震构造环境分析，结合目标区地震分布特点，确定目标区主要断层最大发震能力和潜在最大震级，综合评价活动断层的地震危险性，估计在未来时期（100 年、200年）内发震的危险程度。

4）主要断层地震危害性评价

根据目标区主要断层空间展布及结构、深浅耦合关系、地壳结构、应力状态、震级上限等，综合确定目标区主要断层未来强震震源破裂模型、位错模型及震源参数。

根据探测区及邻区活动断裂强震破裂习性、历史地震和古地震的同震地表破裂与位错分布、断层滑动速率与地震位错关系、断层发震段落规模与地震位错关系等方面的研究，确定目标区主要断层未来地震的强地面运动场和可能的地表破裂展布及位错分布。

综合地球物理探测和地质、地球物理、地震等成果资料，研究建立合肥地区三维地壳结构模型；利用目标区钻孔测井资料，研究建立目标区主要断层场地力学模型；利用区域浅层地震勘探和合肥盆地达基岩钻孔资料勾画目标区基底形态。

由震源破裂模型、三维地壳结构模型、近断层场地力学模型和盆地基底形态结果，采用统计学改良格林函数法与三维错格有限差分法为主要构架的强地震动预测计算体系，以及基于岩体破裂机理的解析方法、三维覆盖土体破裂机理的数值方法为主要构架的符合地表强变形与破裂预测计算体系，对目标区有发震危险的主要断层，计算近断层未来强震强地面运动的空间展布，定量评价未来强震的近断层强地面运动影响范围及目标区强地面运动场，为城市规划和工程建设提供科学依据。

探测前不能确定郯庐断裂带分支断层（F1、F2）是否穿过合肥盆地，其展布特征、最新活动性等也不清楚，探测后确认 F1、F2 两条断裂隐伏于合肥盆地中，最新活动时代为晚更新世晚期，活动性质为逆断层，切割到上地壳，至下地壳合并为一条断裂。探测前对目标区北西向断裂（F4、F5）活动时代要新于其他断裂这一认识存在争议，探测后确认 F4、F5 断裂在目标区为前第四纪断裂,F4 东南段最新活动时代为中更新世,该段不在目标区范围内,且远离合肥市区。探测前对 F3、F6、F7 断裂的最新活动时代均未得到统一认识,探测后明确了该 3 条断裂在目标区均为前第四纪断裂,其中 F7 断裂西段最新活动时代为中更新世,远离目标区。

由于对目标区郯庐断裂带的认识不清,且受郯庐断裂带活动影响,目标区发育北东向分支断层,此外北西向、近东西向断层也较为发育,且相互呈"井"字形交叉展布,对于这种展布特点的断层,如何有效控制经费实施探测,又不遗漏每一条断层,从而确定每条断层的最新活动性及相互切割关系,给整个探测工作的部署提出了挑战。前期全面、系统、扎实的梳理分析、咨询研讨及现场试验等工作,大大提高了探测工作部署的针对性,尤其是实施的跨郯庐断裂带深层地震勘探工作清晰地揭示出郯庐断裂带深、浅部特征,为分析目标区断裂的主要者和次要者、科学评价郯庐断裂带在合肥盆地中的发震能力提供重要的科学依据。

另外,项目不仅使人们对合肥地震构造环境有了全新的认识,且对其所在的合肥盆地最新构造变形有了了解。该工程为安徽省首个活断层探测项目,探测过程为其他城市开展活断层探测提供了成功范例。

本项目为合肥市"十二五"重点项目,由合肥市政府投资、安徽省地震工程研究院负责组织实施,安徽省地震工程研究院郑颖平高级工程师任项目总技术负责人;得到了安徽省地震局党组书记、局长刘欣,党组成员副局长张有林、王行舟,原局长张鹏,副局长姚大全、王跃等领导的大力支持和指导,局震防处翟洪涛处长和地震预报研究中心、信息中心等相关处室领导及专家给予了配合和协助。项目立项、设计、实施过程中得到了中国地震局地壳应力研究所徐锡伟研究员、张景发研究员,中国地震局地质研究所邓起东院士、汪一鹏研究员、宋方敏研究员、冉勇康研究员、杨晓平研究员、尹功明研究员、于贵华研究员,中国地震局地球物理研究所王椿镛研究员、潘华研究员、余言祥研究员,中国地震局地球物理勘探中心张先康研究员,北京交通大学赵伯明教授,河北地震局金学申研究员等众多专家的大力支持和协助。

项目执行过程中,方盛明研究员、向宏发研究员对项目进行了认真监理和指导。项目实施过程中,合肥市地震局王世保局长、许海东副局长、杨咸春副局长、高红副局长、原局长张立、副局长钱诚、许树处长等给予了大力协助与配合。在各项探测实施过程中,得到合肥市公安、交通、水利等部门和探测区社会各界的大力支持和配合。安徽省地震工程研究院管理团队原办公室主任李代娣,副主任谈昕,王秋芳、张婷婷、杨自云、刘泽祥等为项目的后勤保障做了大量工作,曹均锋、冯伟栋、徐如刚等相关科室负责人也给予了支持和帮助。项目实施初期赵朋、李光、刘胜军等技术人员付出了辛勤的劳动。在技术设计和撰写本书过程中,参考并引用了地震、地质、石油和建设等部门及有关专家的研究成果和资料。在此一并表示衷心感谢。

作　者

2019 年 4 月

目　　录

前言
第1章 区域地震构造环境 ··· 1
　1.1 区域大地构造概况 ·· 1
　　1.1.1 区域大地构造单元划分 ·· 1
　　1.1.2 区域沉积建造特征 ·· 2
　　1.1.3 岩浆岩分布特征 ·· 6
　1.2 地球物理场特征 ·· 8
　　1.2.1 重力场特征 ·· 8
　　1.2.2 磁场特征 ·· 16
　　1.2.3 地壳上地幔结构特征 ·· 17
　1.3 区域新构造运动 ··· 20
　　1.3.1 地貌类型 ·· 20
　　1.3.2 新构造运动形式与特征 ·· 22
　　1.3.3 新构造分区 ·· 23
　1.4 区域现代构造应力场 ··· 26
　　1.4.1 晚新生代构造应力场 ·· 26
　　1.4.2 现代构造应力场 ·· 27
　1.5 区域地震活动背景 ··· 28
　　1.5.1 区域历史地震分布 ·· 28
　　1.5.2 区域现代地震活动特征 ·· 30
　　1.5.3 地震精定位 ·· 30
　1.6 区域主要断层特征 ··· 41
　　1.6.1 郯庐断裂带（F1、F2、F15、F16） ···································· 42
　　1.6.2 大蜀山—吴山口断裂（F3） ·· 55
　　1.6.3 桥头集—东关断裂（F4） ·· 55
　　1.6.4 大蜀山—长临河断裂（F5） ·· 55
　　1.6.5 六安—合肥断裂（F6） ·· 56
　　1.6.6 肥西—韩摆渡断裂（F7） ·· 56
　　1.6.7 临泉—刘府断裂（F8） ·· 56
　　1.6.8 阜阳—凤台断裂（F9） ·· 57
　　1.6.9 颍上—定远断裂（F10） ··· 58
　　1.6.10 肥中断裂（F11） ·· 58

　　1.6.11　梅山—龙河口断裂（F12）·······················59

　　1.6.12　青山—晓天断裂（F13）·······················60

　　1.6.13　落儿岭—土地岭断裂（F14）·················61

　　1.6.14　滁河断裂（F17）·····························63

　　1.6.15　乌江—罗昌河断裂（F18）···················64

　　1.6.16　严家桥—枫沙湖断裂（F19）·················65

第2章　合肥盆地第四系及第四纪地质环境分析·········66

　2.1　区域第四纪地层划分和对比·······················66

　　2.1.1　第四系分布和堆积类型·······················66

　　2.1.2　岩性特征···································66

　2.2　合肥市及周边第四系特征·······················72

　　2.2.1　标准钻孔钻遇的第四系·······················73

　　2.2.2　钻孔联合剖面钻遇的第四系···················81

　2.3　第四纪地质环境·······························83

　　2.3.1　合肥盆地及周边第四纪地质环境···············83

　　2.3.2　合肥市及周边第四纪地质环境·················85

第3章　合肥盆地及邻区深部构造探测与研究···········86

　3.1　深部地震剖面探测与研究·······················86

　　3.1.1　深地震反射剖面位置和测量···················86

　　3.1.2　数据采集···································88

　　3.1.3　资料处理···································90

　　3.1.4　深地震反射剖面资料分析与解释···············93

　　3.1.5　深地震反射主要结果和讨论·················105

　3.2　研究区接收函数反演·························107

　　3.2.1　接收函数原理·····························107

　　3.2.2　数据收集·································108

　　3.2.3　数据处理·································109

　　3.2.4　结果分析·································111

　3.3　地震构造条件分析·························113

　　3.3.1　研究区地壳厚度及现代应力场···············113

　　3.3.2　区域地震构造条件评价·····················113

第4章　合肥市主要断裂综合定位与活动性评价·······115

　4.1　综合定位与活动性评价的技术思路···············115

　4.2　目标区断裂探测·····························116

　　4.2.1　平面展布·································116

　　4.2.2　目标断裂探察·····························117

　4.3　断裂活动总体评价·························160

　　　　4.3.1　断裂产出状态···160

　　　　4.3.2　活动时代、性质···160

　　　　4.3.3　断裂规模···161

第5章　合肥市主要断裂地震危险性评价···································162

　5.1　主要断裂未来地震危险性定性分析·································163

　5.2　主要断裂未来地震危险性定量评估·································164

　　　　5.2.1　主要断裂潜在地震的最大震级评估·······················164

　　　　5.2.2　主要断裂的地震重复间隔与离逝时间估算···················166

　　　　5.2.3　主要断裂未来发震概率评估·······························171

第6章　合肥市主要断裂地震危害性评价···································179

　6.1　强震动的模拟计算···179

　　　　6.1.1　建立震源计算模型及模型优化·····························179

　　　　6.1.2　目标断层设定条件···181

　　　　6.1.3　目标断层震源模型···184

　6.2　地下速度结构模型建立及优化·····································193

　　　　6.2.1　地下速度结构模型···193

　　　　6.2.2　三维地下速度结构模型建立·································193

　6.3　强地震动计算与合成···204

　　　　6.3.1　短周期强地震动计算···204

　　　　6.3.2　长周期强地震动理论计算·····································204

　　　　6.3.3　宽频带地震动合成···205

　6.4　强地震动预测结果与分析···205

　　　　6.4.1　F1-M6.5级地震震源模型方案1地震动····················205

　　　　6.4.2　F1-M6.5级地震震源模型方案2地震动····················211

　　　　6.4.3　F1-M6.5级地震震源模型方案3地震动····················214

　　　　6.4.4　F2-M6.5级地震震源模型方案1地震动····················216

　　　　6.4.5　F2-M6.5级地震震源模型方案2地震动····················221

　　　　6.4.6　F2-M6.5级地震震源模型方案3地震动····················223

　　　　6.4.7　目标区M6.0级地震（F3～F7）地震动····················226

　6.5　地表破裂与地表强变形预测·······································235

　　　　6.5.1　预测参数与模型···235

　　　　6.5.2　隐伏断层地表强变形分析·····································242

　　　　6.5.3　预测结果···250

　6.6　地震动危害性评价主要结论·······································250

第7章　合肥市活断层探测与地震危险性评价结论·························254

　7.1　郯庐断裂带特征···254

　7.2　第四系分布特征···254

7.3　新构造运动特征 ·· 255

7.4　目标区断裂活动性 ··· 255

7.5　地壳结构特征 ·· 255

7.6　地震活动性 ··· 256

7.7　地震构造条件评价 ··· 256

7.8　目标区发震构造与地震危险性 ·· 256

7.9　设定地震的地震动危害性评价 ·· 257

主要参考文献 ··· 258

第1章 区域地震构造环境

1.1 区域大地构造概况

1.1.1 区域大地构造单元划分

探测区位于华北准地台、秦岭—大别山地槽褶皱系和扬子准地台三个一级大地构造单元的交会部位（黄汲清等，1977；安徽省地质矿产局，1987；任纪舜，1999，2003）。它们之间的界线分别是肥西—韩摆渡断裂和郯庐断裂带（图1.1.1）。华北准地台的基底岩系为太古代的霍邱群、五河群和古元古代的凤阳群，秦岭—大别山地槽褶皱系基底由

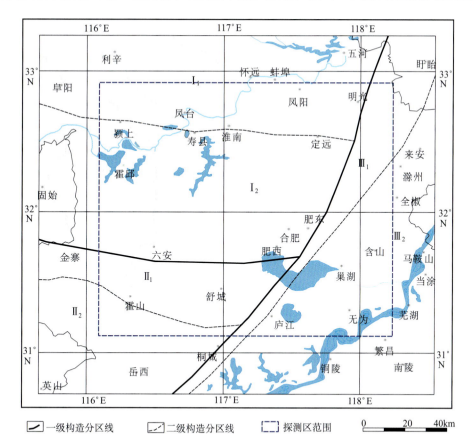

图 1.1.1 探测区大地构造单元划分图[据安徽省地质矿产局（1987）修改]

Ⅰ 华北准地台；Ⅱ 秦岭—大别山地槽褶皱系；Ⅲ 扬子准地台；Ⅰ$_1$ 淮河台坳；Ⅰ$_2$ 江淮台隆；

Ⅱ$_1$北淮阳(秦岭)地槽褶皱带；Ⅱ$_2$ 大别山隆起；Ⅲ$_1$ 张八岭台隆； Ⅲ$_2$ 下扬子台坳

太古代大别山群、古元古代卢镇关群、新元古代佛子岭群、晚古生代梅山群组成，扬子准地台基底岩系为太古代的阚集群、古元古代的肥东群和中元古代的张八岭群（安徽省地质矿产局，1987）。

华北准地台是我国最古老的地台之一，探测区地处其南缘。准地台最初的古陆核形成于3000Ma以前，其中寿县隐贤集附近可能就有一个古陆核存在。蚌埠运动（2500Ma）奠定了大陆地壳的初步轮廓。凤阳运动（1900Ma）使陆壳基本固结，形成准地台统一的结晶基底。中元古代处于隆起剥蚀状态，新元古代—古生代—早三叠世形成沉积盖层。侏罗纪以来所形成的燕山构造层、喜马拉雅构造层均为陆相沉积。中、新生代受印支、燕山、喜马拉雅运动的多次影响，其构造面貌经历了强烈改造。探测区内华北准地台可划分为淮河台坳（I₁）和江淮台隆（I₂）两个二级构造单元（安徽省地质矿产局，1987）。

秦岭—大别山地槽褶皱系区域上为介于华北准地台与扬子准地台之间的楔形构造单元，是典型的多旋回地槽褶皱系。在长期地史发育过程中一直处于相对活动状态，没有经过相对稳定的地台发展阶段，而是直接由地槽阶段进入大陆边缘活动带发展阶段。褶皱系岩层主要为古元古界、新元古界和上古生界变质岩系。凤阳运动（1900Ma）使地槽褶皱隆起，中元古代未接受沉积。皖南运动形成了地堑式冒地槽，接受新元古界沉积。之后一直到石炭纪才有海陆交互相地层堆积。侏罗纪以来的大陆边缘活动带阶段中，褶皱系整体断陷接受了厚逾万米的火山岩和河湖相堆积。该区域自20世纪80年代至今，一直是国内外地质学界研究超高压变质岩带的热门地区。1987年，许志琴在她的博士论文（Xu，1987）中指出大别山菖蒲发育含柯石英榴辉岩，这一发现引起了国内外同行的高度重视。探测区范围地槽褶皱系所属二级构造单元为北淮阳（秦岭）地槽褶皱带（II₁）和大别山隆起（II₂）（安徽省地质矿产局，1987）。

扬子准地台位于郯庐断裂带以东，基底复杂，具三层结构。自下而上为新太古代阚集群、古元古代肥东群、中元古代张八岭群。晋宁运动（850～1050Ma）造就了准地台基底的变形和回返固结。准地台盖层发育良好，分布广泛，可分两大套。下构造层为震旦—志留系，主要分布在巢湖东。上构造层为上泥盆统—三叠系，主要分布在长江两岸。三叠纪末的印支运动，扬子准地台经历了一场深刻变革，改造了原有的构造面貌，造就了变形强烈的台褶带及相伴生的断裂构造，并有强烈的岩浆活动。自此扬子准地台和华北准地台、大别山地槽褶皱系构成了统一的陆块，进入大陆边缘活动带的新阶段。侏罗纪—白垩纪，准地台仍显示了较大的活动性，差异运动强烈，形成若干规模不等的断陷盆地，同时岩浆活动也强烈。探测区内扬子准地台可分两个二级构造单元，即张八岭台隆（III₁）和下扬子台坳（III₂）（安徽省地质矿产局，1987）。

1.1.2 区域沉积建造特征

探测区分为华北、扬子和秦岭—大别山三个地层区。它们之间都以深大断裂为界。华北地层区在肥西—韩摆渡断裂以北、郯庐断裂带以西，大部分被第四系覆盖，局部出露前中生界、三叠系、侏罗系、白垩系、古近系、新近系；另外有零星分布的岩浆岩。

扬子地层区位于郯庐断裂带东侧，出露有前中生界、三叠系、侏罗系、白垩系、古近系、新近系、第四系。秦岭—大别山地层区在华北地层区之南，其大部分被第四系覆盖，但在大别山区，广泛出露前中生界、侏罗系、白垩系及较多岩浆岩。

本节仅对前第四系地层进行描述，第四系特征见第 2 章。

1.1.2.1　华北地层区

该地层区大部分被第四系覆盖，局部出露前中生界、中生界和新生界。前中生界自下而上依次是：新太古代霍邱群和五河群、古元古代凤阳群、新元古代青白口系、古生代寒武系、奥陶系、石炭系、二叠系。中生界由三叠系、侏罗系、白垩系组成，新生界包括古近系、新近系和第四系。

1. 新太古界

区内出露的主要有霍邱群和五河群（安徽省地质矿产局，1987）。霍邱群零星出露在寿县北侧扬山附近，岩性主要为角闪微斜眼球状混合岩、铁铝榴石黑云斜长片麻岩、角闪黑云斜长片麻岩、二云二长片麻岩，上部为白云石大理岩。五河群零星出露在五河、蚌埠、明光之间，岩性主要为斜长片麻岩、斜长角闪岩、角闪岩、变粒岩、浅粒岩、片岩，多具混合岩化。

2. 元古界

区内出露的主要有凤阳群、八公山群和徐淮群（安徽省地质矿产局，1987）。凤阳群出露在凤阳、明光一带，与下伏新太古界呈不整合接触，岩性主要为石英岩、条带状含硅白云石大理岩、绢云片岩、千枚岩。凤阳群是一套低绿片岩相区域变质沉积岩系，是滨海相陆源碎屑和浅海相富镁碳酸盐岩和泥岩沉积。八公山群和徐淮群分布在淮南、凤阳、寿县一带山区，与下伏地层呈不整合接触。其中，八公山群岩性主要为砂岩、砂砾岩、石英岩、泥岩、页岩、泥质灰岩等，徐淮群主要岩性为石英砂岩、泥灰岩、白云岩、灰岩。

3. 古生界

区内古生界自下而上分寒武系、奥陶系、石炭系、二叠系，是准地台中、晚期盖层堆积。

寒武系广泛分布于淮南—凤阳山区，与下伏地层呈平行不整合接触。岩性主要为砾岩、泥灰岩、灰岩、白云岩、页岩等。

奥陶系广泛分布在凤阳山区南缘，与寒武系相伴而生，在上窑山区、八公山附近也有零星出露。岩性主要为页岩与白云质泥灰岩互层、粉砂岩、白云岩、白云质灰岩等。

石炭系出露在上窑及淮南南侧的大通附近，与下伏奥陶系呈平行不整合接触。岩性主要为铝质泥岩、黏土岩、铝土岩及煤线、灰岩、页岩等。

二叠系仅在上窑地区及淮南南侧的九龙岗附近有出露，与下伏地层呈整合接触，系内各组间均为整合接触。岩性主要为砂质泥岩夹碳质页岩、砂岩、页岩、石英砂岩、砂砾岩等。

4. 中生界

该地层区内仅出露侏罗系和白垩系，为大陆边缘强烈活动阶段的陆相堆积。

侏罗系构成合肥盆地的主要盖层，由于第四系覆盖，地表仅在合肥西侧的董铺水库附近有出露，与下伏地层呈不整合接触。岩性主要为砂质泥岩、泥岩夹泥质粉砂岩、粉砂质页岩、碳质页岩夹煤线、粉砂岩、细砂岩、石英砂岩、岩屑砂岩等。

白垩系也是构成合肥盆地的主要盖层，但其堆积厚度远小于侏罗系。由于第四系覆盖，零星分布在盆地北缘及内部，与下伏地层呈不整合接触，系内各组呈整合接触。岩性主要为含砾粗砂岩、细砂岩、泥岩、砂砾岩、粉砂质泥岩夹粉砂岩及页岩、砾岩等。

5. 新生界

古近系主要堆积在合肥盆地中，被第四系覆盖，在盆地周边零星出露，与下伏地层呈平行不整合接触。其岩相以河湖相红色碎屑岩系沉积为主，其次为山麓相和火山喷发相沉积，局部地区还发育咸水湖相盐岩和石膏沉积。

新近系零星出露在明光女山湖东侧、寿县正阳关地区，与下伏古近系呈平行不整合接触，以湖相堆积为主。岩性主要为粉砂质钙质泥岩、砾岩、泥质粉砂岩、粉砂岩等。

1.1.2.2 扬子地层区

自下而上出露有新太古界、元古界、古生界、中生界、新生界。

1. 新太古界

新太古界出露于肥东县桥头集—阚集一带，呈北北东向延伸，是一套以复理石建造为主的变质岩系。岩性主要为片麻岩、斜长角闪岩、片岩、大理岩等。

2. 元古界

元古界自下而上分古元古界、中元古界、新元古界。

古元古界分布在肥东县东部西山驿—桥头集一带的郯庐断裂带内部，呈北北东向展布。岩性是以含磷的片岩、大理岩和斜长片麻岩为主体的变质岩系，原岩属于滨海-浅海相碳酸盐岩。

中元古界主要分布于张八岭地区，为次深海-浅海环境中形成的复理石建造和火山岩系。岩性主要为白云质大理岩、千枚岩、石英角斑岩、凝灰熔岩、凝灰角砾岩、角砾凝灰岩等。

新元古界探测区内仅出露震旦系，广泛分布于巢湖以北至滁州一带和含山—巢湖一带，怀宁东北有零星出露，是扬子地台最下部的盖层。岩性主要为千枚岩、变质砂岩、石英砂岩、泥质灰岩、结晶灰岩、角砾状硅质岩及泥质硅质岩等。

3. 古生界

区内出露有寒武系、奥陶系、志留系、泥盆系、石炭系、二叠系，它们皆构成扬子准地台的盖层。

寒武系主要出露在滁州、巢湖一带，与下伏地层呈整合接触。岩性主要为泥岩、页岩、硅质岩、灰岩等。

奥陶系主要分布在滁州周边，并与寒武系相伴出露。在含山南龙山一带也有零星出露，与下伏地层呈整合接触，各组间也为整合接触。岩性主要为灰岩、页岩等。

志留系沿含山—巢湖一线以条带形式分布，与下伏地层呈平行不整合接触，各组间为整合接触。岩性主要为页岩、泥岩、砂岩、粉砂岩、石英砂岩等。

泥盆系沿含山—巢湖一线以条带形式分布，与志留系相伴出露，与下伏地层呈平行不整合接触。岩性主要为砾岩、砂砾岩、含砾砂岩、石英砂岩等。

石炭系沿含山—巢湖一线以条带形式分布，与泥盆系相伴出露，与下伏地层呈平行不整合接触，各组之间为整合接触。岩性主要为石英砂岩、砂岩、灰岩、泥岩、页岩、白云岩等。

二叠系集中分布在巢湖一带，与石炭系相伴出露，与下伏石炭系呈平行不整合接触，各组间整合接触。岩性主要为白云岩、灰岩、燧石岩、页岩、硅质岩、粉砂岩、石英砂岩等。

4. 中生界

中生界的三叠系、侏罗系、白垩系在区内皆有分布，为大陆边缘强烈活动阶段的陆相河湖堆积。

三叠系集中分布在巢湖—含山县老虎山一带，与二叠系相伴出露，与下伏地层呈平行不整合接触，各组间均整合接触。岩性主要为泥岩、灰岩、白云岩等。

侏罗系发育较少，零星分布于含山县附近。岩性主要为石英砂岩、页岩、粉砂岩、凝灰质砾岩、凝灰岩、玄武岩、粗面岩、流纹岩等。

白垩系发育零散，主要以条带状分布在巢湖北侧—滁州一线。岩性主要为粉砂岩、凝灰岩、凝灰角砾岩、砾岩、砂岩、泥质页岩互层等。

5. 新生界

古近系、新近系、第四系皆有出露。

古近系发育齐全，出露较好，化石丰富，主要以河流相沉积为主，其次为湖泊相、山麓相和火山喷发相，局部见有海陆交互沉积夹层。岩性主要为砾岩、砂砾岩、砂岩、石英砂岩等。

新近系以湖相沉积为主，主要分布在长江南岸。岩性主要为砂砾岩，夹含砾细砂，水平层理、交错层理发育。

1.1.2.3　大别山地层区

大别山地层区出露地层有新太古界、元古界、古生界、中生界、新生界。

1. 新太古界

该区新太古界主要出露在青山—晓天断裂以南，该套地层为普遍经受区域混合岩化作用改造的低角闪岩相和部分高绿片岩相区域变质岩系。岩性主要为片麻岩、浅粒岩、角闪岩、大理岩等。

2. 元古界

区内仅出露古元古界及新元古界。

古元古界是一套火山-沉积岩系，普遍混合岩化，岩性主要为片麻岩、石英片岩、角闪岩、大理岩等。

新元古界属高绿片岩相区域变质岩系，主要岩性为石英岩、石英片岩等。

3. 古生界

古生界仅出露石炭系—二叠系的梅山群。岩性为紫红、灰白色变质砂砾岩、石英岩、千枚岩、板岩、夹炭质板岩及结晶灰岩。

4. 中生界

仅霍山县周边出露侏罗系。岩性主要为砾岩、砂岩、粉砂岩、页岩、石英砂岩、泥岩、凝灰岩、角砾岩、集块岩等。

5. 新生界

该区古近系、新近系、第四系皆有分布。

古近系主要出露在六安西南合肥盆地边缘。岩性主要为砾岩、砂砾岩、凝灰岩、粗面质熔岩角砾岩等。

新近系仅零星出露于六安东南和西北。岩性为浅棕、青灰色砾岩，砂砾岩，泥质粉砂岩，粉砂质泥岩，与下伏地层呈不整合接触。

1.1.3　岩浆岩分布特征

探测区岩浆岩主要出露在南部的大别山区，东部的张八岭、浮槎山及北部的凤阳、明光一带有少量出露。岩浆岩的侵入和喷发时代有蚌埠期、皖南期、加里东期、燕山期和喜山期。

1.1.3.1　蚌埠期侵入岩

该期侵入岩主要出露在明光西北磨盘山、凤阳西北蚂蚁山等低山区,另在大别山祝家铺—烂泥坳一带零星出露。

磨盘山、蚂蚁山等地这时期的岩浆岩为混合钾长花岗岩、混合二长花岗岩、混合花岗岩、混合花岗闪长岩等,中粗粒结构,属于变基性-酸性岩类。较大的岩体有 7 个,多分布在东西展布的蚌埠复背斜核部。其中石门口、磨盘山一带岩体出露面积约 20km²,蚂蚁山西侧的岩体出露面积约 9km²。岩石矿物成分主要为钾长石、斜长石、石英、黑云母、石榴石等,副矿物有锆石、磷灰石、磁铁矿等(安徽省地质局,1987)。

祝家铺—烂泥坳一带这时期的岩浆岩为橄榄岩-辉闪岩等超基性—基性岩。橄榄岩的主要矿物有橄榄石,副矿物有铬铁矿。辉闪岩主要矿物有辉长石、角闪石等。岩体规模较小,一般 2~4km²,围岩为大别山群(安徽省地质局,1974)。

1.1.3.2　皖南期侵入岩

该期侵入岩主要出露在肥东太康一带郯庐断裂带的狭长地带中,主要为斜长角闪岩、闪长岩等中性岩。侵入的最新围岩为中元古代变质火山岩,接触带常形成宽度不等的同化混杂岩。岩石的片麻状构造与区域片理一致。区内岩体出露 10 余个,较大的有 4.5 km²。矿物成分主要为斜长石、角闪石、黑云母、钾长石等,副矿物有锆石、磷灰石、磁铁矿等(安徽省地质矿产局,1987)。

1.1.3.3　加里东期侵入岩

该期侵入岩岩性单一、分布零星、规模较小,仅分布在探测区东部张八岭背斜中,主要为基性辉绿岩。侵入中元古代千枚岩、震旦系变质火山岩及千枚岩,围岩遭强烈挤压。区内有 4 处岩株呈北北东向延续分布,出露面积最大的仅 0.5km²。岩石矿物成分主要为交代原岩而生的次生矿物,如阳起石、绿帘石、黑云母,其次是石英及磁铁矿等,副矿物有锆石、磷灰石、磁铁矿等(安徽省地质局区域地质调查队,1979b)。

1.1.3.4　燕山期侵入岩

该期侵入岩出露较多,分布在大别山区及张八岭和浮槎山。主要为石英闪长玢岩、花岗岩、闪长玢岩等中酸性岩,岩石呈肉红、浅紫色,斑状结构,矿物成分有斜长石、钾长石、石英、黑云母、辉石等,副矿物有黄铁矿、磷灰石等。其围岩多为新太古代地层及白垩纪地层。较大的岩体有 8 个,最大岩体是大别山中扁担石岩体,面积约 200km²;其次是嘉山附近的管店岩体,面积约 32km²;再次是岱山岩体,出露面积约 24km²。

1.1.3.5　喜山期火山岩

主要分布在中新生代盆地中。例如,合肥盆地大蜀山是由该时期岩浆岩构成。其岩性主要以次安山玄武岩和次橄榄玄武岩为主,并伴有少量的次火山岩体及脉岩的侵入。

围岩为古新统和白垩系。岩石特征为深墨绿色，斑状和致密块状结构。主要矿物为中长石、辉石、橄榄石等，副矿物为锆石、磁铁矿、重晶石、黄铁矿等（安徽省地质局，1987）。区内较大岩体有 6 个，最大的为岗集岩体，出露面积约 $2.5km^2$。

1.2 地球物理场特征

1.2.1 重力场特征

区域布格重力异常图（图 1.2.1）显示，探测区重力场总体呈现东高西低的格局，重力值变化范围为 $-92.9 \times 10^{-5} \sim 19.7 \times 10^{-5} m/s^2$。

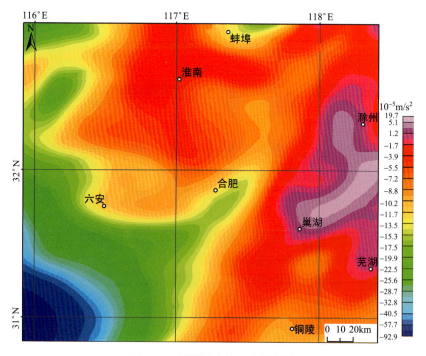

图 1.2.1 探测区布格重力异常图

重力异常最高值分布在巢湖—全椒一线和淮南—定远一线，达 $19.7 \times 10^{-5} m/s^2$。最低值分布于探测区西南缘的大别山构造带，为 $-92.9 \times 10^{-5} m/s^2$。纵穿探测区中央的郯庐断裂带为深大断裂带，布格重力异常图显示其两侧地质体密度差异明显，为分隔构造板块的边界，构成区内地质与地球物理的重要分界线。因此沿断裂形成一条 NNE 向的重力梯度带，带内重力异常值变化剧烈，重力梯度值较高，最大梯度带超过 $1mGal^①/km$。

郯庐断裂带以东为下扬子板块高值异常区，受扬子板块地壳厚度整体偏薄的影响，

---

① 1 Gal=1 cm/s^2。

重力异常明显高于西部；断裂带西北侧为华北板块，表现为中、低重力异常相间出现，反映板块内部有多个隆起和坳陷单元体，呈现出隆起和坳陷相间的构造格局，淮南以北为蚌埠隆起区，以南为中、新生代形成的合肥盆地。盆地中出现的多个近东西向的重力梯度带，清晰地反映肥中、六安—合肥等盆地内断裂的展布；探测区西南侧重力异常骤然下降，出现大面积的低值区，该低值区对应大别山造山带，由于重力场与地表是负相关关系，因而低重力异常明显。

对探测区原始布格重力数据做 5km、10km、15km、20km 向上延拓处理（图 1.2.2）。结果表明，高度延伸至 5km、10km 处，区域重力异常表现为东高西低的特点。郯庐断裂带贯穿中央地带呈 NNE 走向展布，纵跨蚌埠东、合肥等地区，形成大尺度重力梯度条带，分隔两侧大型地质单元。其西侧北部为蚌埠隆起，中部为合肥盆地，西南部对应大别山负高重力异常构造带，其东侧为高重力异常的张八岭隆起（图 1.2.2A、B）。高度延伸至 15km、20km，大型隆起坳陷地质体重力特征淡化，但块体分异性更加突出，郯庐断裂带重力梯度带依然明显，其东部为下扬子（苏皖）前陆盆地，表现为负低异常（红色异常区），其西侧分别为华北陆块及大别山超高压变质岩折返带（图 1.2.2C、D）。

利用对数功率谱方法对小波 1～4 阶逼近图场源深度进行计算，1～2 阶逼近图（图 1.2.3A、B）中，异常值变化范围分别为 $-86.3\times10^{-5}\sim17.2\times10^{-5}\text{m/s}^2$、$-81.8\times10^{-5}\sim10.4\times10^{-5}\text{m/s}^2$，区域大地构造格局基本清晰，东部为高值区的下扬子块体，西北侧为中值区的华北块体，西南缘为低值区的大别山构造带，郯庐断裂带产生的 NNE 向大型重力梯度带十分明显，呈舒缓波状延伸，形成东高西低的重力场格局。这反映出地壳厚度在郯庐断裂带发生了急剧的变化，呈现地壳厚度陡变带，因此形成重力异常的陡变梯度带。

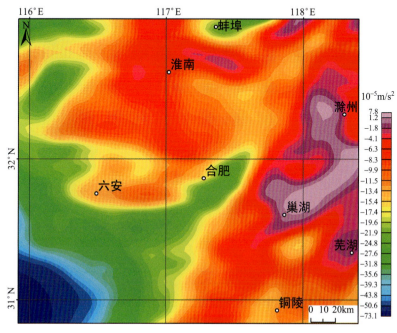

A. 向上延拓5km重力异常图

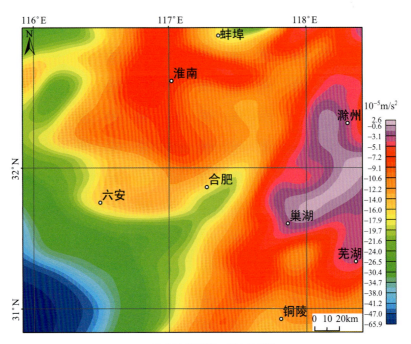

B. 向上延拓10km重力异常图

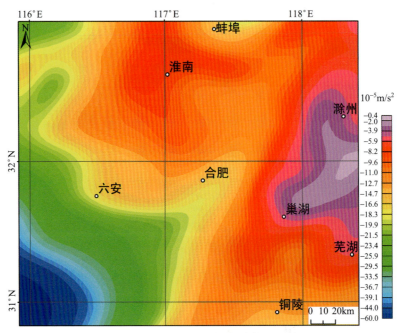

C. 向上延拓15km重力异常图

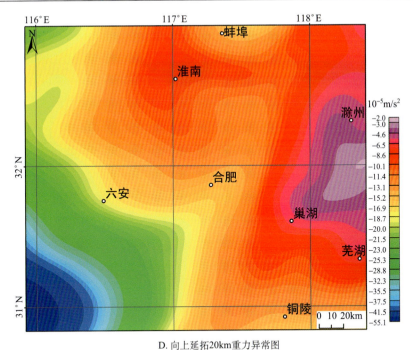

D. 向上延拓20km重力异常图

图 1.2.2　探测区布格重力向上延拓图

3～4 阶逼近图（图 1.2.3C、D）中，异常值变化范围分别为–79.5×10⁻⁵～4.9×10⁻⁵m/s²、–74.6×10⁻⁵～1.0×10⁻⁵m/s²，局部异常信息被逐渐压制，区域板块特征及深大断裂的重力异常更为突出，继承了东高西低的重力场特征，东侧莫霍面埋深小于西侧，郯庐断裂带梯度条带依然存在且变得平直，控制着板块边界，构成本区域重要的地球物理分界线。

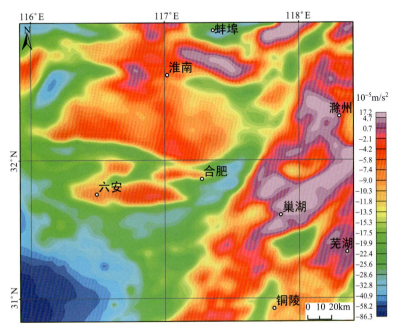

A. 1阶重力小波逼近图

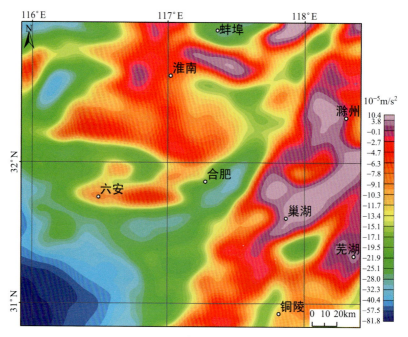

B. 2阶重力小波逼近图

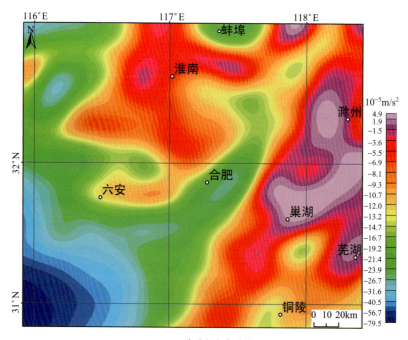

C. 3阶重力小波逼近图

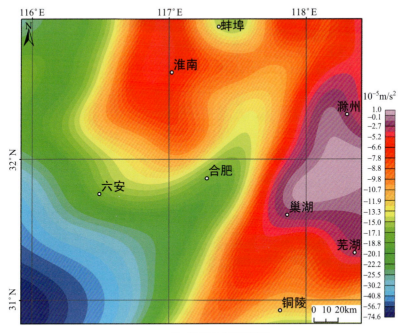

D. 4阶重力小波逼近图

图 1.2.3　探测区布格重力小波逼近图

　　利用对数功率谱方法得出的小波 1～4 阶细节图反映了局部布格重力场的异常信息。1～2 阶细节图（图 1.2.4A、B）中，布格重力异常凌乱，场源信息丰富，反映出上地壳地壳密度的非均匀性的变化，异常值范围分别是$-35.5 \times 10^{-5} \sim 26.7 \times 10^{-5} \mathrm{m/s^2}$、$-12.9 \times 10^{-5} \sim 9.7 \times 10^{-5} \mathrm{m/s^2}$。郯庐断裂带重力特征表现为 NNE 向狭长的线状条带，而郯庐断裂带西侧华北板块中的合肥盆地由于新构造运动以来缓慢沉降或抬升，第四纪沉积物厚度变化较小，等值线变化平缓。而大别山地区和郯庐断裂带以东的下扬子板块，重力异常高低变化剧烈，反映出隆凹相间的地壳构造特征。

　　3～4 阶细节图（图 1.2.4C、D）中，重力值变化分别为$-9.0 \times 10^{-5} \sim 7.9 \times 10^{-5} \mathrm{m/s^2}$、$-10.2 \times 10^{-5} \sim 8.9 \times 10^{-5} \mathrm{m/s^2}$，郯庐断裂带的线性条带消失，形成 NNE 走向的大型梯变带，分隔了两侧的地质单元，西南侧的大别山地区逐渐变为低值圈闭区，体现出地壳深部的异常特征。区域内除郯庐断裂带外，其他深大断裂带的布格重力异常也十分明显，其中贯穿盆地的东西向肥中断裂（F11）、六安—合肥断裂（F6）、肥西—韩摆渡断裂（F7）重力梯度带明显可见。

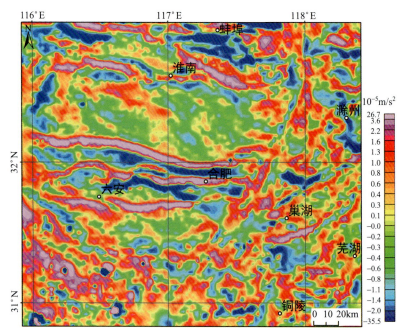

A. 1阶重力小波细节图

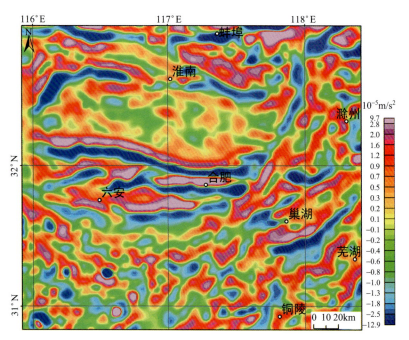

B. 2阶重力小波细节图

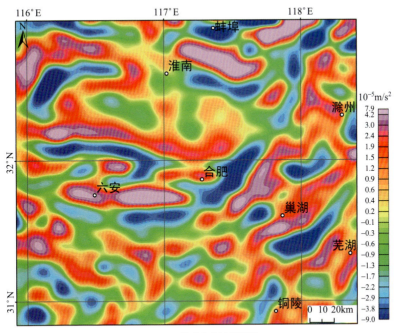

C. 3阶重力小波细节图

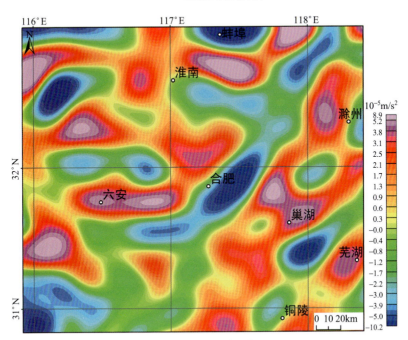

D. 4阶重力小波细节图

图 1.2.4　探测区布格重力小波细节图

1.2.2　磁场特征

探测区原始航磁异常图中，磁场面貌总体以沿郯庐断裂带分布的高异常条带及分布于肥中断裂上的高异常团块为特征，异常值变化幅度为−745.4～955.6nT（图 1.2.5）。其中最高异常分布在桐城附近，最低异常值分布在庐江东南侧。舒城、无为以北变化较为舒缓，分别属于华北陆块强磁场区的南缘和扬子陆块西北缘，磁异常梯度较缓。舒城以南属秦岭—大别山巨型磁异常带的东端，磁异常变化强烈，梯度较大。郯庐断裂带为一条显著的界线，走向清晰，呈 NNE 向，以串珠状、狭长条带状磁异常为特征，反映挤压变质岩带、火山岩或基底冲断带的分布特征。庐江、无为以南属沿江高磁异常带，磁异常变化强烈，是侵入岩与火山岩等异常带的表现。因此，探测区磁异常强度大，梯度陡，应为岩浆岩或超高压变质岩带的反映。

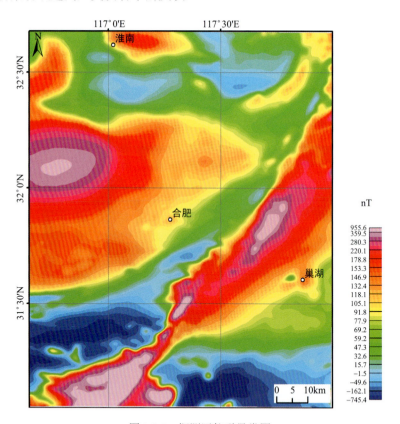

图 1.2.5　探测区航磁异常图

沿郯庐断裂带两侧分布的正、负异常团块，分别在合肥东西两侧形成正异常中心，中心航磁异常分别约为 150～160nT、130～140nT；在舒城西南侧、庐江与无为以南形成负异常中心，中心异常分别为−40～−30nT、−20～−10nT；桐城是全区最高的正异常中心，中心异常约 180～190nT；淮南—长丰—定远一带磁场较为平静，起伏变化小，其磁场强度在 60~80nT。区内正磁异常区最为醒目，范围广，强度大，可能为时代老、结晶程度高、磁性较强的结晶基底所引起。

探测区 1~4 阶航磁细节图反映了局部场航磁异常信息，主要体现了浅部场源体引起的较小规模的高频异常信息（图 1.2.6）。在探测区 1 阶小波细节图（图 1.2.6 A）中，多为串珠状或很窄的狭长条带磁异常，为小尺度磁异常，断层结构比较破碎，形成了多条航磁异常高与航磁异常低相间排列的局面，主要反映出地表附近低密度介质的分布状态。2 阶小波细节图（图 1.2.6 B）中，串珠状磁异常数量减少，异常不再杂乱无章，开始呈现有规律的展布。3 阶小波细节图（图 1.2.6 C）的正负等值线圈闭进一步变大，形态也有较大变化，能够比较精确地反映各个断层的磁异常特征信息。4 阶小波细节图（图 1.2.6 D）反映出更清晰的磁性基底的异常信息。

1.2.3 地壳上地幔结构特征

探测区跨华北地块、下扬子地块及大别山苏鲁超高压变质岩带 3 个区。

华北地块的地壳厚度在 35~45km（朱介涛，1986），合肥盆地具有高速基底，上地壳底部速度为 6km/s；下地壳厚度为 10km，平均速度在 6.8km/s。

下扬子地块莫霍面深度在 28~33km，上地壳底面一般埋深为 10~12km，上地壳速度分布较为均匀，为 5.9~6.0km/s；中地壳底界面深度为 21.5~25km，平均速度为 6.3km/s；下地壳厚度变化在 8.0~12.5km，平均速度为 6.8km/s。

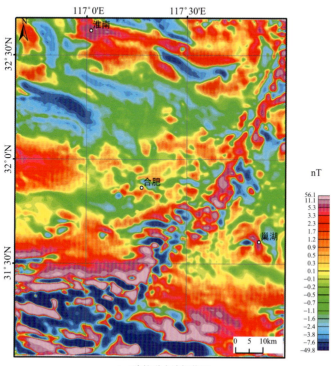

A. 1 阶航磁小波细节图

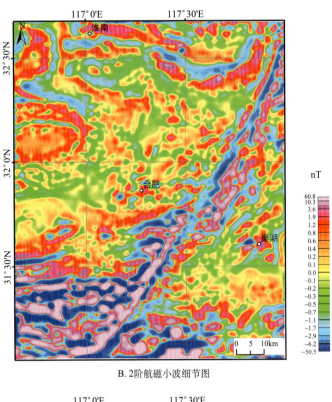

B. 2阶航磁小波细节图

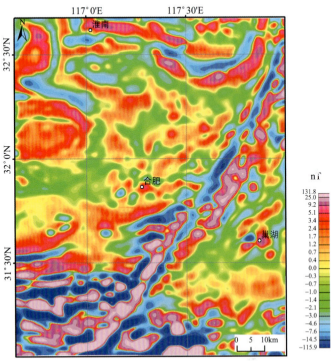

C. 3阶航磁小波细节图

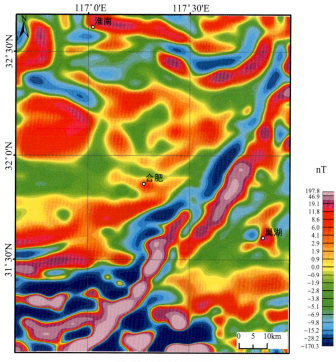

D. 4阶航磁小波细节图

图 1.2.6　探测区航磁小波细节图

大别山苏鲁超高压变质岩带莫霍面深度在 32～41km，莫霍面下方速度在 7.9～8.1km/s 变化。北部郯庐断裂带莫霍面深度在 28～36km，两侧地壳的结构和速度差异很大。上地壳埋深为 10～12km，速度从地表的 2.3km/s 渐变到 6.3km/s；中地壳厚度为 12km；下地壳厚度在 6～10km，速度变化在 6.4～6.7km/s（黄耘等，2006）。

对探测区原始布格重力数据上延 20km 处理，去除局部重力异常的影响，突出区域场信息，用来反演探测区莫霍面深度图（图 1.2.7）。探测区莫霍面在横向上起伏较大，在 32.3～42.5km 之间变化，由北东到南西方向逐渐加深，地壳由北东向南西逐渐增厚，有明显的分区特征，区域莫霍面形态与地表地形成负相关性，其西南缘莫霍面埋深大，对应着大别山构造隆起带，而西北、东北地区莫霍面埋深普遍较浅，分别对应着华北、下扬子平原地带，地壳厚度整体偏薄。

郯庐断裂带为莫霍面陡变带，造成探测区莫霍面东西分异的格局，分隔华北及下扬子块体。由西向东横跨郯庐断裂带，地壳厚度由 33km 增加至 35km，随后又上隆至 32～33km 深度处，形成两侧浅中间深的"凹槽"条带，反映出郯庐断裂带为深大断裂，具多期活动特征，成为构造边界带，并影响着两侧岩石圈的构造运动。

淮南北至蚌埠一带出现莫霍面凹陷中心，其深度为 35～36km，该沉降中心为蚌埠重力均衡调整作用所致。华北地块莫霍面埋深较浅且变化幅度小，淮南至六安一带埋深较浅，在颍上至霍邱一带出现局部下凹，它与郯庐断裂带一起夹持了淮南"鞍部"浅地壳。区域西南缘的大别山构造隆起带，出现莫霍面急剧下降的现象，深度接近 42km，表明大别山区域隆起过程中受重力均衡调整作用使莫霍面下倾，莫霍面深度与地质地貌特征也形成了鲜明对比。郯庐断裂带以东的下扬子丘陵地带地壳厚度小，莫霍面埋深浅，仅在无为有小尺度沉降。

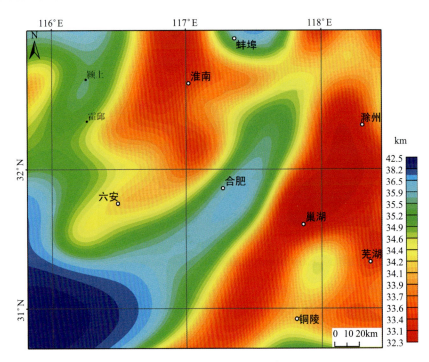

图 1.2.7 探测区莫霍面深度图

1.3 区域新构造运动

1.3.1 地 貌 类 型

探测区地处华东腹地，是中国东部襟江近海的地区之一。地势西南高、东北低，地形地貌南北迥异，复杂多样。长江、淮河两大水系自西向东横贯其中，它们和大别山造山带及郯庐断裂带一起将探测区划分为淮北平原、江淮波状平原、大别山中低山、沿长江冲积平原与丘陵等地貌景观差异明显的自然区域（图 1.3.1）。

淮北平原（Ⅰ）：大致位于霍邱县河口—潘集—寿县—凤台—怀远一线以北，地势坦荡辽阔，为华北平原的一部分，海拔约 25～35m。仅在怀远县南及上窑镇北发育两组 EW 向展布的低山。其中，怀远县淮河附近孤立低山长约 10km，宽约 1.8km，最高海拔约 288m，淮河将其切穿。平原中第四系堆积厚度大，钻孔揭露厚 50～235m，是探测区第四系堆积最厚的地区。

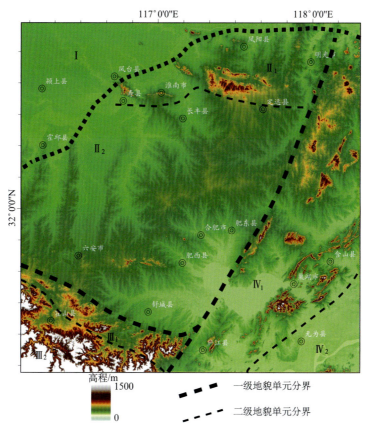

图 1.3.1　探测区地貌分区略图（改自程言新等，1996）

淮北平原（Ⅰ）；江淮波状平原（Ⅱ）：江淮北部丘陵及浅丘状平原（Ⅱ₁），江淮中部波状平原（Ⅱ₂）；大别山区（Ⅲ）：皖西南部低山丘陵（Ⅲ₁），皖西南部中低山（Ⅲ₂）；沿长江冲积平原与丘陵（Ⅳ）：江北丘陵及浅丘状平原（Ⅳ₁），沿江平原（Ⅳ₂）

　　江淮波状平原（Ⅱ）：该地貌单元占据探测区大部分，是霍邱县河口—潘集—寿县—凤台—怀远一线和郯庐断裂带、大别山造山带围限的区域。该区以平原为主，地形稍有起伏，多为波状平原及浅丘状平原。依据地形起伏及海拔，以寿县—淮南—定远为界，又可以分为两个次级地貌单元：界线以北为江淮北部丘陵及浅丘状平原（Ⅱ₁），界线以南为江淮中部波状平原（Ⅱ₂）。Ⅱ₁为浅丘状平原，内部发育低山。如定远县西北约 12km 张家村—小李王—花店子一带发育东西向低山，高度约 150～200m，而平原区的海拔约 50～60m，地形起伏较小，第四系堆积厚度薄，在韭山以北凤阳附近仅十余米，寿县—凤台—淮南北淮河附近第四系厚度较大，厚 30～90m。Ⅱ₂为江淮之间面积最大的波状平原，沟渠湖沼众多，地形起伏较小，仅在肥西境内有近东西向展布的紫蓬山及合肥市内呈锥形的大蜀山。平原第四系堆积厚度总体较薄，局部沉降中心最厚达 144m。

　　大别山区（Ⅲ）：作为重要的陆陆碰撞带，秦岭—大别山造山带的东端位于探测区的西南。大别山区在前中生代作为扬子地台的一部分俯冲到华北地台之下，中生代开始结束俯冲并折返，地壳强烈抬升，形成中低山体。新生代地壳继续抬升。因此，大别山区的现今地貌格局在中生代燕山期基本形成，与江淮平原大致以金寨—舒城南为界，东端被郯庐断裂带截切，形成探测区最为陡峭的地形突变带。依据山体的高程，大别山区可以细分为两个次级地貌单元，霍山以北为低山-丘陵区（III$_1$），霍山以南则为中低山（III$_2$），主峰白马尖位于磨子潭镇西南，海拔 1777m。

沿长江冲积平原与丘陵（IV）：为郯庐断裂带以东的地区。该区可分为 3 个次级地貌单元，即江北丘陵及浅丘状平原（IV$_1$）、沿江平原（IV$_2$）。江北丘陵及浅丘状平原区的丘陵多呈北东向展布，包括张八岭、浮槎山、滁州西部磨盘山—岱山、巢湖北部含山县附近北东向延伸的低山及南部的银屏山，山体之间为浅丘状平原，第四系堆积薄；沿江平原主要为长江冲积平原，地形平坦，平均海拔 5～10m。

1.3.2　新构造运动形式与特征

1.3.2.1　新构造运动的主要形式

探测区新构造运动的主要形式为大面积隆升背景下的断块差异运动，表现为差异性隆升、差异性下降、断裂活动等。

1. 差异性隆升

探测区内的中低山及丘陵区，包括大别山、张八岭—浮槎山、磨盘山—岱山、银屏山、八公山—凤阳韭山等新构造时期一直处于差异性隆升状态。大别山隆升幅度最大，现今地貌上表现为中低山，其他隆升幅度较小，现今地貌上表现为低山丘陵。无论中低山区还是低山丘陵区，受周边或内部断裂活动的影响，其隆升幅度不同，表现为差异性隆升。

2. 差异性下降

淮北平原新构造时期表现为持续性下降，堆积了厚度为 1500m 左右的新生界，其中第四系厚度为 50～235m。而合肥盆地、沿长江冲积平原则表现为间歇性下降，第四系堆积较薄，而且受周边或内部断裂活动的影响，合肥盆地内部各时期下降幅度也不同，表现为差异性下降。

3. 断裂活动

探测区断裂构造发育，新构造时期，绝大部分都有明显的活动，使断裂两侧的地体产生明显的差异运动。其中郯庐断裂带、青山—晓天断裂是规模大、切割深、活动持久的断裂。其活动形式有正断、逆断、走滑等。

1.3.2.2　新构造运动特征

探测区新构造运动具有继承性、差异性、间歇性三大特征。

1. 继承性

继承性包括继承性隆升和下降。它们是中生代地壳运动的延续。印支运动后，探测区地壳整体隆升成陆，海水全部退出。在此背景下，南部的大别山，东部的张八岭、浮槎山、银屏山，北部的八公山、凤阳韭山等皆表现为隆升并遭受剥蚀，而淮北平原则表现为下降，接受巨厚的陆相粗碎屑岩及火山岩建造。新生代以来，大别山、张八岭、浮槎山、银屏山、八公山、凤阳韭山等表现为继承性隆升并遭受剥蚀，淮北平原表现为继承性下降。

2. 差异性

差异性表现为总体隆升或下降背景下的相对差异运动。造成差异性的主要原因是断裂活动。大别山北西西向的青山—晓天断裂使断裂北盘的上升幅度小于南盘；合肥盆地近东西向的肥西—韩摆渡断裂使北盘的新生界厚度大于南盘。前者显示了隆升区的差异性，后者显示了下降区的差异性。

3. 间歇性

间歇性主要表现为相同地区运动方式的变化。如合肥盆地在白垩纪下降的基础上，古近纪继续下降，沉积了最厚达 3000m 的陆相碎屑堆积。但新近纪—中更新世晚期，则表现为弱的隆升，缺失同时期堆积。中更新世晚期—全新世又由弱的隆升转变为弱的下降，堆积了 10～50m 的河湖相堆积。因此，合肥盆地新构造时期的下降具有明显的间歇性特征。

1.3.3　新构造分区

根据新构造运动的差异，将探测区分为活动性质不同的三个新构造区和七个分区。它们是华北差异沉降区（Ⅰ），细分为淮北平原沉降分区（Ⅰ$_1$）、蚌埠隆起分区（Ⅰ$_2$）、合肥盆地差异沉降分区（Ⅰ$_3$）；大别山差异隆升区（Ⅱ），细分为舒城差异升降分区（Ⅱ$_1$）、大别山强烈隆起分区（Ⅱ$_2$）；扬子差异弱隆升-沉降区（Ⅲ），细分为张八岭—滁州弱隆升分区（Ⅲ$_1$）、沿江差异弱沉降分区（Ⅲ$_2$）（图 1.3.2）。

1.3.3.1　华北差异沉降区（Ⅰ）

华北差异沉降区位于肥西—韩摆渡断裂以北和郯庐断裂带以西的淮河流域和皖中地区。新构造时期以来，该区以大面积间歇性、差异性沉降为主。大致以霍邱北—凤台—怀远一线和寿县—定远一线为界，可以细分为三个分区：淮北平原沉降分区（Ⅰ$_1$）、蚌埠隆起分区（I_2）和合肥盆地差异沉降分区（I_3）。

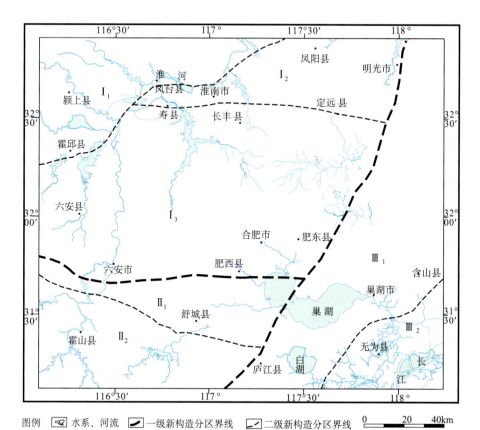

图 1.3.2　探测区新构造分区图（改自陆镜元等，1992）

华北差异沉降区（Ⅰ）：淮北平原沉降分区（I_1），蚌埠隆起分区（I_2），合肥盆地差异沉降分区（I_3）；大别山差异隆升区（Ⅱ）：舒城差异升降分区（II_1）；大别山强烈隆起分区（II_2）；扬子差异弱隆升-沉降区（Ⅲ）：张八岭—滁州弱隆升分区（III_1），沿江差异弱沉降分区（III_2）

1. 淮北平原沉降分区（I_1）

淮北平原沉降分区为淮河平原的组成部分。新构造运动以来，持续快速沉降，形成以界首为中心的拗陷型盆地，其基底沉陷最深达 1200m。钻孔资料揭示，该分区第四系厚度为 60～235m，其中颍上西北第四系沉积厚度超过 600m（安徽省地质局区域地质调查队，1979a），是探测区第四系最厚的新构造分区。

2. 蚌埠隆起分区（I_2）

蚌埠隆起分区为大范围沉降区内的局部隆起分区，地貌上为海拔 100～200m 呈东西向不连续分布的低山丘陵，如团山、石牛山、白云山等。出露地层为新太古界、元古界、下古生界。该分区晚古生代—中生代—新近纪长期处于隆起状态，缺失同时期堆积。第四纪，表现为差异性隆起的特征，除一系列低山丘陵继续遭受剥蚀外，在它们的周边发生弱的沉降，堆积了厚10~20m的第四系地层。

3. 合肥盆地差异沉降分区（Ⅰ₃）

该分区中生代时期地壳强烈下降，堆积了数千米厚的侏罗系和白垩系。古近纪时期地壳不均匀下降，堆积了厚度不等的陆相碎屑堆积。新近纪—第四纪更新世早期，地壳一度相对抬升，结束湖相沉积。中更新世以来，又发生弱的下降，堆积了中、上更新统和全新统。由于下降幅度小，大部分地区的中更新统—全新统的厚度仅10~50m。但是，受郯庐断裂带池河—古城段的影响，形成了沿张八岭西麓梁园—池河段的第四系堆积中心，第四系厚度也可达百米以上，最厚达144m（许卫等，1999）。因此，该分区的沉降具有明显的差异性。除差异性下降外，该区的下降运动在时间上还具有间歇性特征。新近纪—第四纪更新世早期，下降停止，转而变为弱的上升；中更新世—全新世，又由弱的上升转变为弱的下降。

1.3.3.2　大别山差异隆升区（Ⅱ）

该区位于肥西—韩摆渡断裂以南、郯庐断裂带以西的大别山区。新生代以来长期处于差异性隆升状态，大致以梅山—龙河口断裂为界，可进一步分为断裂北部的舒城差异升降分区（Ⅱ₁）和南部的大别山强烈隆起分区（Ⅱ₂）。

1. 舒城差异升降分区（Ⅱ₁）

该分区中生代时期作为合肥后陆盆地的一部分强烈断陷，接受了巨厚的侏罗纪陆相碎屑沉积。中生代晚期的白垩纪，地壳运动由强烈断陷下降转为隆升，侏罗纪及其以前的地层遭受剥蚀。新生代以来，处于差异性升降阶段。古近纪，隆升和下降相伴发生，大致以现代合肥盆地南缘为界，南部为隆升区，遭受剥蚀，北部为下降区，堆积了厚层紫红、砖红色含钙质结核的砂砾岩和粗砂岩。新近纪时期全区基本处于抬升状态，普遍缺失新近系。第四纪，仍以现代合肥盆地南缘为界，南部为隆升区，遭受剥蚀，北部为下降区，沉积了10~30m的河湖相堆积。

2. 大别山强烈隆起分区（Ⅱ₂）

大别山是华北陆块与扬子陆块之间的碰撞造山带，也是一条重要的超高压变质带。中生代超高压变质带折返，大别山强烈抬升。受北西向断裂活动的影响，局部形成了侏罗纪断陷盆地（晓天盆地）。中生代晚期的白垩纪，该区以整体强烈隆起为特征，并伴有强烈的岩浆侵入和喷发。新生代以来，长期处于强烈隆起的状态。在强烈隆起的同时，河流强烈下切，形成中山峡谷地貌。

断裂活动产生的差异运动，造成了大别山多级夷平面的形成。从高到低分四级，海拔分别是：Ⅰ级700~750m，Ⅱ级450~500m，Ⅲ级280~300m，Ⅳ级180~210m（陆镜元等，1992）。

1.3.3.3　扬子差异弱隆升-沉降区（Ⅲ）

扬子差异弱隆升-沉降区位于郯庐断裂带以东。该区新构造时期以弱的隆升为主，张八岭、浮槎山、银屏山等地在中生代隆起的背景上继承性隆起。除此之外，沿长江谷地有弱的沉降。大致以乌江—罗昌河断裂为界分为两个分区，断裂西北为张八岭—滁州弱隆升分区（Ⅲ₁），断裂东南为沿江差异弱沉降分区（Ⅲ₂）。

1. 张八岭—滁州弱隆升分区（Ⅲ₁）

该分区包括张八岭、浮槎山、银屏山及它们之间的巢湖盆地。新生代继承中生代地壳运动性质继续差异弱隆升。张八岭、浮槎山、银屏山等地表现为弱的隆升，现今海拔小于 500m，一般为 100～300m。伴随弱的隆升，在浮槎山和银屏山之间的巢湖一带表现为间歇性的隆升和下降。白垩纪时期，巢湖一带表现为下降，接受同时期的红色岩系的堆积。古近纪和新近纪，由下降转为隆升，缺失同时期堆积。第四纪又转为下降。现今巢湖水深 3～5m，最深 8m 左右，其周边第四纪湖积和冲洪积物的厚度为 10～40m，反映了弱的下降特征。

张八岭、浮槎山是大别山—鲁东南超高压变质岩带的组成部分，其边缘和内部断裂构造（即郯庐断裂带）发育，受其影响，张八岭、浮槎山被切割分解，同时还有喜马拉雅期玄武岩喷发。

2. 沿江差异弱沉降分区（Ⅲ₂）

该分区中生代地壳运动表现为下降，沉积了厚 1000～2000m 的湖相堆积。新生代以来，表现为间歇性下降。古近纪，谷地西侧的和县、无为、安庆与东侧的铜陵—池州之间具有明显的下降运动，形成和县、无为、安庆、铜陵—池州断陷盆地，堆积了厚 400～700m 的细砂岩、粉砂岩、泥岩、细砾岩等。新近纪—第四纪早、中更新世，该分区地壳运动主要表现为弱的隆升，只有上述断陷盆地相对下降，但下降幅度明显低于古近纪，同时期的堆积厚度<100m（安徽省地质矿产局，1987）。晚更新世—全新世，该分区再一次沉降，沿长江两岸沉积了上更新统—全新统冲洪积物，厚 10～50m。

1.4　区域现代构造应力场

1.4.1　晚新生代构造应力场

新生代，中国大陆构造应力场主要受印度板块与欧亚板块的碰撞作用和太平洋板块西侧的俯冲作用的共同影响（马杏垣，1987）。

西部地区，构造变形主要源自印度板块与欧亚板块的碰撞。两大板块碰撞以后，青藏高原强烈隆升，地壳增厚，随即向四周放射状滑移和推挤，不同地段构造变形和滑移方向不同。

印度板块与欧亚板块的碰撞对于华北块体的构造变形仍然有一定的影响，这种影响主要来自青藏块体沿祁秦造山带向东滑移过程中产生的剪切和推挤作用，这种作用使华北地区产生了一系列北北东向的张-剪性盆地，如银川盆地、汾渭断陷带等。

再往东，构造变形和应力场方向则更多地受太平洋板块俯冲作用的影响。或者说，我国东部的构造应力场是由太平洋板块和菲律宾板块向欧亚板块俯冲及印度板块的北移碰撞联合作用形成的。在这种构造环境下，华北块体的构造应力场由古近纪—新近纪的地壳伸展运动逐渐转变为以晚新生代的水平挤压作用为主的剪切变形环境（徐锡伟等，2002），主压应力轴为 NEE－SWW 向，受这种应力场作用，使一系列 NWW 向的断裂产生挤压和左旋运动，一系列 NNE 向断裂、盆地产生拉张和右旋运动，尤其是东部走滑活动明显（丁国瑜，1982）。

1.4.2　现代构造应力场

在区域应力场的研究中，震源机制解反演是最常用的方法之一。震源机制解表征地震发生时的瞬间应力场，单个震源应力场虽不能代表区域构造应力场，但由许多震源机制解得到的震源应力场的统计结果可代表该区域的构造应力场（谢富仁等，2004）。采用 CAP 方法和 Snoke 方法计算得到了 2008 年以后的 153 次 $M_L \geq 2.5$ 地震的震源机制解，震级范围为 $M_L 2.5 \sim 5.3$（图 1.4.1）。

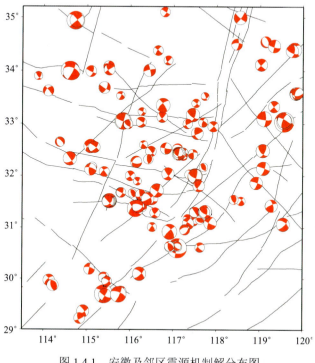

图 1.4.1　安徽及邻区震源机制解分布图

基于上述震源机制解，采用应力张量平均法得到安徽地区整体的构造应力场：σ1 为主压应力，方位角为 258°，倾角为 1°；σ2 为主张应力，方位角为 166°，倾角为 70°；σ3 为水平应力，方位角为 349°，倾角为 19°。最大主压应力及最小主压应力见图 1.4.2，显示为近东西向的水平挤压和近南北向的水平拉张作用，与前人对该区域构造应力场研究的结果基本一致（刘泽民等，2011；夏瑞良，1985；周翠英等，2005）。在这样的区域应力场作用下，不同方向的断裂活动产生不同的运动方式，NE 向断裂表现为右旋走滑，NW 向断裂表现为左旋走滑。

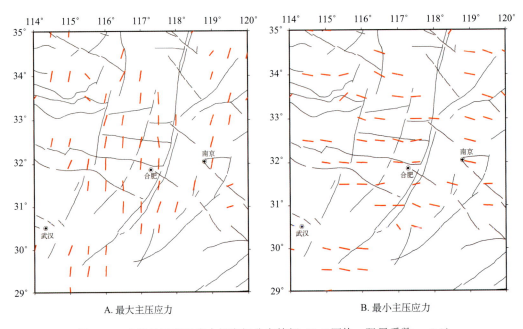

图 1.4.2　安徽地区背景应力场空间分布特征（0.5°网格，阻尼系数 e =0.8）

1.5　区域地震活动背景

1.5.1　区域历史地震分布

根据中国地震局震害防御司编制的《中国历史强震目录（公元前 23 世纪—公元 1911 年）》、《中国近代地震目录（公元 1912 年—1990 年 M_s≥4.7）》和安徽省地震局编制的《安徽地震目录》（公元 281 年～1985 年），编制了探测区 M_s≥$4\frac{3}{4}$ 级地震震中分布图（图 1.5.1）。自公元 294 年～2017 年 8 月底，共记录到破坏性地震 17 次，其中 $4\frac{3}{4}$≤M_s <5 级 2 次，5≤M_s<6 级 12 次，6≤M_s<7 级 3 次。3 次 6≤M_s<7 级的地震分别是 1652 年 3 月 23 日霍山东北 M_s6 级地震、1831 年 9 月 28 日凤台东北 $M_s$$6\frac{1}{4}$ 级地震和 1917 年 1 月 24 日霍山 $M_s$$6\frac{1}{4}$ 级地震（表 1.5.1）。

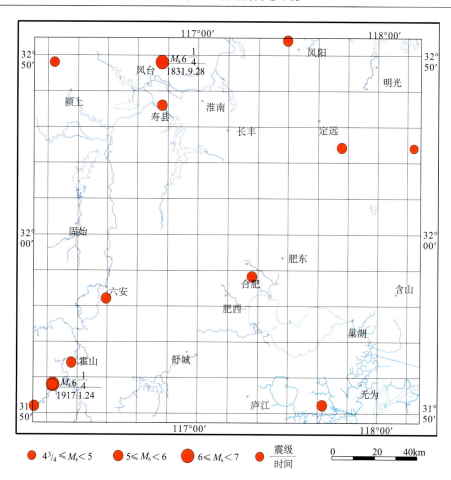

图 1.5.1　探测区 $M_s \geqslant 4^3/_4$ 级地震震中分布图（截至 2017 年 8 月底）

表 1.5.1　探测区 $M_s \geqslant 4^3/_4$ 级地震目录

序号	发震时间（年-月-日）	震中位置		震级（M_s）	参考地名	精度	震中烈度
		北纬/（°）	东经/（°）				
1	294-07	32.6	116.8	$5^1/_2$	安徽寿县	2	Ⅶ
2	1336-01-12	31.2	116.1	$5^1/_4$	安徽霍山西南	4	—
3	1425-03-07	31.7	116.5	$5^3/_4$	安徽六安	2	Ⅶ
4	1500-11-18	32.4	118.2	$4^3/_4$	安徽来安	—	—
5	1585-03-06	31.2	117.7	$5^3/_4$	安徽巢县南	3	Ⅶ
6	1644-01-12	32.8	116.2	$4^3/_4$	安徽颍上北	—	—
7	1644-02-08	32.9	117.5	$5^1/_2$	安徽凤阳	2	Ⅶ
8	1652-02-10	31.4	116.3	$5^1/_2$	安徽霍山	3	—
9	1652-03-23	31.5	116.5	6	安徽霍山东北	2	≥Ⅶ
10	1673-03-29	31.8	117.3	5	安徽合肥	3	Ⅵ
11	1770-01-16	31.4	116.3	$5^3/_4$	安徽霍山	4	—
12	1831-09-28	32.8	116.8	$6^1/_4$	安徽凤台东北	2	Ⅷ

序号	发震时间 （年-月-日）	震中位置		震级 （M_s）	参考地名	精度	震中烈度
		北纬/（°）	东经/（°）				
13	1868-10-30	32.4	117.8	$5\frac{1}{2}$	安徽定远东南	1	Ⅶ
14	1917-01-24	31.3	116.2	$6\frac{1}{4}$	安徽霍山	—	Ⅷ
15	1917-02-22	31.3	116.2	$5\frac{1}{2}$	安徽霍山	—	Ⅶ
16	1934-03-18	31.3	116.2	5	安徽霍山	—	—
17	1954-06-17	31.5	116.5	$5\frac{1}{4}$	安徽六安南	3	Ⅵ

注：上表中"—"表示缺乏资料。"精度"含义是1970年以前的地震精度分类为：1类震中误差≤10km；2类震中误差≤25km；3类震中误差≤50km；4类震中误差≤100km；5类震中误差＞100km。

由图 1.5.1 可见，$M_s \geq 4\frac{3}{4}$ 级中强地震的空间分布是不均匀的，它们主要发生在霍山—六安地区和凤台—凤阳地区。霍山—六安地区中强震活动的频度和强度明显高于其他地区，先后发生了 9 次 ≥5.0 级的中强地震，其中 2 次 ≥6.0 级，7 次 5～$5\frac{3}{4}$ 级，震中大致沿落儿岭—土地岭断裂呈北东向分布。凤台—凤阳地区中强地震频次也较高，沿近东西向的临泉—刘府、阜阳—凤台、颍上—定远断裂带共发生 4 次中强地震，1 次 $6\frac{1}{4}$ 级，2 次 $5\frac{1}{2}$ 级，1 次 $4\frac{3}{4}$ 级，其中 $6\frac{1}{4}$ 级地震发生在临泉—刘府断裂和阜阳—凤台断裂之间。另外，1673 年 3 月 29 日合肥 5 级地震、1868 年 10 月 30 日定远东南 $5\frac{1}{2}$ 级地震所在位置靠近郯庐断裂带，地震的发生与其有关。

1.5.2　区域现代地震活动特征

据区域地震台网记录，自 1970 年 1 月至 2017 年 8 月，探测区共记录到 M_L 地震 6711 次（图 1.5.2）。其中 M_L1.0～1.9 级 5745 次，M_L2.0～2.9 级 845 次，M_L3.0～3.9 级 108 次，M_L4.0～4.9 级 13 次，最大地震是 1973 年 3 月 11 日发生在金寨地区的 4.9 级地震。

由图 1.5.2 可见，中、小地震与历史上中、强地震的空间分布基本一致。霍山—六安地区中、小地震震中分布最为集中，也是沿落儿岭—土地岭断裂呈北东向分布。定远—肥东—巢湖—庐江一线中、小地震震中也较密，它们大致沿郯庐断裂带呈北北东向分布。寿县—凤阳地区，沿近东西向的临泉—刘府、阜阳—凤台、颍上—定远断裂带中、小地震震中分布也较密集。

1.5.3　地震精定位

1.5.3.1　数据收集整理

1. 台站参数及分布

研究区及附近地区自 1976 年以来共设测震台站 51 个，其中安徽省内有 35 个台站，其间因观测环境遭到破坏而撤销了部分台站，目前仍在继续观测的台站有 24 个。考虑到

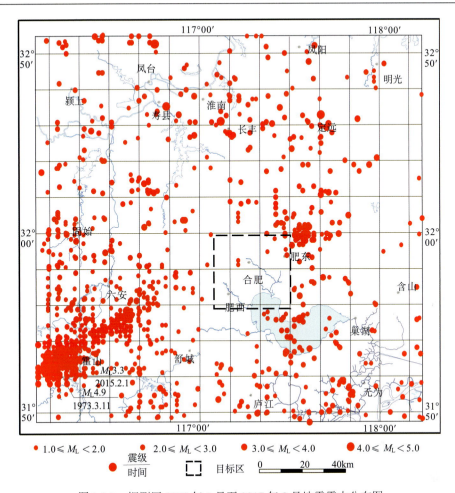

图 1.5.2　探测区 1970 年 1 月至 2017 年 8 月地震震中分布图

不同年代地震精确定位的需要（一般来说，在记录到的震相数据清晰的情况下，记录到地震的台站数量越多则精确定位的效果越好），因此，按照精确定位台站数据文件的格式要求，将 51 个台站全部编入台站数据文件备用。台站分布图见图 1.5.3。

安徽省境内的台站观测环境较好，测震台站的拾震器全部摆放在基岩上，记录的震相数据较为清晰。随着中国地震局"十五"项目的建设，安徽省的台网密度有所增加，在某些重点部位如"霍山震情窗"区域附近，共建设了 6 个测震台站，形成了一个监测能力较强的区域小台网，可以监测到 0 级以上的地震。

2. 震相数据

研究区及周边地区自 1970 年至 2009 年共记录到地震 7879 次，目前已经收集整理了安徽省及周边 1976 年 6 月～2009 年 7 月发生的 4011 个符合精定位要求的地震的震相数据，包括地震的发震时刻、震中经纬度、震源深度、PG 波和 SG 波到时等信息。所有的地震记录整理成程序中所需要的格式。

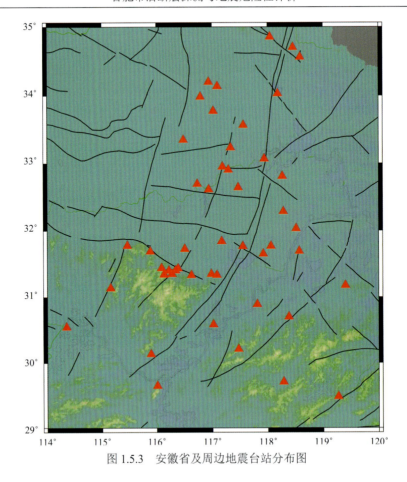

图 1.5.3　安徽省及周边地震台站分布图

　　对于 1990 年之前大量的历史震相数据，采用和达曲线法对所有记录进行测试（包括 1990 年之后的电子记录），剔除不合格数据及不合格记录。图 1.5.4A 为全部数据的和达曲线，可以发现有少量记录较为明显地偏离了和达曲线，图 1.5.4B 是剔除不合格数据后的和达曲线。

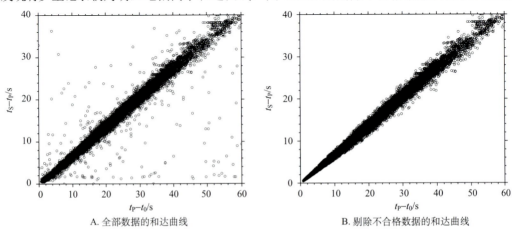

A. 全部数据的和达曲线　　　　　　　　　　B. 剔除不合格数据的和达曲线

图 1.5.4　和达曲线检验数据质量

T_P 为 P 波到时；t_S 为 S 波到时；t_0 为发震时间

对 4011 个地震进行年频次统计，如图 1.5.5 所示。图 1.5.5A 为全部记录的统计图，图 1.5.5B 是剔除不合格数据后的统计图，图 1.5.5C 是被剔除的数据年度统计图，可见

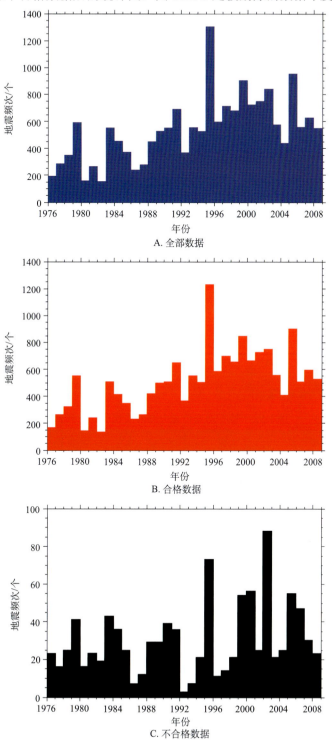

图 1.5.5　安徽地区地震年频次图

偏离和达曲线较多的地震主要分布在 1995 年和 2002 年，可能与"九五""十五"期间数字化改造有关。

安徽地区为中等地震活动区域，强震较少，以中小地震活动为主。图 1.5.6A 中黑色小圆点是安徽及邻区 4011 个地震的震中分布图，主要分布在霍山地区、沿郯庐断裂带和其分支断裂上。图 1.5.6A 右上角方框内为图中小方框区域内放大后的地震分布情况。由于传统定位方法的精度原因，其分布呈有规律的网格状特征。统计震级分布情况，可以看出安徽省地震活动总体不强，主要以 3 级以下地震为主（图 1.5.6B）。

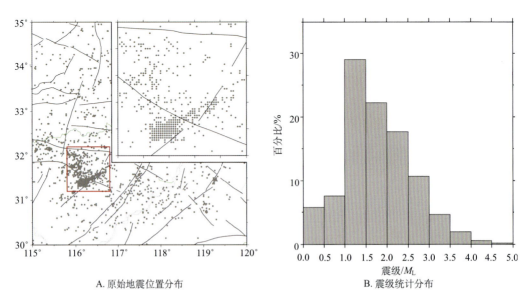

A. 原始地震位置分布　　　　　　　　　　B. 震级统计分布

图 1.5.6　原始地震位置分布和震级统计分布情况

1.5.3.2　精定位计算

1. 地壳速度模型

安徽省的地质构造较为复杂，郯庐断裂带和秦岭—大别山造山带把安徽省分成三个不同的区域，分别是皖西秦岭大别山造山带、皖南山系和皖北平原。三个区域均分布有地震台站，安徽西部的霍山地区台站较为密集，皖北平原区域较为均匀，皖南山区台站相对较少。地形地貌的多样性在一定程度上反映了地质结构的复杂性，或者说是速度结构横向的不均匀性。地震精定位对地壳速度模型的要求较高，在地质构造复杂的地区用一维速度模型必然会造成很多地区速度模型不可靠，而用台站下方的速度结构则能大大提高定位精度。大量的研究结果表明，用远震接收函数方法可以得到比较可靠的台站下方 S 波速度结构。此次处理了安徽省 11 个台站的远震波形资料，提取接收函数，用 H-Kappa 叠加方法得到各个台站下方的地壳厚度，并用波形反演获得台站下方的 S 波速度结构。图 1.5.7 为获得速度的台站分布情况。

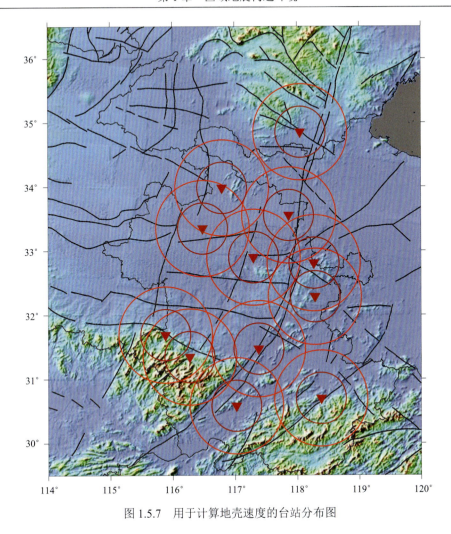

图 1.5.7　用于计算地壳速度的台站分布图

　　其中模型结点大圆半径取 50km，小圆半径取 25km。各个台站下方 S 波速度结构如图 1.5.8 所示，背景速度模型采用 Crustal2.0 速度模型。各个台站下方速度结构显示安徽省大部分地区的莫霍面深度在 32km 左右，部分地区较深，主要集中在大别山地区，如图 1.5.8 中佛子岭台和金寨台，这两个台站下方莫霍面深度在 36km 以上。部分台站下方速度结构出现低速层的现象，如蒙城台、白山台和苍山台等。

2. 速度模型中低速层的处理

　　用接收函数波形反演得到台站下方的速度结构，部分台站的速度结构出现低速层现象。用 Hypo2000 定位时，速度模型中速度是随深度递增的，一般不允许出现低速层的现象。而用走时表替换速度模型就可以解决这个问题。计算走时表时，对分层速度结构的处理又有两种，一种是将层内速度做均匀化处理，另一种是将层内速度做线性变化处理，如图 1.5.9 所示。在 Hypo2000 定位的参数设置中，用 TTgen 程序计算出给定速度模型的走时曲线和走时表（图 1.5.9）替换速度模型，定位时根据走时表用三次样条插值方

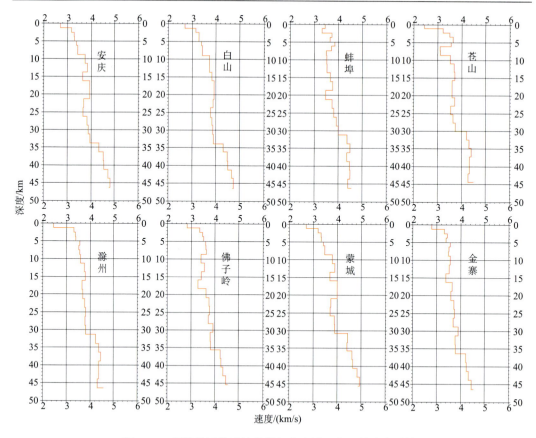

图 1.5.8　用接收函数反演获得部分台站下方 S 波速度结构

法计算所需要的震源深度和震中距的走时。这种用走时表替换速度模型的方式就解决了速度模型中存在低速层的问题。

3. Hypo2000 定位

精定位的结果如图 1.5.10A 所示。图中灰色圆点表示精定位后地震分布情况。安徽省地震活动主要集中在霍山地区，该地区落儿岭—土地岭断裂北北东向展布，青山—晓天断裂北西西向展布。沿着落儿岭—土地岭断裂和平行该断裂方向切两个剖面，即图中的 1 号剖面和 2 号剖面，再沿着青山—晓天断裂取 3 号剖面，分析地震深度分布情况。每个剖面内地震深度分布情况如图 1.5.10B、图 1.5.10C 和 1.5.10D 所示。1 号剖面内有部分地震震源深度超过 15km，而 2 号剖面内大部分地震深度都分布在 15km 以上，横跨 1 号和 2 号剖面的 3 号剖面也证明了上述情况。

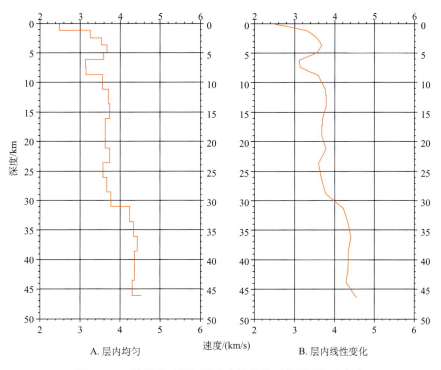

图 1.5.9　计算走时用相同速度结构的两种不同处理方式

A. 层内均匀
B. 层内线性变化

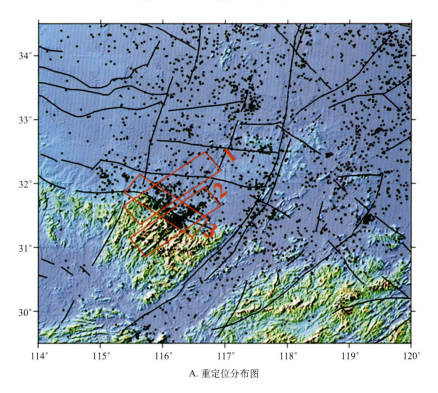

A. 重定位分布图

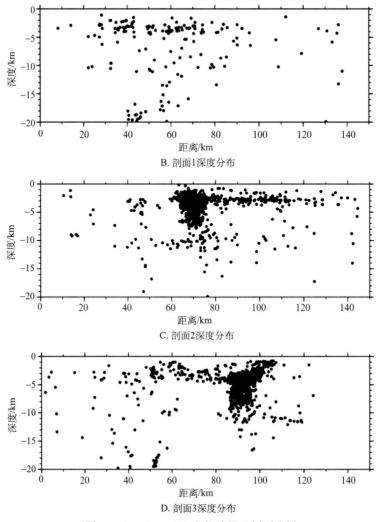

B. 剖面1深度分布

C. 剖面2深度分布

D. 剖面3深度分布

图 1.5.10　Hypo2000 定位结果及剖面分析

从 Hypo2000 定位的误差统计看（图 1.5.11），有 60%左右的地震水平定位误差在 0~1.5km，有 18%左右的地震水平定位误差在 1.5~2.5km，水平误差超过 2.5km 的地震

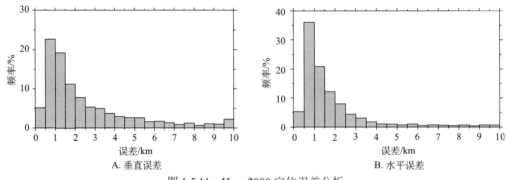

A. 垂直误差　　　　　　　　　　　　　　　　B. 水平误差

图 1.5.11　Hypo2000 定位误差分析

数量只有 22%。震源深度的定位误差（垂直误差）比水平定位误差稍大些，如图 1.5.11A 有 40%在 0～1.5km，有 20%在 1.5～2.5km，而有 40%的误差超过 2.5km。

4. HypoDD 双差定位

HypoDD 双差定位是在 Hypo2000 绝对定位结果的基础上进行的相对定位，是对 Hypo2000 定位结果的进一步优化。在双差定位中，一些重要参数设置如下：MAXDIST=200；MAXSEP=10；MAXNGH=200；MINLNK=5；MINOBS=5。对 Hypo2000 精定位后的 2465 个小震按照上述参数进行双差定位。

双差定位的结果如图 1.5.12A 所示。与原始定位和 Hypo2000 定位的结果对比，见图 1.5.12B，可以看出，双差定位的地震明显减少，且分布比较集中。图 1.5.12B 中黑色是原始定位结果，红色是 Hypo2000 定位结果，蓝色是 HypoDD 双差定位的结果。我们把原始定位、Hypo2000 定位和 HypoDD 定位的结果放在一起进行比较，发现双差定位后除了分布零散的地震不满足双差约束条件而不参与双差定位外，那些分布集中的地震变得更加集中。如在霍山地区，红色的 Hypo2000 定位结果的地震丛的轮廓明显比双差定位的大，说明双差定位结果是对 Hypo2000 定位的进一步优化。选取霍山地区沿平行于落儿岭—土地岭断裂方向的剖面进行震源深度分析，剖面为图 1.5.12B 中矩形框位置，其宽度为 20km，长为 100km。原始定位、Hypo2000 定位及 HypoDD 双差定位的深度剖面图分别如图 1.5.13 中 A、B、C 所示。

原始定位结果的精度较低，只精确到 1km，从图 1.5.13A 也可以看出，原始定位的震源深度在霍山地区大部分集中在 3～10km，10km 以下或者 3km 以上地震很少。而 Hypo2000 定位后，地震的震源深度明显提高，跟原始定位相比，分布更集中，如图 1.5.13B 所示。图 1.5.13C 是双差定位的震源深度剖面，其震源深度分布与前两者也有差别，剖面起始位置处分布着少量地震，其深度从 3km 到 15km，这与 Hypo2000 定位结果相似，而在剖面横坐标轴上，离开剖面起始位置 20～30km 的地方出现了地震分布不连续的现象。

1.5.3.3　结果分析

Hypo2000 定位方法是目前较为流行的方法，在国内外得到广泛的应用。Hypo2000 定位程序支持多模型输入，有效地解决了速度结构横向不均匀性问题。用接收函数方法可以得到台站下方可靠的 S 波速度结构，而低速层问题可以用 Hypo2000 方法提供的 TTgen 走时计算程序计算给定模型的走时表取代速度模型解决，得到较好的定位效果。

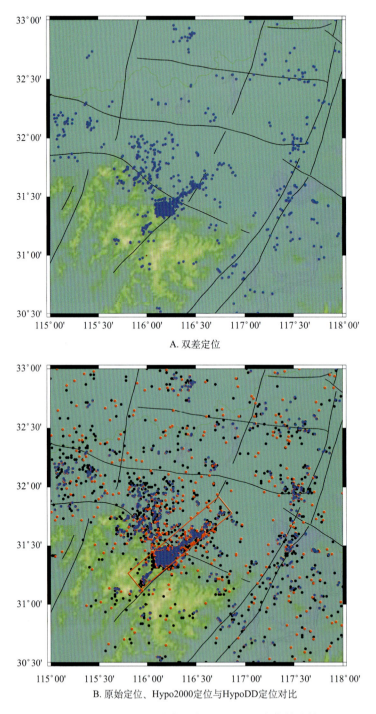

A. 双差定位

B. 原始定位、Hypo2000定位与HypoDD定位对比

图 1.5.12　HypoDD 定位及与 Hypo2000 定位的比较

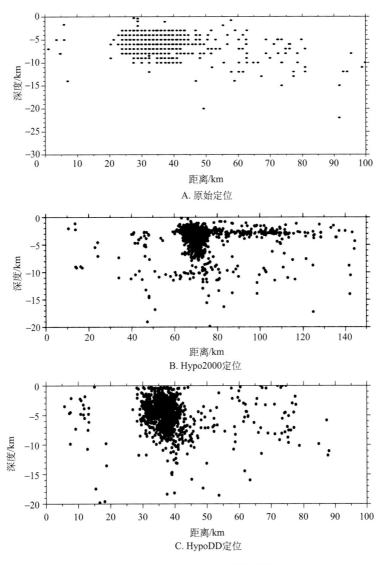

A. 原始定位

B. Hypo2000定位

C. HypoDD定位

图 1.5.13　三种定位后的剖面图

1.6　区域主要断层特征

在资料收集、卫星影像解译和地形地貌分析的基础上，通过野外调查、探槽揭露、年龄样品采集和测试等，编制 1∶250000 区域地震构造图，对区域主要断层构造进行总结。区内主要断裂有 19 条（图 1.6.1），这些断裂按走向可分北东—北北东向、北西西—近东西向和北西向三组。其中北北东走向的桑涧子—广寒桥断裂（F1）、乌云山—合肥断裂（F2）、池河—西山驿断裂（F15）、藕塘—清水涧断裂（F16）是郯庐断裂带在探测区内的组成部分。在卫星影像图上，大部分断裂或断裂段的线性特征较明显。但分布在合肥盆地内部的桑涧子—广寒桥断裂（F1）、乌云山—合肥断裂（F2）、大蜀山—吴山口断裂（F3）、桥头集—东关断裂（F4）、大蜀山—长临河断裂（F5）、六安—合肥断裂（F6）、肥中断裂（F11）的线性特征却不明显。断裂活动总体特征见表 1.6.1。

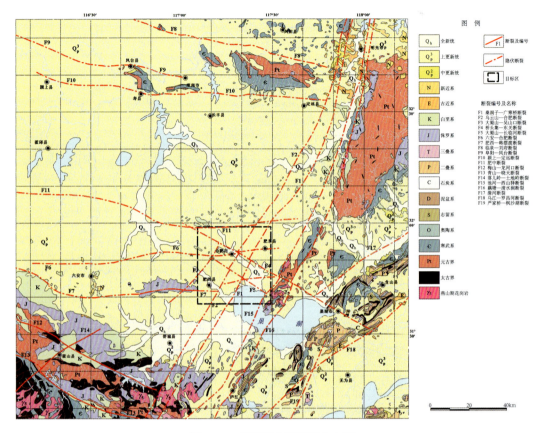

图 1.6.1　探测区主要断裂分布图

1.6.1　郯庐断裂带（F1、F2、F15、F16）

郯庐断裂带是我国东部一条巨型深断裂带，是一条重要的地震活动带，曾发生公元前 70 年安丘 7.0 级地震、1597 年渤海湾 7 级地震、1668 年郯城 $8\frac{1}{2}$ 级地震、1889 年渤海湾 $7\frac{1}{2}$ 级地震、1969 年渤海湾 7.4 级地震（国家地震局震害防御司，1995；中国地震局震害防御司，1999）。它南起长江北岸的湖北省广济，北到黑龙江后延入俄罗斯境内，在我国境内长达 2400km，可分北、中、南三段（国家地震局地质研究所，1987；IGCP 第 206 项中国工作组，1989；陈锦泰等，1989；汤有标等，1988；邓起东等，2007）。

2010 年以来，中国地震局地质研究所闵伟等对郯庐断裂带北段的依兰—伊通断裂进行了较深入的研究。通过高分辨率卫星影像解译、野外地质地貌调查和探槽开挖，最终确定依兰—伊通断裂是全新世活动断裂（闵伟等，2011）。这一结果改变了以往人们对该段断裂活动时代的认识。

表1.6.1　探测区主要断裂活动特征表

断裂编号	断裂名称	区内长度/km	走向/(°)	倾向	倾角/(°)	最新活动时代	地震活动	备注
F1	桑涧子—广寨桥断裂	230	10~20	SE	50~75	北段：Q_{p3} 中段、南段：Q_{p2}晚期	四条断裂同属郯庐断裂带，沿断裂1673.3.29在合肥发生5级地震，1868.10.30在定远东南发生5½级地震；1970年以来沿断裂小震较密集	
F2	乌云山—合肥断裂	230	10~20	NW	60~70	Q_{p2}晚期		
F15	池河—西山驿断裂	220	10~50	NW	60~80	北段：Q_{p3}~Q_4 中段、南段：Q_{p2}晚期		
F16	藕塘—清水涧断裂	222	20~50	NW 或 SE	55~80	Q_{p2}晚期	沿断裂历史上无≥3¾级地震发生	
F3	大蜀山—吴山口断裂	40	30~40	SE 或 NW	60~85	前Q	沿断裂历史上无≥3¾级地震发生	
F4	桥头集—东关断裂	110	310~350	SW 或 NE	65~85	西北段前Q 东南段Q_{p2}	沿断裂历史上无≥3¾级地震发生	
F5	大蜀山—长临河断裂	35	310~350	NE	50~80	前Q	沿断裂历史上无≥3¾级地震发生	
F6	六安—合肥断裂	150	近东西	S	40~80	前Q		
F7	肥西—韩摆渡断裂	105	西段：280~310，东段：EW	S 或 SW	50~80	西段：Q_{p2} 东段：前Q	沿断裂历史上无≥3¾级地震发生	
F8	临泉—刘府断裂	100	280~310	SW 或 NE	50~80	Q_{p2}	F8、F9之间曾发生1831.9.28凤台6¼级地震	F8、F9、F10属同一组近东西走向的断裂，它们呈半裸露状态。地球物理资料显示，沿三条断裂为一东西向基底隆起带
F9	阜阳—凤台断裂	96	285~310	NE	55~85	Q_{p2}	F8、F9之间曾发生1831.9.28凤台6¼级地震	
F10	颍上—定远断裂	170	85~280	SW 或 NE	60~85	Q_{p2}	曾发生294年7月5½级寿县地震	

续表

断裂编号	断裂名称	区内长度/km	产状			最新活动时代	地震活动	备注
			走向/(°)	倾向	倾角/(°)			
F11	肥中断裂	145	EW	S	60~85	前Q	沿断裂历史上无≥$3\frac{3}{4}$级地震发生	
F12	梅山—龙河口断裂	85	290~280	SW	55~85	Q_{p2}	和F14交汇的位置曾发生1652.2.10霍山东北6级地震	
F13	青山—晓天断裂	80	90~300	NE	55~85	Q_{p2}	和F14交汇的位置曾发生1917.1.24霍山$6\frac{1}{4}$级地震	
F14	落儿岭—土地岭断裂	45	20~70	NW	65~85	Q_{p3}	和F13交汇的位置曾发生1917.1.24霍山$6\frac{1}{4}$级地震；1970年以来沿断裂小震密集	
F17	滁河断裂	55	50~70	NW	50~65	前Q		
F18	乌江—罗昌河断裂	120	10~70	NW或SE	60~85	Q_{p2}		
F19	严家桥—枫沙湖断裂	40	10~65	NW或SE	55~65	Q_{p2}	沿断裂曾发生1585.3.6巢湖南$5\frac{3}{4}$级地震	

郯庐断裂带在鲁西南的段落称沂沭断裂，它是晚更新世—全新世强烈活动的段落，曾发生 1668 年郯城 8½ 级大地震。前人对该段的几何结构、新活动时代和性质、断裂活动与地震的关系等进行了较深入的研究（方仲景等，1976；高维明等，1988；陈国星和高维明，1988；李家灵等，1994；晁洪太等，1994；何宏林等，2004；宋方敏等，2005）。

对断裂带在江苏段的活动时代及与地震的关系，前人也进行了较多的研究，总的认识是断裂带晚更新世以来有活动（汤有标和姚大全，1990；谢瑞征等，1990，1991；李起彤等，1990；张鹏等，2011；姚大全和刘加灿，2004；姚大全等，2012；郑颖平等，2014；沈小七等，2015；杨源源等，2016；赵朋等，2017b）。不同的是，有的认为是晚更新世早—中期活动（谢瑞征等，1990），有的认为是全新世活动（李起彤，1994；沈小七等，2015）。在宿迁城市活断层探测及地震危险性评价项目中，通过探槽揭露，最终确定郯庐断裂带江苏段（淮河以北段）的四条断裂中，桥北镇—宿迁断裂是全新世断裂，城岗—耿车断裂是晚更新世断裂，王庄—苏圩断裂和窑湾—高作断裂是早—中更新世断裂，但是，四条断裂过淮河后都定为早—中更新世断裂。

郯庐断裂带安徽段是南段的重要组成部分，最新研究认为淮河至女山湖段为晚更新世—全新世活动的断裂（姚大全等，2017；赵朋等，2017a；杨源源等，2017）；明光以南最新活动时代尚不清楚，一般认为是早—中更新世断裂。

探测区所涉及的郯庐断裂带位于明光以南，由四条近平行的断裂组成，以下将根据各条断裂的地貌特征、槽探、年龄样品测试等所获结果进行综合分析，确定断裂的最新活动时代和活动性质。

1.6.1.1 桑涧子—广寒桥断裂（F1）和乌云山—合肥断裂（F2）

北段位于合肥盆地以北，地表有出露，在卫星影像上显示清晰的线性特征，断裂沿线有断层崖、断层三角面，局部显示断层槽地。其中 F1 的地貌特征比 F2 更加明显。

剖面上，该段两条断裂皆由多条次级断层构成宽几十米的断层破碎带，沿新断面断层泥发育且有近水平擦痕。

石门口水库左坝肩剥离剖面（图 1.6.2）上，见 F1 北段 7 条断层构成宽约 35m 的断层带。其中 f2、f5 切割了中更新统残积层，为断裂的中更新世活动提供了地质证据。剖面中 f6 是分割元古界与白垩系的主要断层，也是最新活动的断层，除发育水平擦痕外，沿断面还形成厚约 10mm 的棕红色断层泥，手感柔软且无杂质，断层泥电子自旋共振（ESR）测试结果为（148±18）ka。该断层之上发育一套坡洪积砂砾石层，断层位置砂砾石层厚度大，且顺断层砾石定向排列。根据区域地质资料，该套砂砾石层的堆积时代应为晚更新世。这套砂砾石层主要堆积在断层陡坎的位置，是断层位移形成陡坎后快速堆积而成，其堆积时代应接近断层的最新活动时代。据此并结合断层泥样品测试结果，确定该段断裂的最新活动时代应为晚更新世。该段断裂向北延伸，与江苏境内的城岗—耿车晚更新世断裂相连，地貌上线性陡崖或陡坎十分醒目。

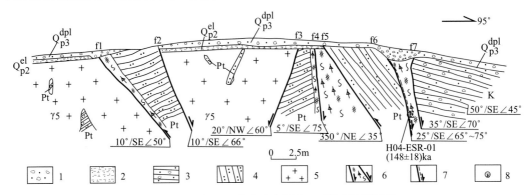

图 1.6.2　石门口西北水库左坝肩 F1 断层剥离剖面

1.坡洪积砂砾石层；2.棕红色胶结坚硬的砂砾石层；3.棕红色含砾砂岩；4.灰白色石英岩；5.花岗岩；6.断层及破碎带；7.断层及断层泥；8.ESR 样点

凤阳县马厂北采石场剖面（图 1.6.3）上，见 F2 北段 4 条近平行的断层 f1、f2、f3、f4 切割元古代石英片岩，所构成的断层破碎带宽约 12m，断层性质为正断层。其中沿 f4 形成 10～30mm 厚的棕红、灰白色断层泥，取断层泥 ESR 样品，测试结果分别是（207±33）ka 和（142±14）ka。

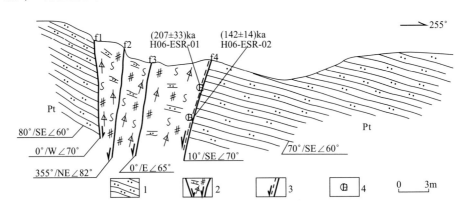

图 1.6.3　凤阳县马厂北 F2 断层剖面

1.灰白色中、薄层石英片岩；2.断层及尚有原岩结构的粗碎裂岩；3.断层及断层泥；4.ESR 样点

F2 地貌上虽有断层崖显示，但其线性特征不如 F1 明显。结合两个 ESR 年龄样品的测试结果，确定该段断裂最新活动时代为中更新世晚期。该断裂向北延伸，与江苏境内的窑湾—高作早—中更新世断裂相连。

中段即为合肥盆地段，这两条断裂全都隐伏在合肥盆地中。跨断裂的浅层地震探测结果反映，最新断面上断点切割第四系底界并进入第四系底部，反映其为第四纪断层，跨断层钻孔联合剖面探测结果反映，最新活动断层上断点穿越基岩顶界并进入第四系下部，结合岩芯样品测试，确认它们的最新活动时代为中更新世晚期。

南段位于合肥盆地以南，展布在大别山区。F1 在魏庄北附近地貌上表现为断层谷地，横切断层的剖面中见断层破碎带，宽约 5m，断面光滑，可见近水平擦痕，沿断面有几毫米厚较软的断层泥，剖面中断层破碎带上覆厚 0.2m 左右的碎石层及厚 0.3～1m 的含碎石黏土层，其中碎石层由岩石小角砾组成，胶结程度较高，推测为中更新世堆积，未见构造扰动迹象。

道士洼西南见 F2 发育在侏罗纪安山质凝灰岩中，断面清晰，规模较大，可见近水平擦痕。

根据野外调查所获断层地貌、断层泥、断层上覆地层特征等分析，该段最新活动时代为早中更新世。

1.6.1.2　池河—西山驿断裂（F15）

该断裂是一条切穿地壳深达地幔的大断裂，在卫星影像上显示清晰的线性特征。

断裂北段，沿断裂线性特征较明显的地段有 3 个探槽揭示了断层，具体如下。

1. 紫阳探槽

在紫阳附近垂直断层陡坎开挖一个探槽，探槽北壁（图 1.6.4）地层描述如下。

U_1：白垩纪棕灰色泥质砂岩、粉砂岩，较强风化，原始层理尚可分辨，有与层理大致平行的灰绿色泥质条带充填。陡坎两侧地层产状有较大变化，越靠近陡坎倾角越大。

U_2：位于陡坎上升盘，为坡洪积棕褐色黏土，含少量小砾石，质地较硬，厚约 1.5m，在其上部取样品 ZYTC1-OSL-3、ZYTC1-ESR-2，测试结果分别是（112.86±6.01）ka、（218±44）ka。

U_{3-1}：位于陡坎上升盘，为洪积暗红-灰白色砾石层，分选、磨圆、胶结皆差，厚 10～20cm。砾石成分主要为灰白色石英正长岩，粒径一般为 5～8cm。

U_{3-2}：位于陡坎下降盘，其岩性与 U_{3-1} 大致相同，但砾石较为稀疏，黏土成分增多，个别大砾石的粒径可超过 10cm。

U_{4-1}：位于陡坎上升盘，以坡洪积黄褐色黏土为主，质地较硬，厚 1m，在其上部取样品 ZYTC1-OSL-2、ZYTC1-ESR-1，测试结果分别是（132.89±6.38）ka、（180±36）ka。

U_{4-2}：位于陡坎下降盘，其岩性与 U_{4-1} 相似，但含少量小砾石，质地较硬，厚约 1m，在其中上部取样品 ZYTC1-OSL-4、ZYTC1-ESR-3，测试结果分别是（126.25±6.73）ka、（176±21）ka。

U_{5-1}：位于陡坎上升盘，为坡洪积暗红-灰白色砾石层，砾石较为密集，厚度约 10cm，砾石主要由灰白色石英正长岩构成，粒径多为 1～2cm，少数为 7～8cm。

U_{5-2}：位于陡坎下降盘，其岩性与 U_{5-1} 相似，但砾石较为稀疏，粒径多为 5～6cm，少数为 7～8cm，黏土成分增加，厚度约 10cm。

U_6：位于陡坎上升盘，为坡洪积灰色含砾石黏土，厚 0～1.2m，剖面上呈近似直角三角形。在其上部取样品 ZYTC1-OSL-1，测试结果是（116.34±5.97）ka。

U_7：为坡积深灰色表土层，上升盘和下降盘皆有堆积，厚 10～50cm。

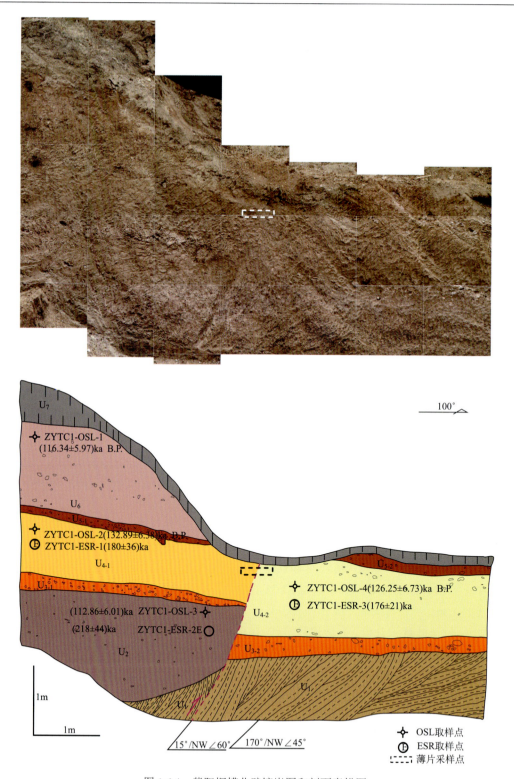

图 1.6.4　紫阳探槽北壁镶嵌图和剖面素描图

剖面显示，断层切穿了 U_6 以下所有堆积。被切割地层的多个光释光（OSL）、ESR 样品的测试年龄反映，它们的堆积时代在（218±44）～（126.25±6.73）ka，U_6 的堆积时代为（116.34±5.97）ka，因此该断层的最新活动时代应在（126.25±6.73）～（116.34±5.97）ka，为晚更新世断层。

2. 朱刘探槽

据杨源源等（2017）的资料，该探槽位于紫阳山红色砂岩隆起西侧南缘（图 1.6.5）。探槽北壁地层描述如下：

层①浅黄白色细砂-粉砂质耕植土，含铁锰结核，厚 20～40cm；

层②棕红色黏土，含细小砂砾，底部含少量铁锰结核；

层③黑色黏土，含铁锰结核，局部夹断断续续的白色砂质条带；

层④灰黑色黏土，含铁锰结核较多，片理面有灰黑色物质侵染，顶部与层③呈过渡关系；

层⑤浅黄色黏土，含少量钙质结核和铁锰结核，结核粒径为 1～2cm，上部有灰黑色泥质条带；

层⑥棕黄色黏土，含细砾、铁锰结核，底部砾石相对较多，砾径一般小于 1cm；

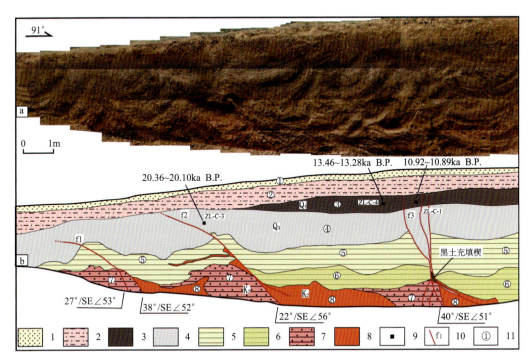

图 1.6.5　朱刘探槽北壁照片（a）与剖面图（b）

1.耕植土；2.棕红色黏土；3.黑色黏土；4.灰黑色黏土；5.浅黄色黏土；6.棕黄色黏土；7.红色砂岩；8.红色泥岩；9.^{14}C 取样点；10.断层及编号；11.地层编号；ZL-C-3、ZL-C-4 表示 ^{14}C 取样编号；黑土充填楔各代表 1 次古地震事件

层⑦红色砂岩，强风化，多破碎呈粉碎状；

层⑧较纯的红色泥岩，强风化。

根据区域地质资料对比判断，层⑧和层⑦为晚白垩世地层，层①至层⑥为第四纪地层，其间缺失了古近纪和新近纪地层。^{14}C 样品测年结果（均为土壤样品）表明，层④形成于晚更新世，层③为晚更新世晚期—全新世早期地层；推测层⑤和层⑥形成于第四纪早、中期。

探槽北壁揭示出 3 条断层带，自西向东分别为 f1、f2 和 f3，整体上形成了宽约 16m 的构造变形带。3 条断层带下部均出露于晚白垩世红色砂岩中，上部切入第四纪地层。断层带 f1、f2 倾角相对较小，并具有向上逐渐减小的趋势；在红色砂岩与黏土交界处，f2 断层面如镜面般平整光滑，发育倾向擦痕；层⑤顶部向上轻微拖曳的现象，反映了断层的逆冲运动特征；两断层向上延伸进入并终止于层④之中，剖面上表现为清晰的黄白色线性条带，其中 f1 迹线终止于层④中部，f2 迹线终止于层④中上部。断层带 f3 底部发育于晚白垩世红色砂岩中，表现为一强烈风化挤压破碎带，挤压破裂面与构造透镜体发育。断层带 f3 整体上倾角相对较大，在层④中表现为一由 3 条相对清晰的断面组成的断层束，在层③之中断层形迹难以识别。但是，沿断面断续充填了来自层③的黑土物质，形成黑色的断层形迹或条带。黑土物质在断层底部红色砂岩与黏土分界处较为集中，形成黑土充填楔。该现象表明，层③形成之后断层有过活动。层③中两个土壤样品 ^{14}C 测年结果为 13.46～13.28ka B.P.及 10.92～10.89ka B.P.，表明层③为晚更新世晚期—全新世早期地层，即断层最新活动时代达到全新世早期。

该段断裂向北延伸，与江苏境内的桥北镇—宿迁全新世断裂相连，地貌上线性陡崖或陡坎十分醒目。

中段隐伏在合肥盆地中，推测其最新活动时代和性质与 F1、F2 中段相同。

南段在浮槎山西麓、大别山东麓发育断层崖和断层三角面，有较明显的线性特征。野外调查采集了多个断层泥 ESR 样品，测试结果在（152±30）～（231±23）ka。

3. 灰坝探槽

在肥东灰坝附近跨断层陡坎开挖一个探槽，探槽北壁（图 1.6.6）地层描述如下。

U_{1-1}：尚具原岩结构的黄褐色、灰褐色浅变质的石英岩、石英砂岩构成的粗碎裂岩。

U_{1-2}：灰褐色由浅变质石英岩、石英砂岩构成的断层破碎带。

U_{2-1}：棕红色砂岩、砂砾岩互层，含灰白色石英脉，砾石为黑色、白色石英岩，磨圆较好，粒径多为 1～3cm。

U_{2-2}：由棕红色砂岩、砂砾岩构成的断层破碎带。

U_3：黑色含个别砾石黏土，是由断层破碎带风化而成。取样品 HBTC1-ESR-1，测试结果是（188±23）ka。

U_4：黑色含砾石黏土。

U_5：灰黑色含砾石黏土，底部为楔状堆积的坡洪积含泥质、砂质碎石层，上覆薄层含砂砾石的有机质黏土。

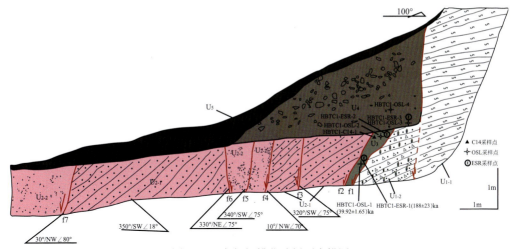

图 1.6.6 灰坝探槽北壁剖面素描图

探槽中，f1、f2 之间断层破碎带 ESR 样品的测试年龄是（188±23）ka。

另外，跨该段断裂布置的两条浅层地震测线 CF8-1（图 1.6.7）、CF8-2（图 1.6.8）探测结果反映，F15 由多条断裂构成。虽然剖面中大多数断层未切割第四系底界面，显示为前第四纪断层，但有少数断层向上穿透到 T_Q 附近，因此总体上显示了第四纪早期活动的特征。

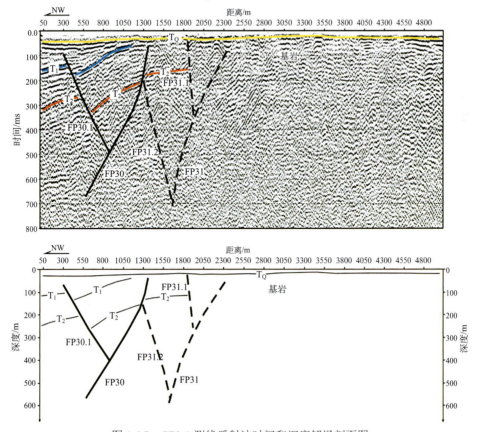

图 1.6.7 CF8-1 测线反射波时间和深度解译剖面图

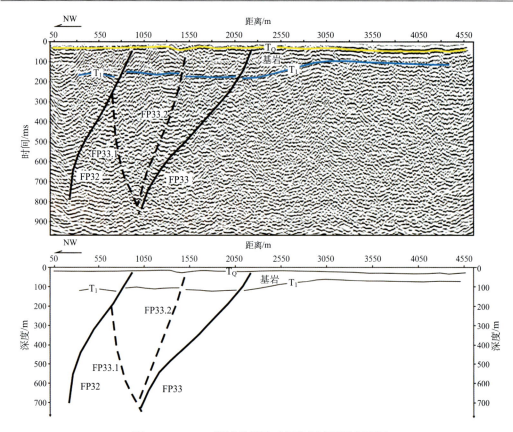

图 1.6.8 CF8-2 测线反射波时间和深度解译剖面图

综合地质地貌特征、浅层地震探测和年龄样品测试结果，该段断裂的最新活动时代应为中更新世晚期。

1.6.1.3 藕塘—清水涧断裂（F16）

北段呈隐伏状态，沿断裂新近系玄武岩发育。向北延伸，与江苏境内的王庄—苏圩早—中更新世断裂相连，推测该段断裂的最新活动时代应是中更新世。

中北段—南段在张八岭西侧、浮槎山东侧和郎溪凹陷的东缘，断层地貌明显，沿线有断层崖、断层三角面显示，在卫星影像上也显示较清晰的线性特征。

剖面上，各段也是由多条次级断层构成了宽几十米的断层破碎带。多条剖面上断层泥发育，且细腻、柔软。在不同的断层剖面上共测试 5 个断层泥 ESR 年龄样品，测年结果分别为（207±20）ka、（245±24）ka、（305±43）ka、（185±184）ka 和（157±25）ka。其中在庐江蔡小店东北，断层通过处地貌上为由二叠纪灰色灰岩和三叠纪棕灰色砂岩构成的小山包，走向北北东。F16 发育在二叠系与三叠系之间，断层性质为逆断层，二叠系逆冲到三叠系之上。沿断面发育水平擦痕，反映断层的右旋走滑特征。断层下盘，由三叠纪棕灰色砂岩构成的断层破碎带宽约 13m（图 1.6.9），破碎程度高，呈黑色泥砾状，沿断面断层泥发育，厚约 2～3cm，呈棕红色，取样品 JH14-ESR-01，测试结果为

（185±18）ka。

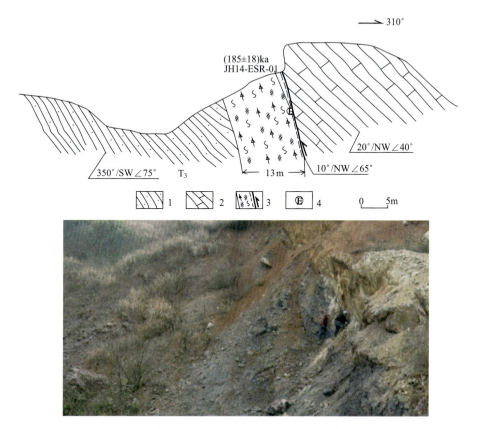

图 1.6.9　庐江蔡小店东北 F16 断层剖面和照片（镜向：SW）

1.棕灰色砂岩；2.灰色灰岩；3.断层及棕红色断层泥、黑色泥砾状断层破碎带；4.ESR 样点

　　根据断层地貌特征、断层泥样品 ESR 测试结果，中北段—南段断裂的最新活动时代为中更新世晚期。

1.6.1.4　活动时代和性质综合分析

　　综上所述，郯庐断裂带 F1、F15 两条断裂北段最新活动时代为晚更新世，F1、F2 南段最新活动时代为早中更新世，其余各段最新活动时代为中更新世晚期。那么，F1、F15 晚更新世活动段（北段）与中更新世晚期活动段（中段和南段）分界点在哪里？是什么样的特殊构造使北段和中南段的最新活动时代不同？

　　由探测区布格重力异常图可见，除沿郯庐断裂带是一条明显的重力梯度带外，沿临泉—刘府断裂（F8）、阜阳—凤台断裂（F9）、颍上—定远断裂（F10）也存在一条近东西走向的重力梯度带，该带在定远以东转为北东走向并在明光以北与郯庐断裂带所在的重力梯度带汇合。该构造带的存在，反映沿三条断裂中上地壳存在近东西向的构造带。该构造带或是断裂带，或是隆起、拗陷带，或是不同岩性的交界带。但在探测区布格重力向上延拓 15km 重力异常图和向上延拓 20km 重力异常图上，近东西走向的重力梯度带更加明显，它向东一直延伸与郯庐断裂北北东向重力梯度带重叠交会并对后者的走向有一定的影响，说明在15km以下，近东西构造带更为稳定，它的形成时代可能早于郯庐断裂带深部构造的形成时代。

1：200000区测资料反映，近东西构造带以北，有古近系和新近系分布，特别是新近系出露较广。但在近东西构造带以南，没有古近系和新近系分布，反映新生代早—中期近东西构造带南北两侧的构造和沉积环境有明显差别。北侧构造活动强烈，伴有岩浆喷发，南侧构造相对稳定，无岩浆喷发。新生代晚期，构造带南北两侧的构造和沉积环境继承了早—中期活动特征，北侧构造活动相对强烈，南侧构造活动相对较弱，这种差异导致新生代晚期北侧断裂最新活动时代为晚更新世，南侧为中更新世晚期。

近东西构造带在郯庐断裂带中的具体位置与几何分界线大致相同，即乌云山—土金山一线。正是由于该构造带的存在，导致探测区郯庐断裂带纵向上出现活动时代不同的南北两段。

由上文还可以看到，北段4条断裂的活动时代也不同，桑涧子—广寒桥断裂（F1）和池河—西山驿断裂（F15）为晚更新世断裂，乌云山—合肥断裂（F2）和藕塘—清水涧断裂（F16）为中更新世晚期断裂。那么为什么同一段落4条断裂的最新活动时代不相同呢？这可能与各自所处的位置及演化历史有关。

桑涧子—广寒桥断裂和池河—西山驿断裂在白垩纪是控制明光盆地的两条断裂，其活动强度大。古近纪—新近纪时期，继承了白垩纪活动较强的特征，明光盆地继续接受古近系—新近系堆积。第四纪以来，虽然整条断裂带所在区处于隆起的环境，但两条断裂的差异运动仍较强烈，断层地貌清楚。因此，桑涧子—广寒桥断裂和池河—西山驿断裂继承了中生代晚期—新生代早中期持续强烈活动的特征，使其晚更新世继续活动。

乌云山—合肥断裂和藕塘—清水涧断裂在白垩纪活动不明显，断裂两侧没有同时期堆积。古近纪—新近纪时期，有一定的垂直差异运动，乌云山—合肥断裂西盘、藕塘—清水涧断裂东盘局部堆积有古近系和新近系，沿断裂新近纪玄武岩零星出露。第四纪以来，在隆起的背景下，两条断裂有一定的差异运动，但根据断层地貌对比，其强度比桑涧子—广寒桥断裂和池河—西山驿断裂要弱。因此，乌云山—合肥断裂和藕塘—清水涧断裂继承了中生代晚期—新生代早中期间歇性较弱活动的特征，使其演化为中更新世晚期断裂。

桑涧子—广寒桥断裂向北延伸，与江苏境内的城岗—耿车晚更新世断裂相连；池河—西山驿断裂向北延伸，与江苏境内的桥北镇—宿迁全新世断裂相连；乌云山—合肥断裂向北延伸，与江苏境内的窑湾—高作早—中更新世断裂相连；藕塘—清水涧断裂向北延伸，与江苏境内的王庄—苏圩早—中更新世断裂相连；因此在活动时代上，江苏段和安徽段有很好的可对比性。

各段的活动性质也有所区别，桑涧子—广寒桥断裂（F1）和乌云山—合肥断裂（F2）北段、池河—西山驿断裂（F15）、藕塘—清水涧断裂（F16）剖面上主要表现为正断层性质，在最新活动的断面上，发育近水平擦痕，因此其总的活动性质为正走滑断层。钻孔联合剖面显示，F1、F2在合肥盆地中的段落（中段）最新活动性质以逆断层为主。野外剖面特征表明，F1、F2 在大别山中的段落（南段）最新活动性质为逆走滑。

1.6.2　大蜀山—吴山口断裂（F3）

该断裂东北起自龙潭水库右坝肩附近，向西南经大蜀山、烧脉岗、红石山、大团山、吴山口，止于龙潭河附近，长约 40km，走向 30°，倾向南东或北西。

断裂大部分呈隐伏状态，仅在红石山、大团山、吴山口等低山区切割侏罗纪棕灰色砂岩、棕红色薄层细砂岩。例如，在红石山侏罗系中见 10 余米的硅化破碎带，总体走向 40°，胶结紧密，其内发育的断层面呈舒缓波状。在紫蓬镇牛尾巴岗、陀龙村、吴山口（山口村）一线，断裂在地貌上表现为长约 5km、宽 50～100m、断续展布的谷地，具有一定的线性特征，但谷地形态呈较宽缓的"U"形，反映断层新活动较微弱。跨断层浅层地震测线显示，探测范围内可分辨的上断点埋深约 45m 上下，在基岩顶面以下约 20m。判断为前第四纪断裂。

1.6.3　桥头集—东关断裂（F4）

该断裂为北西走向，西北起自吴山集西南，向东南经岗集、合肥、撮镇、炯炀镇、巢湖，止于铜城庙一带，长约 110km，走向 310°～320°，倾向南西，倾角 60°以上。以浮槎山西麓（F15）为界，可将断裂分成两段，即吴山集—桥头集段（西北段）和浮槎山—铜城庙段（东南段）。

西北段位于合肥盆地，基本呈隐伏状态，根据钻孔联合剖面探测结果，第四系底界未见明显错动。

东南段通过浮槎山、巢湖西北—铜城庙之间。该段在桥头集东北侧，断裂影像表现为不连续的北东向山体有小尺度的左旋位错，在巢湖东北岸断裂呈北西向延伸，向东南裕溪河仍沿该方向发育，线性特征非常明显。另外，在该段发现多个基岩断层剖面，断层泥测年结果多为中更新世，说明断裂中更新世有所活动。

1.6.4　大蜀山—长临河断裂（F5）

该断裂西北起自大蜀山，向东南经烟墩镇、义城集，止于长临河，长约 35km，走向北西，倾向北东，为逆断层。

断裂位于合肥盆地内，呈隐伏状态。大蜀山喜山期基性岩浆喷溢可能与该断裂和北东向的大蜀山—吴山口断裂交会有关。

横跨该断裂的四条浅层地震测线皆反映，大蜀山—长临河断裂是由 1～2 条断层组成，除其中一个断点向上穿透 T_Q 底界外，其他测线所有断点皆位于 T_Q 底界以下。但横跨向上穿透 T_Q 底界断点的钻孔联合剖面探测显示，断层没有影响古近系与下蜀组之间的界面。

综合地质、地球物理、钻孔联合剖面等资料综合分析，认为该断裂为前第四纪断裂。

1.6.5　六安—合肥断裂（F6）

断裂位于合肥盆地内，全呈隐伏状态，其几何展布主要依据重力和航磁资料确定。走向近东西，倾向南，倾角 40°～70°。西起自姚李庙南，向东经六安北、长镇、合肥、肥东，止于阚集一带，长约 150km。

浅层地震测线所解译出的 6 个断点中，仅两个断点可能为第四纪早期活动，但对断点的钻孔联合剖面勘探结果表明，断层在下蜀组堆积后没有活动。

综合分析浅层地震探测和钻孔联合剖面勘探结果，确认该断裂为前第四纪断裂。

1.6.6　肥西—韩摆渡断裂（F7）

该断裂为近东西走向的断裂。该断裂西起大别山北麓，向东经六安市南、防虎山南麓、肥西南、义城镇、大圩镇，止于巢湖以北长乐镇一带，长约 140km。大致以防虎山东端为界，可将该断裂分成两段，即霍山县叶集南—防虎山段（西段）和肥西—长乐乡段（东段）。

该断裂西段断层地貌显示清楚，在卫星影像上也有较清晰的线性显示。野外调查剖面中两个断层泥 ESR 年龄样品测试结果为（156±16）ka 和（304±36）ka。综合分析认为该段断裂的最新活动时代为中更新世。

该断裂东段隐伏在合肥盆地中，浅层地震探测和钻孔联合剖面探测结果为前第四纪断裂。

1.6.7　临泉—刘府断裂（F8）

断裂西北起自古路岗，向东南经明龙山、朱町街、老鸹山、刘府、官沟水库、凤阳水库、殷涧，止于红心一带，走向北西西，长约 100km。

该断裂由多条分支断层组成，它们或相互平行，或相互斜列。在明龙山南北两侧及其内部、老鸹山南北两侧及其内部、官沟水库、凤阳水库附近、老棉山—白云山东北边缘及内部皆出露多条断层，所构成的断层带宽度可达 2～5km。在平原区，断裂呈隐伏状态，地貌上没有显示。

在断裂地貌显示清楚的地段发现多个基岩断层剖面，剖面中破碎带胶结程度较低，断面较光滑，沿断面发育有较新鲜的断层泥，取断层泥 ESR 年龄样品，测试结果分别为（234±24）ka、（126±15）ka、（585±95）ka。其中，在怀远县明龙山南侧，断裂通过处地貌上为由寒武纪灰色灰岩与棕色砂岩构成的低山。在采石开挖的剖面上，见该断裂的 4 条断层（f1、f2、f3、f4）切割灰色灰岩和棕色砂岩，根据断层面结构和断层破碎带特征确定 f1 为倾向南西的正断层，f2、f3、f4 为倾向北的逆断层。沿 4 条断层皆形成宽度不等的断层破碎带，沿 f1 破碎带宽 150cm，f2 破碎带宽 20～30cm，f3 破碎带宽 20～70cm，f4 破碎带宽 30cm（图 1.6.10）。f2、f3 之间还有 8m 宽的由棕色砂岩构成的粗碎裂岩，沿 f4 形成厚约 2mm 的棕色断层泥，取样品 JH34-ESR-01，测试结果为（234±24）ka。

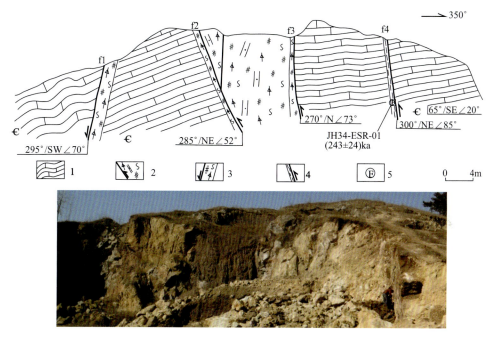

图 1.6.10　怀远县明龙山南侧 JH34 观察点临泉—刘府断裂断层剖面和照片（镜向：SW）
1.灰色灰岩；2.由棕色砂岩构成的粗碎裂岩；3.断层破碎带；4.断层泥；5 ESR 样点

断裂地貌显示清楚。在卫星影像上，局部段落有较清晰的线性显示，根据断层地貌、年龄样品测试结果综合分析，其最新活动时代应为中更新世。

1.6.8　阜阳—凤台断裂（F9）

该断裂与临泉—刘府断裂（F8）和颍上—定远断裂（F10）一起构成北西西走向的断裂带。探测区范围西北起自颍上县江口镇西北，向东南经龚集、凤台县王集、刘集、凤台县城、淮南市陆塘，止于淮南市九龙岗一带，长约 96km。

卫星影像上，该断裂断层地貌显示清楚，有较清晰的线性显示。沿断裂走向发现多个基岩断层剖面，其中凤台东拐集附近地貌上为寒武纪中薄层灰岩构成的低山。在采石剥离的剖面上，见该断裂的 4 条断层（f1～f4）切割灰色灰岩，沿 f1 形成的断层破碎带宽约 1.5m，f2～f4 之间破碎带宽约 4.5m，沿各断面皆发育厚 2～5cm 的棕红色含砾断层泥（图 1.6.11），在 f4 取样品 JH31-ESR-01，测试结果为（187±26）ka。

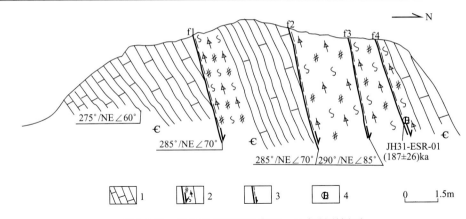

图 1.6.11　凤台东拐集附近阜阳—凤台断裂剖面

1.灰色中薄层灰岩；2.断层及破碎带；3.断层及断层泥；4.ESR 样点

　　临泉—刘府断裂上 3 个年龄样品 ESR 测试结果分别为（234±24）ka、（126±15）ka、（585±95）ka，颍上—定远断裂 ESR 样品测试结果为（548±81）ka。结合断层地貌和样品测试结果分析，该断裂的最新活动时代应是中更新世。

1.6.9　颍上—定远断裂（F10）

　　该断裂与临泉—刘府断裂（F8）、阜阳—凤台断裂（F9）同为北西西走向的断裂带。西起颍上西北，向东经夏桥、江店、寿县、窑河、定远县靠山乡、定远县城北，在池河附近终止于郯庐断裂带西侧，长约 170km。

　　该断裂地表出露段断层地貌清楚，在卫星影像上，局部段落有较清晰的线性显示。在淮南市西南、山余村北公路西侧，地貌上为寒武纪灰色灰岩构成的低山。在采石场开挖的剖面上，F10 由两条次级断层组成，沿断面分别形成宽约 10cm 和 30cm 的破碎带，两条断面皆有黄土状断层泥，取断层泥 ESR 样品，测试结果为（548±81）ka。

　　将断层地貌和 ESR 年龄样品测试结果综合分析，并对比临泉—刘府断裂的活动时代，判定该断裂的最新活动时代应是中更新世。

1.6.10　肥中断裂（F11）

　　该断裂位于合肥盆地内部，隐伏于新生代盖层以下，已为航测、重力、电测深、钻探等资料证实。西起霍邱县西南的河口集以北，向东经刘李集、岗集北、梁园镇，在张集一带被郯庐断裂带截切，长约 145km，走向近东西，断面南倾，正断性质，倾角 60°～80°。新生代以来，它控制着梁园局部凹陷（E～Q）的沉积。

　　在浅层地震解释剖面上，断裂位于梁园北，南倾，倾角上陡下缓，似铲形张性断裂，向下切割深度约 8km（翟洪涛等，2006）。

　　在南北向电法剖面上，以该断裂为界可将盆地中的电性结构分为两大块：北侧块为浅部低阻盖层（包括电阻率很低的新生界和中等的侏罗系）和深部高阻基底（霍邱群）；南侧块总体电性较低，电性结构相对比较复杂，仅局部有大于 300Ω·m 的相对高阻体存在（陈建平，2004）。

在跨该断裂的地震解释剖面上，肥中断裂从梁园以北通过，断面南倾，正断（图 1.6.12）。

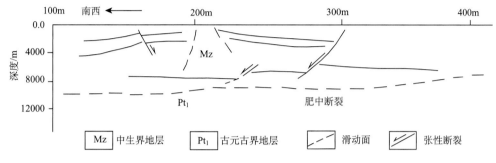

图 1.6.12　跨肥中断裂地震解释地质剖面

该断裂对上白垩统、古近系的沉积范围和厚度有明显的控制作用，反映出中生代—新生代早期断裂活动强烈。但是，断裂对新近系—第四系沉积范围和厚度不起控制作用，沿断裂也没有新近纪岩浆岩侵入或喷发，反映断裂的最新活动时代应是前第四纪。

1.6.11　梅山—龙河口断裂（F12）

该断裂西北起自石婆店一带，向东南经独山、陶洪甸、落地岗、龙门冲、广德咀、陈家凹、南花畈、龙河口水库，止于沥汤池，走向北西，长约 85km。

该断裂位于大别山内部，切割地层主要是元古界和中生界，断层地貌清楚。特别是东南段复览山—龙河口水库，沿断裂断层崖、断层三角面多见。断层在卫星影像上也有较清楚的线性显示。断裂沿线发现多个基岩断层剖面，剖面中破碎带胶结程度较低，断面较光滑，沿断面发育有较新鲜的断层泥，取断层泥 ESR 年龄样品，测试结果分别为（990±109）ka 和（370±37）ka。其中，霍山县毛坦厂丁字路口，地貌上为由侏罗纪棕色砂岩、砂砾岩构成的小山丘。在山丘旁 H63 修路剥离的剖面上，见该断裂的 3 条断层 f1、f2、f3 切割了棕色、灰绿色砂岩、砂砾岩，形成的断层破碎带宽约 10m。其中，沿 f2 还形成厚 1~2cm 的棕色断层泥，取样品 H63-ESR-01，测试结果为（370±37）ka（图 1.6.13）。

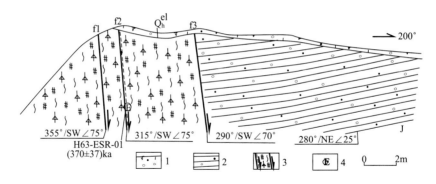

图 1.6.13　霍山毛坦厂附近梅山—龙河口断裂剥离剖面

1.灰褐色残积砂砾；2.棕色、灰绿色砂岩、砂砾岩；3.断层破碎带、断层泥；4.ESR 样点

　　综合断层地貌和影像特征、断层泥年龄样品测试结果，确认该断裂的最新活动时代为中更新世。

1.6.12　青山—晓天断裂（F13）

　　断裂位于大别山内部，是大别山超高压变质岩带与后陆盆地的分界断裂（Xu et al., 1994）。走向北西，倾向北东或南西。西北起自石家河，向东南经祥云寨、马鞍山、龙井冲、龚家岭、武昌庙、鹰嘴岩、晓天镇，止于柳林一带，长约 80km。

　　该断裂是由多条断层构成的断裂带，平面上呈两端收敛、中间散开的不规则纺锤形，两端断层带宽约 3km，中间最宽可达 16km。断层切割地层为前震旦纪片麻岩、震旦纪石英片岩、片麻岩和侏罗纪粗面凝灰岩或凝灰质砾岩等，主断层构成前震旦系与震旦系、前震旦系与侏罗系之间的界线，东南端部还构成前震旦系内部不同岩性之间的界线，沿断裂断层崖、断层谷地发育。

　　断裂沿线发现多个基岩断层剖面，剖面中破碎带胶结程度较低，断面较光滑，沿断面发育有较新鲜的断层泥，取断层泥 ESR 年龄样品，测试结果分别为（193±19）ka 和（155±15）ka。其中，舒城县晓天镇南朱家河滩公路边，在修路开挖的剖面上，见该断裂的 7 条断层 f1、f2、f3、f4、f5、f6、f7 切割前震旦纪黑色泥质板岩和侏罗纪棕色砂砾岩，性质为正断层。虽然 f2、f3 由于公路护坡被掩埋，但却是该剖面中最主要的两条断层，它们构成了前震旦纪黑色泥质板岩和侏罗纪棕色砂砾岩之间的界线，至今地表还显示宽约 15m 的凹槽，推测凹槽之下是由侏罗纪棕色砂砾岩构成的断层破碎带。除 f2、f3 外，f1 发育在震旦纪黑色泥质板岩和由板岩构成的破碎带之间，f4、f5、f6、f7 发育在侏罗纪棕色砂砾岩内部，断层规模较小，沿 f5 有断层泥发育，取样品 H61-ESR-01，测试结果为（155±15）ka（图 1.6.14）。

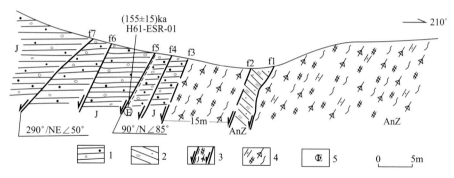

图 1.6.14 朱家河滩公路边 H61 观察点青山—晓天断裂断层剖面

1.棕色砂砾岩；2.黑色泥质板岩；3.断层、破碎带、断层泥；4.碎裂状泥质板岩；5.ESR 样点

该断裂位于大别山内部，切割地层主要是太古界—元古界大别山群、元古界震旦系和中生界侏罗系，断层地貌清楚。跨断裂的烂泥坳—金家榜地形地质剖面和磨子潭水库—赵家榜地形地质剖面都显示出较清楚的断层崖和断层三角面。断层在卫星影像上也有较清楚的线性显示。综合断层地貌和影像特征、断层泥年龄样品测试结果，确认其最新活动时代为中更新世。

1.6.13 落儿岭—土地岭断裂（F14）

该断裂东北起自杨家下院北，向西南经霍山县城西、黑石渡、落儿岭、马家岭、太子庙、落泪红，止于土地岭，走向北东，倾向北西，倾角 50°以上，探测区内长约 55km。沿断裂线状沟谷地貌极为发育，同时发育有韧性变形的糜棱岩和脆性变形的角砾岩等构造变形带。

在甘塘子公路边，见断裂发育在大别山群水竹河组片麻岩内部，断裂带宽约 20m，由构造碎裂岩带、构造劈理带及破碎变形岩脉组成，主断面产状 60°/SE∠80°。沿断面发育淡灰色断层泥，泥厚约 2~3cm。取断层泥样测试，其 ESR 测年结果为（220±22）ka。

霍山县落儿岭太子庙附近，在简易公路旁开挖出的剖面上，见该断裂的 9 条断层 f1、f2、f3、f4、f5、f6、f7、f8、f9 切割前震旦系斜长片麻岩、二长片麻岩和燕山期花岗岩。f1、f2 是两条主断层，它们之间的断层破碎带宽 0.5~1.1m（图 1.6.15），沿断面还形成棕褐色断层泥，取样品 H57-ESR-01，测试结果为（169±16）ka。f3、f4、f5、f6、f7、f8、f9 皆发育在前震旦系斜长片麻岩、二长片麻岩中，其规模要小于 f1、f2。根据石英脉被位错判断，断层在剖面上表现为正断层性质。但根据 f1、f2 断面上的水平擦痕判断，断层的最新活动性质应是正走滑断层。

图 1.6.15 顶部表层砂土厚约 30cm，顺断层的延伸方向，似乎有一裂隙并充填有灰褐色砂质黏土，宽 10~15cm。为确定该砂质黏土是否受断层活动影响，对图 1.6.15 顶部进行了探槽揭露，探槽长约 3m，高约 1m（图 1.6.16）。

探槽剖面显示，断层 f1、f2 向上并未影响到坡积层。断层两侧基岩面和上覆晚更新世坡积层厚度虽然有一定的变化，但主要是受原始地形影响所致。在坡积层的下部，于松散黏土中取得 OSL 样品 H57-OSL-2，测试结果为（8.92±0.72）ka。

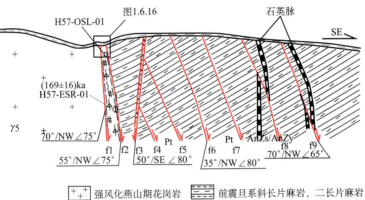

图 1.6.15　落儿岭镇太子庙村 H57 观察点落儿岭—土地岭断层剖面图

对于该断裂的最新活动时代,前人曾确定为中更新世晚期-晚更新世早期(姚大全等,2003；中国地震局地球物理研究所，2012)。邓起东（2007）主编的《中国活动构造图（1∶400 万)》上，将该段标注为"晚更新世活动断裂"。

该断裂断层地貌清晰，特别是西南段土地岭一带，断层谷笔直延伸，同时在卫星影像上也有较清晰的线性显示，结合探槽剖面特征及断层泥测年结果判定其为晚更新世断裂。

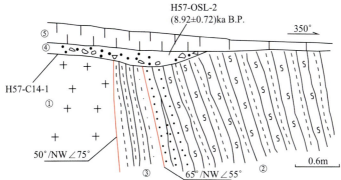

图 1.6.16　太子庙探槽剖面

①燕山期强风化花岗岩；②薄层砂岩、粉砂岩、片岩、片麻岩；③黄褐色黏土、粉砂质黏土；
④含砾石砂质黏土；⑤表层腐殖土

1.6.14　滁河断裂（F17）

滁河断裂是由地球物理异常揭示出来的一条深大断裂带，位于探测区东南。断裂从巢湖起，向东北沿滁河，经江苏省高邮、盐城一带进入黄海。据区域地质资料反映，断裂西南端被桥头集—东关断裂（F4）所截，整体走向北东，倾向北西或南东，倾角 50°以上，探测区长约 55km。

中国地震局地质研究所（2011）在和县善后镇开展了浅层物探，结合地质资料分析，认为该断裂上第四系未见构造扰动迹象，为前第四纪断裂。另外，安徽省地震工程研究院（2012）沿该断裂也布设了多条浅震测线，均未发现第四纪以来活动的迹象。

滁河断裂对六合—全椒拗陷的形成和演化有重要影响，断裂沿线由白垩纪地层组成的基岩残丘及第四纪地层组成的层状地貌面平稳分布，表明新生代以来断裂活动趋向缓和。结合浅层地震资料，综合分析认为该断裂为前第四纪断裂。

1.6.15　乌江—罗昌河断裂（F18）

断裂位于探测区的东南缘，南起枞阳县菜子湖南侧，向北经白湖镇、严桥镇、含山县、香泉镇，至江浦县一带，区内延伸约 100km，整体走向北东，倾向南东或北西，倾角 60° 以上。

该断裂被严家桥—枫沙湖断裂分为东北和西南两段。东北段（严家桥—和县）处于巢湖—含山褶断带内，地貌上形成北东—北北东向线状褶皱构造体，断裂两侧地势北高南低，北西盘向南东盘推覆；断裂南段位于菜子湖—白湖一带，断层东南侧为山地丘陵，西北侧为平原湖泊，受断层影响形成东南高、西北低的地貌特征。断裂沿山麓陡坎处分布，即东南盘向西北盘逆冲，长约 35km。

和县香泉镇杨庄西北，在北东向龙王山的东南缘路边剥离剖面内见断层发育在上奥陶统泥岩内（图 1.6.17），3 条主要断层（f1、f2、f3），f1、f2 构成宽约 12m 的断层破碎带，由土黄色、暗红色断层角砾、断层泥组成，泥质胶结，角砾粒径为 2～10mm 不等，磨圆度较好。沿 f1 断面发育一层厚几毫米的断层泥，取样品 H30-ESR-1，测年结果为（303±36）ka，沿断面可见近水平擦痕；f2、f3 之间由尚有原岩结构的碎裂泥岩组成，断层两侧基岩有明显的垂直位错，基岩顶面为一层厚 0.1～0.5m 的棕红色、黄色残坡积物，顺基岩面连续展布，未见明显的构造扰动迹象，残坡积物之上为一层厚 0.5～2m 的暗红色粉土层，底部为一层厚约 0.2m 的碎石层，在粉土层底部取光释光样品 H30-OSL-1，测年结果为（113.05±7.96）ka。

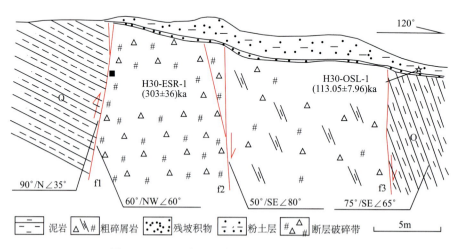

图 1.6.17　和县龙王山东南缘杨庄西北断层剖面

地貌上断裂西北侧主要为海拔 40～50m 的岗地（长江 II 级阶地），东南侧主要为冲积平原（长江 I 级阶地和漫滩），岗地和平原之间的界线呈不规则的曲线。断裂沿系列北东向山体边界分布时，地貌显示清楚，在卫星影像上也有较清晰的线性显示。但新生代以来，特别是第四纪中晚期以来，断裂两侧地层的堆积厚度差别不大，断裂通过处晚更新世下蜀组黄土层也未受到影响。结合和县龙王山东南缘杨庄北断层剖面断层泥样品 ESR 测试结果（303±36）ka 和断层之上红色粉砂层 OSL 样品测试结果（113.05±7.96）ka，确认断裂的最新活动时代为中更新世。

1.6.16　严家桥—枫沙湖断裂（F19）

断裂北起严家桥西北，向西南经六家店、戚家大山、蜀山镇、大安山，止于三官山，长约 55km，走向 NNE，倾向 NW，倾角 60°以上。探测区范围包括其北—中段，长约 40km。

该断裂断层地貌清楚，北段从严家桥到六家店，断层谷地发育。谷地两侧的山体皆北北东向延伸，且呈长条状。断裂沿线发现多个基岩断层剖面，剖面中破碎带胶结程度较低，断面较光滑，沿断面发育有较新鲜的断层泥，取断层泥 ESR 年龄样品，测试结果分别为（176±26）ka 和（287±28）ka。综合判断断裂的最新活动时代为中更新世。

第 2 章 合肥盆地第四系及第四纪地质环境分析

2.1 区域第四纪地层划分和对比

2.1.1 第四系分布和堆积类型

探测区第四系分布最为广泛。除合肥盆地外，淮河流域的霍邱、颖上、淮南、怀远等地也有大面积分布，形成广阔的冲积平原。另外，大别山中低山区、张八岭—浮槎山低山丘陵区、定远和凤阳间的低山区内部也有面积不大的冲洪积、残坡积物分布。

按堆积时代自下而上可分为下更新统、中更新统、上更新统、全新统。出露最广的是上更新统和全新统。按成因以冲积、洪积、湖积为主，另有少量的残坡积。

2.1.2 岩 性 特 征

2.1.2.1 下更新统

下更新统仅在淮河流域、合肥盆地东北局部、巢湖银屏山、大别山区有出露。淮河流域该统称蒙城组，合肥盆地称豆冲组，巢湖银屏山称银山村组，大别山区称朱冲组（安徽省地质矿产局，1987）。

蒙城组：下部主要为灰绿、灰白、棕黄色细-粉砂与砂质黏土互层，夹薄层黏土质细-粉砂和黏土；中部为棕黄、棕红、灰黄色细-粉砂与砂质黏土互层；上部为青灰、浅灰色细-粉砂，夹砂质淤泥。据钻孔资料，该组自东向西厚度增大，由 67m 增大到 197m（安徽省地质局，1979a）。其岩性变化不大，主要以湖相堆积为主。

豆冲组：位于合肥盆地东北局部，被其上的中更新统—全新统覆盖。据钻孔资料，其岩性主要为棕黄、青灰色黏土质含砾细砂、含砾砂质黏土，夹砂质黏土，为湖相堆积。从西北定远到东南大桥，该组厚度由 7m 逐渐增大到 24m（安徽省地质局，1979c）。

银山村组：分布在巢湖银山村一带，为洞穴堆积的棕红色角砾质钙质砂，富含哺乳类化石，厚约 2m。

朱冲组：分布在大别山区霍山县金家冲、孙氏祠等地。下部以砾石、砂砾石为主，上部为细砂、粉砂层，含砾石，为冲洪积堆积，厚约 5m。在霍山县孙氏祠见下更新统、中更新统、上更新统出露较完整的剖面。其中，下更新统下部为浅棕黄色砂砾，上部为土黄色、浅棕黄色砂（图 2.1.1）。

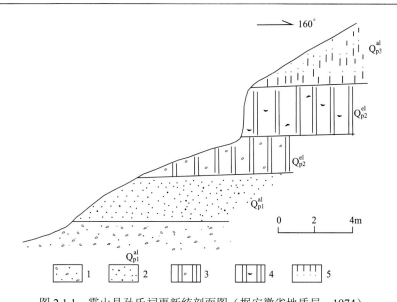

图 2.1.1　霍山县孙氏祠更新统剖面图（据安徽省地质局，1974）

1.浅棕黄色砂砾；2.土黄色、浅棕黄色砂；3.青灰色含小砾石黏土；4.棕色、棕红色含蠕虫构造黏土；
5.棕黄色、土黄色粉砂质黏土

2.1.2.2　中更新统

中更新统在淮河流域被命名为潘集组或泊岗组，在长江流域被命名为马冲组或陶店组（安徽省地质矿产局，1987），在合肥盆地被命名为下蜀组。

潘集组：下段主要为一套深灰、灰白、灰黄色含砾中-粗砂、粗砂、中-细砂、砂质黏土，含哺乳类化石，厚29m；上段为灰绿、灰黄色中-细砂、砂质黏土，夹薄层细砂，含钙质结核和哺乳类化石，厚18m。该组为冲积成因，厚度自东南向西北逐渐增大，岩性较稳定。

泊岗组：分布在凤阳县红心铺—明光市禹山一带，下部为棕红色砂质黏土夹含砾砂质黏土，局部含极不稳定的金矿；上部以棕黄、青黄、褐黄色粉砂质黏土为主，局部含钙质结核。厚19~27m，为冲洪积和残坡积成因。图2.1.2是明光市禹山中、上更新统剖面。

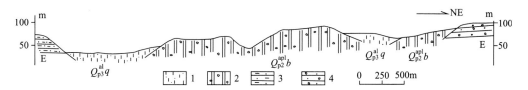

图 2.1.2　明光市禹山第四系中、上更新统剖面图（据安徽省地质矿产局，1987）

1.上更新统戚咀组褐黄、棕黄色亚黏土；2.中更新统泊岗组棕红色黏土、含砾黏土和泥砾；3.棕色、砖红色砂质泥岩；
4.棕红色砂砾岩

马冲组：分布在长江流域，全被上更新统和全新统覆盖。该组为杂色泥砾、砂质黏土，具微层理，砾石磨圆和分选差，属冰碛堆积，厚1~20m。

陶店组：分布在和县王家山一带，为灰黄、黄褐、棕红色黏土质砂、砂质黏土，属洞穴堆积物，厚约5m。

下蜀组：根据合肥活断层探测项目子专题"标准钻孔探测与第四纪地层剖面建立"的最新研究结果，合肥盆地中下蜀组是一个穿时的地层单元，即穿越了中更新统和上更新统。其岩性为棕黄、淡黄、黄褐色、灰色黏质粉砂、粉砂质黏土、黏土等。

本次野外调查中，在合肥南邓汪岗东北路堑中，发现主要由下蜀组构成的第四系剖面（图2.1.3）。自下而上可分5层：①黄褐色黏土，含铁锰和钙质结核，厚度大于2m，样

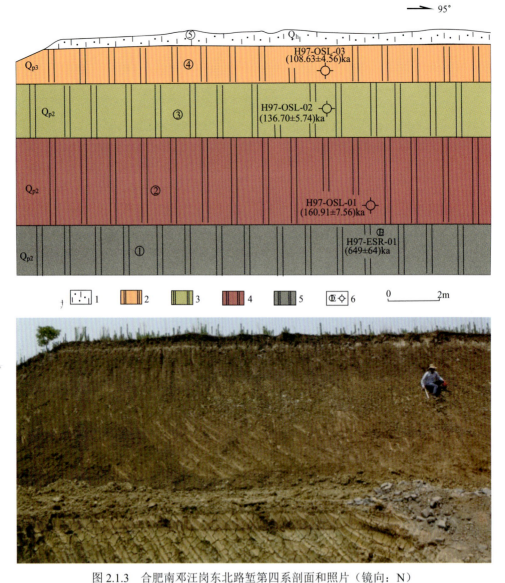

图2.1.3　合肥南邓汪岗东北路堑第四系剖面和照片（镜向：N）

1.灰白色黏质砂土；2.棕色黏土，含锰结核；3.灰绿色黏土，含铁锰斑点；4.棕红色黏土，含铁锰结核；5.黄褐色黏土，含铁锰和钙质结核；6.ESR和OSL样点

品 H97-ESR-01 测试结果为（649±64）ka；②棕红色黏土，含铁锰结核，厚约 3m，样品
H97-OSL-01 测试结果为（160.91±7.56）ka；③灰绿色黏土，含铁锰斑点，厚约 2m，样
品 H97-OSL-02 测试结果为（136.70±5.74）ka；④棕色黏土，含锰结核，厚约 1.7m，样
品 H97-OSL-03 测试结果为（108.63±4.56）ka；⑤灰白色黏质砂土，厚约 0.5m。根据样
品测试结果，①、②、③层相当于下蜀组下部的中更新统，④层相当于下蜀组上部的上
更新统，⑤层应为全新统。

2.1.2.3　上更新统

上更新统广泛出露，在淮河流域被命名为茆塘组或戚咀组，在合肥盆地、长江流域、
霍山等地被命名为下蜀组。

茆塘组/戚咀组：为冲积堆积。在凤阳山以北及怀远县一带出露广泛，厚度由东
南向西北递增。下部为黄、棕黄色粉砂、砂质黏土、含钙质结核和铁锰小球，含哺
乳动物化石，厚 12～28m；上段为浅黄、灰黄色粉砂、粉砂质黏土、含钙质结核和
铁锰小球，含哺乳动物化石，厚 9～17m。图 2.1.4 是怀远县白衣庵上更新统—全新
统剖面。

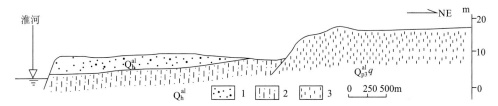

图 2.1.4　怀远县白衣庵第四系素描剖面图（据安徽省地质矿产局，1987）

1.全新统近代冲积物：灰黄色粉砂、细砂；2.浅棕色粉砂质轻亚黏土；3.青黄、褐黄色亚黏土

下蜀组：前已述及，下蜀组为一穿时地层单元，其下部为中更新统，上部为上更新
统。该组上部除合肥盆地广泛分布外，在长江沿岸、霍山等地也分布广泛。可分两段：
下段为浅棕黄色中-细砂、砂质黏土，底部含脉石英、硅质岩砾石，砾石分选性、磨圆度
较好；上段为棕黄、灰黄色粉砂质黏土，含铁锰小球。厚 5～30m。图 2.1.5 是和县香泉
小杨庄下蜀组上部剖面。

巢湖西派河口，在人工开挖的剖面上，见下蜀组上部堆积和全新统（耕作土）。自上
而下分 4 层：层④浅灰色耕作土，厚约 0.5m，应为全新统；层③褐灰色黏土，样品
JH26-[14]C-1 测试结果为（23652±120）a，为上更新统，厚约 1m；层②黑灰色黏土，样品
JH26-[14]C-2 测试结果为（33905±131）a，也为上更新统，厚约 1m；层①黄褐色黏土，样
品 JH26-OSL-2 测试结果为（184.28±10.66）ka，厚度大于 8m，根据层②和层③两个 [14]C
样品测试结果，该层的堆积时代可能跨中更新世和晚更新世（图 2.1.6）。

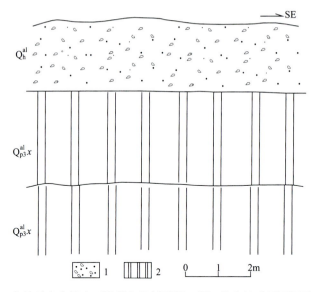

图 2.1.5 和县香泉小杨庄下蜀组上部剖面图（据江苏省地质局区调队，1974）

1.全新统冲积含砾砂层；2.下蜀组棕褐色黏土

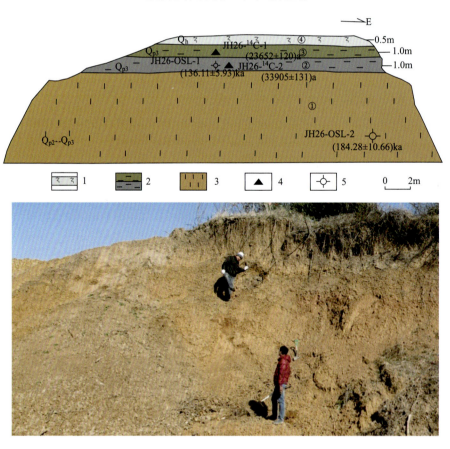

图 2.1.6 巢湖西派河口第四系剖面和照片（镜向：N）

1.浅灰色耕作土；2.褐灰、黑灰色黏土；3.黄褐色黏土；4.^{14}C 样品；5.OSL 样品

2.1.2.4　全新统

淮河流域分怀远组和大墩组，合肥盆地为南淝河组，长江流域为芜湖组。

怀远组：标准剖面在怀远县贾圩，可分为两段。下段为灰、灰黑色砂砾石，淤泥质粉砂、粉砂质淤泥，厚 18m；上段为灰黄、棕灰、灰黑色中-细砂、粉砂质黏土，厚 37m。该组埋藏深度约 5m，岩性变化较小，具二元结构，为典型的冲积类型。

大墩组：主要分布在淮河、涡河、颖河沿岸地区，组成河漫滩和Ⅰ级阶地，主要为棕红、棕黄、灰黄色粉砂质黏土与黏土质粉砂互层，厚 5～12m，为冲积堆积。

南淝河组：主要分布于南淝河、上派河、店埠河等河流及其支流两侧并组成Ⅰ级阶地，厚 15m 左右，主要岩性为粉砂质黏土、黏土、淤泥等，为冲积堆积。图 2.1.7 是肥西县戴大郢南淝河组剖面图，自下而上可细分 6 层：①黄-灰色含碳化木黏土；②土黄色粉砂质黏土；③铁锰结核富集层；④黄灰色粉砂质黏土；⑤土灰-深灰色粉砂质黏土；⑥灰黄-土黄色粉砂质黏土。

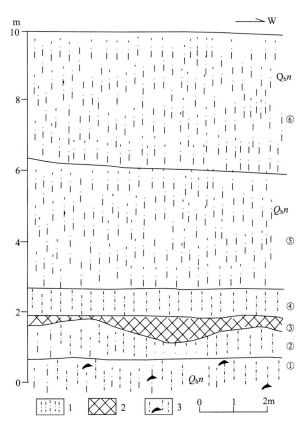

图 2.1.7　肥西县戴大郢全新统剖面图（据安徽省地质局，1979c）

1.灰黄、土黄、灰、深灰、黄灰粉砂质黏土；2.铁锰结核富集层；3.含碳化木黏土

芜湖组：可分三段。下段为青灰、灰黄色含砾中-细砂、粉砂、砂质黏土，厚 9m；中段为灰黑色淤泥质粉砂、粉砂质淤泥，厚 30m；上段为浅棕黄色粉砂、砂质黏土和黏

土，厚 11m。图 2.1.8 是全椒县马厂芜湖组剖面图，自下而上，①以砾石为主，另有含砂砾石；②碳质黏土；③下部为含砂砾石，上部为粉细砂；④黏土。图 2.1.9 是舒城县郭家庄芜湖组剖面图，自下而上，①灰色砂；②棕褐、灰白色砂砾；③灰、灰白色粉砂质黏土；④铁锈色含细砾壤土；⑤浅棕黄、黄灰色粉质壤土。

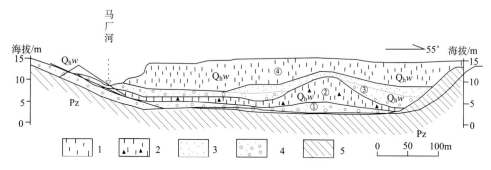

图 2.1.8　全椒县马厂芜湖组剖面图（据安徽省地质局，1977）

1.黏土；2.碳质黏土；3.粉砂；4.砂砾石；5.古生界

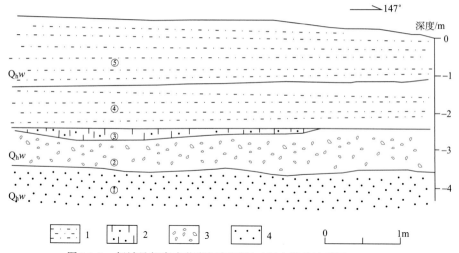

图 2.1.9　舒城县郭家庄芜湖组剖面图（据安徽省地质局，1974）

1.浅棕黄、黄灰色粉质壤土、铁锈色含细砾壤土；2.灰、灰白色粉砂质黏土；3.棕褐、灰白色砂砾；4.灰色砂

2.2　合肥市及周边第四系特征

合肥市及周边地区中生代时期地壳强烈下降，堆积了数千米厚的侏罗系和白垩系。新生代古近纪，地壳不均匀下降，堆积了厚度不等的陆相碎屑堆积。新近纪—第四纪早更新世，地壳一度相对抬升，结束湖相沉积。中更新世以来，又发生弱的下降，堆积了中、上更新统和全新统。由于下降幅度小，大部分地区中更新统—全新统的厚度仅为 10～50m。但是，受郯庐断裂带池河—古城段的影响，形成了沿张八岭西麓梁园—池河段的第四系堆积中心，第四系厚度也可达百米以上，最厚达 144m（许卫等，1999）。因此该

分区的沉降具有明显的差异性。除差异性下降外，该区的下降运动在时间上还具有间歇性特征。新近纪—第四纪早更新世，下降停止，转而变为弱的上升；中更新世—全新世，又由弱的上升转变为弱的下降。

2.2.1　标准钻孔钻遇的第四系

2.2.1.1　标准钻孔的位置

"标准钻孔探测与第四纪地层剖面建立"专题在合肥市的北部、中南及东南部布设了标准孔 BK1、BK2 和 BK3，位置见图 2.2.1。

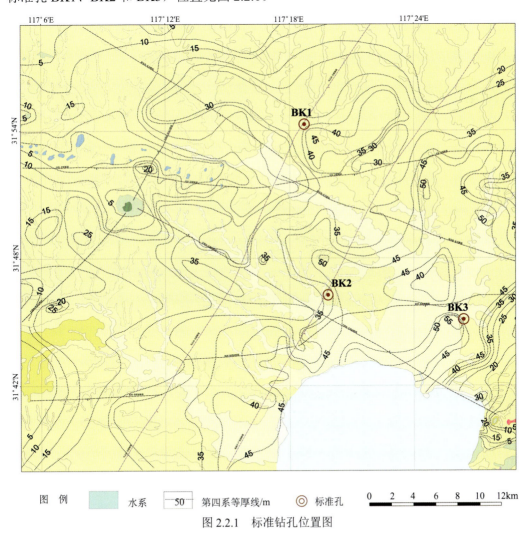

图 2.2.1　标准钻孔位置图

2.2.1.2　岩芯详细分层和样品测试结果

标准钻孔 BK1、BK2、BK3 的进尺分别是 37.7m、42m、46m，各钻孔岩性的详细描述和样品测试结果见图 2.2.2～图 2.2.4。

层号	深度/m	厚度/m	柱状图	岩性描述
1	1.50	1.5		灰褐色填土，有红色砖块
2	1.80	0.3		灰褐色粉砂质黏土，有铁锰结核，含有机质，软塑　　　　　BK14C1.65　(11.187±0.043)ka
3	2.00	0.2		灰褐色黏土（发青），有铁锰结核，硬塑　　　　BKOSL1.90　(28.31±1.74)ka
4	4.00	2		灰褐色黏土（发青），杂青灰色，有大量铁锰结核，呈豆状分布，一般2~4mm；有钙质结核 (2.10m处2cm×2cm，2.20m处1cm×1cm)；在3.60~4.00m处有褐色黏土夹层，厚0.5~0.7cm不等 BKOSL3.50　(43.29±2.14)ka
5	4.60	0.6		棕黄色杂青灰黏土，有少量铁锰结核
6	6.70	2.1		褐黄色黏土，杂青灰色条纹，有大量豆状铁锰结核1~2mm，有黑丝状；有钙质碎屑，有褐色 黏土夹层，一般0.5cm，最厚2cm；在6.00~6.70m颜色变成浅黄色，铁锰结核呈密麻状分布， 在6.35m处有钙质结核（3cm×2.5cm）　　　BKOSL4.90　(69.98±4.03)ka
7	8.00	1.3		浅棕黄色粉砂质黏土，豆状铁锰结核零星分布（4mm），杂青灰色条纹，有钙质结核碎屑， 7.25m处有钙质结核2cm×2cm，7.40~8.00m处有褐黄色黏土夹层（2mm~1cm不等） BKOSL7.60　(108.04±6.22)ka
8	9.00	1		浅棕黄色黏土，含少量粉砂，有大量铁锰结核分布，在8.20m处杂青灰色条纹1cm*10cm； 在8.70m处有钙质结核2cm×1cm
9	10.20	1.2		浅棕黄色粉砂质黏土，含少量粉砂，有铁锰结核，杂青灰色斑块和条纹，有褐色黏土夹层（0.5~2cm）； 在10.10m处有钙质结核（6cm×5cm）　　　BKOS10.15　(130.03±15.30)ka
10	11.30	1.1		浅棕黄色粉砂质黏土（发黄），有大量铁锰结核（2~5mm）不等，杂青灰色斑块（7cm×0.5cm） 和青灰色网纹
11	12.30	1		在11.30~12.00m浅棕褐色黏土，有大量铁锰结核，有褐色黏土（5~8cm不等）；12.00~ 12.10m棕褐色黏土，有大量铁锰结核，一般2mm，有褐色黏土夹层（0.5cm） BKOSL12.20　(152.51±7.07)ka
12	13.20	0.9		棕黄色黏土，有铁锰结核，杂青灰色条纹
13	15.1	1.9		棕黄色黏土（发暗），有铁锰结核（13.20~13.80m，14.30~14.40m有大量铁锰结核）；有褐色 黏土夹层（0.5~2cm不等）　　　BKOSL14.70　(382.91±21.82)ka
14	16.00	0.9		棕黄色黏土，有褐色黏土夹层，15.10~15.50m厚0.1~0.5cm，有少量铁锰结核，15.50~16.00m夹层厚3mm 左右，夹层之间间距5cm
15	17.20	1.2		棕黄色粉砂质黏土，有大量密麻铁锰结核（豆状），最大5mm，一般3mm BKOSL16.40　(381.14±22.15)ka
16	19.20	2		棕黄色黏土，有铁锰结核，17.80~18.00m铁锰结核多，有钙质碎屑，17.70~17.80m，铁锰结核呈细丝状， 有褐色黏土夹层，集中于17.40~17.50m，一般3mm，最大5mm，间距2cm；18.00~18.30m有大量铁锰结核 （豆状）5mm，在18.10m处有褐色黏土夹层，厚2mm；在19.10m有褐色黏土夹层1.5cm×2cm，18.90~19.20m 有青灰色条带（6cm×1cm）
17	20.00	0.8		棕黄色粉砂质黏土（2~4cm）与褐色黏土（2~5cm）互层；有大量铁锰结核，底部豆状2~5mm不等， 19.70m处有钙质碎屑和小块
18	21.80	1.8		棕黄色黏土，有铁锰结核，铁锰结核细丝状，有褐色斑块，有褐色黏土夹层（3mm，1cm，4cm不等）， 20.15~21.20m有大量铁锰结核（豆状）5mm左右，21.20~21.80m有青灰色条带水平分布3cm，最长6cm BKOSL21.50　(400.83±20.56)ka
19	25.50	3.7		棕黄色黏土，含少量粉砂，有大量铁锰结核（3~5mm），在24.60~24.90m有大量铁锰结核黑丝， 25.30~25.50m铁锰结核密麻状分布，23.50m有褐色黏土夹层3mm~1cm不等，6条间距10cm 左右；23.65m处有褐色黏土夹层，厚1cm，21.90~22.00m有褐色黏土夹层，厚0.3cm（水平 分布）6条；21.80~21.90m有青灰色条纹，长12cm×0.5cm，24.90~25.50m有褐色黏土夹层5 条（0.3~2cm不等）；23.40m处有钙质结核（2cm×1cm） BKOSL25.30　(523.02±31.78)ka
20	27.90	2.4		棕黄色黏土，有铁锰结核，在25.70m处有钙质结核2cm×1cm，25.90~27.00m有大量钙质结核和 碎屑，25.90m处有圆状钙质结核4cm×3cm，结核外层有锰圈，有大量钙质结核碎屑（27.00~ 27.50m处）；27.10m有青灰色条纹（6cm）和斑块（2cm×3cm），27.30m处有1条褐色黏土夹层 （2mm），27.75m处有干裂面　　　BKOSL27.30　(525.03±33.78)ka
21	29.60	1.7		棕黄色黏土，27.90~28.70m有大量铁锰结核，杂青灰色条纹，28.70~28.80m有青灰色条带 （12cm×3cm），28.80~29.20m有大量铁锰结核，29.20~29.60m棕褐色黏土，有少量 钙质碎屑（29.50m处有钙质结核（1cm×2cm），有褐色黏土夹层（3cm~5mm）不等 BKOSL29.40　(530.69±29.61)ka
22	30.90	1.3		棕黄色黏土，有大量钙质结核和碎屑（29.80~30.00m处），30.8m处有铁锰结核（8cm×6cm）， 杂青灰色条纹（30.50m处最长15cm×0.5cm）
23	37.70	6.8		砖红色粉砂质黏土

图 2.2.2　BK1 钻孔柱状图

层号	深度/m	厚度/m	柱状图	岩性描述
1	0.60	0.6		灰褐色填土　　　　　　　　　　　　BK14C0.54　(2.708±0.059)ka
2	1.00	0.4		灰褐色耕作土
3	1.85	0.9		棕黄色黏土，含少量粉砂，1.90m处有植物根系，含铁锰斑点（1~2mm） 　　BK14C1.10　(9.414±0.46)ka　　　　BKOSL1.50　(26.89±1.17)ka
4	4.00	2.1		BKOSL2.00　(32.65±1.49)ka 　　　　　　　　　　　　　　　　　BKOSL3.80　(58.68±2.87)ka 棕黄色粉砂质黏土，杂青灰色，含大量铁锰结核，一般1~2mm，最大5mm
5	5.80	1.8		BKOSL4.40　(60.81±2.90)ka 土黄色黏土，含大量铁锰斑点（4.00~5.00m），5.70m处夹杂土黄色斑块
6	8.40	2.6		棕黄色粉砂质黏土，含豆状铁锰结核，在5.80~6.50m，7.80~8.40m两段呈密麻状分布， 一般2mm，最大5mm；在7.70~8.80m夹黄褐色黏土条带，条带宽1~2cm；在8.10~8.25m 夹青灰色曲线条纹（15cm×1cm） 　　　　　　　　　　　　　BKOSL6.20　(213.42±9.92)ka 　　　　　　　　　　　　　BKOSL8.20　(264.45±13.14)ka
7	11.20	2.8		棕黄色黏土，含少量粉砂，9.40~10.00m是粉砂质黏土，含铁锰斑点；有黄褐色黏土夹 层，在8.70m处厚0.5~2cm不等，在11.00m处厚1~2cm不等；在10.50~10.70m有彩红色 细丝结核带水平分布；夹青灰色细条纹（10.00~10.40m，8.40~9.40m），在10.30m处有 干裂面，干裂面上面有青灰色黏土薄膜 　　　　　　　　　　　　　　　　BKOSL8.60　(312.84±14.12)ka 　　　　　　　　　　　　　　　　BKOSL9.50　(307.23±14.61)ka
8	12.00	0.8		棕黄色粉砂质黏土，有大量豆状铁锰结核分布（结核大小~5mm），在11.20~11.70m 有深褐色黏土夹层，夹层厚0.5~2cm不等，夹层间距1.5~4cm　BKOSL11.60　(352.48±34.64)ka
9	15.20	3.2		棕黄色黏土，有铁锰结核分布，在13.20~13.50m呈豆状分布（结核大小1~2mm）； 夹青灰色曲线条纹，在12.00~12.10m处有7cm×0.5cm，在14.20×15.20m×1cm大小的结核； 有黄褐色黏土条纹夹层，在12.00~13.00m厚0.5~1cm不等，在14.20~15.20m厚1~6cm不等
10	16.70	1.5		棕黄色黏土，含大量铁锰结核，结核密麻，一般在2~5mm，有铁锰质薄膜在15.50m处； 有黄褐色黏土夹层，在16.40~16.50m，层厚1~4cm；有深褐色黏土夹层，在 16.50~16.70m，层厚1~4cm不等
11	18.40	1.7		棕黄色黏土，有铁锰结核，黑丝状（16.90~17.00m，17.60~17.90m），夹杂青灰色条纹， 在16.95~17.05m最长10cm，在18.10~18.20m最长2mm；有青灰色黏土夹层， 在16.70~16.75m厚度小于0.5mm，17.20~18.40m厚小于2cm
12	19.30	0.9		棕黄色黏土，有大量铁锰结核，锰结核呈豆状密麻分布，一般2~4mm，最大1cm；有青灰色 条纹水平分布（19.10~19.30m）夹黑丝，在18.90m处干裂面 BKOSL19.20　(447.27±21.70)ka
13	20.40	1.1		棕黄色黏土，含少量粉砂，有铁锰结核，有褐黄色黏土夹层，厚1~5cm不等 　　　　　　　　　　　　　　　　BKOSL20.10　(455.27±21.02)ka
14	22.40	2		棕黄色黏土，含少量粉砂，有大量铁锰结核，在20.40~21.40m呈豆状密麻分布， 大小4~5mm，在21.90~22.20m大量豆状（一般5mm，最大1cm）铁锰结核分布； 夹杂青灰色条纹10cm×0.5cm（在20.45m处），15cm×0.5cm（在20.55m处），在20.70m处 有青灰色斑块，大小2cm×1cm，在22.20~22.30m夹杂青灰色斑块，大小4cm×3cm，2cm×4cm； 有褐黄色黏土夹层（21.40~22.40m），厚1~2cm
15	25.00	2.6		棕黄色黏土，棕黄色粉砂质黏土（22.40~23.00m）；有大量铁锰结核（22.60~22.90m）， 锰有黑丝状（22.40~22.60m），豆状（22.40~22.60m）；有青灰色斑块（22.40~22.60m之间大 20cm×4cm），有青灰色条纹，在24.30m处水平分布10cm×1cm；在23.00m处有青灰色 干裂面，在24.80m处有干裂面，面上有铁锰质薄膜，表面光滑，有镜面反应 　　　　　　　　　　　　　　　BKOSL24.50　(466.12±24.37)ka
16	25.70	0.7		棕黄色粉砂质黏土，有大量铁锰结核；有褐黄色黏土夹层，夹层厚0.2~1.5cm不等
17	27.40	1.7		棕黄色粉砂质黏土，有铁锰结核，在27.30~27.40m有大量分布，偶见豆状（0.5~1mm）， 有黑丝状，有青灰色条纹（25.90m处3cm×1cm），在25.80m处有干裂面； 有褐色黏土夹层，夹层厚0.5cm　　BKOSL27.40　(426.67±24.38)ka
18	28.30	0.9		棕黄色黏土，含少量粉砂，有大量密麻铁锰结核，偶见豆状1.1mm；有青灰色条纹网布， 有干裂面，26.75m，26.85m两处，干裂面上有铁锰质薄膜 BKOSL28.20　(459.28±22.05)ka
19	30.10	1.8		棕黄色黏土，有铁锰结核，有青灰色斑块（29.60m处3cm×2cm）；有褐色黏 土夹层，厚0.5~1cm，在29.20m处厚0.5cm，30.00m处厚1cm 　　　　　　　　　　　　　　　　BKOSL30.00　(445.35±20.83)ka
20	32.10	2		棕黄色黏土，有铁锰结核，有青灰色条纹（在32.00m处长4cm），在30.40~30.50m有 椭圆块状钙质结核（4cm×2cm），外层有黑色铁锰质薄膜包裹，在30.60m处有长条状白色钙质结核 （6cm×3cm）；在31.00m处有红色细丝结核，在31.40m处有青灰色条纹，最长6cm，有白色钙质 结核，块状（3cm×2cm）；在31.45m处有褐黄色黏土夹层
21	33.80	1.7		棕黄色黏土，有大量铁锰结核（1~2mm）和黑丝，在32.60m处有青灰色斑块10cm×2cm，在 33.15m处有青灰色条纹（4cm）；在32.20m，32.40m处有白色钙质结核，圆块状，大小 3cm×2cm，在33.20m处有白色钙质结核，椭圆状（5cm×3cm） 　　　　　　　　　　　　　　　　BKOSL33.40　(486.62±26.83)ka
22	35.10	1.3		棕黄色黏土，有铁锰结核，有褐黄色黏土夹层，厚0.2~0.5cm，在34.20m处厚0.5cm， 在34.50m厚0.2~0.5cm；有青灰色条纹，底部有碎屑状钙质结核（35.00~35.10m） 　　　　　　　　　　　　　　　　BKOSL34.60　(484.37±23.81)ka
23	42.00	6.9		砖红色粉砂质黏土，有钙质结核，在36.60m处大小4cm×5cm，10cm×5cm，在38.80m处大小 9cm×6cm，在41.20m处大小2cm×1cm；在36.10~36.60m，40.60~40.70m有大量铁锰细丝

图 2.2.3　BK2 钻孔柱状图

层号	深度/m	厚度/m	柱状图	岩性描述
1	0.40	0.4		深灰色黏土质耕作土，软塑状，顶部约0.20m以上见草根，富含有机质　BK14C0.30　(1.605±0.038)ka
2	1.75	1.4		黄褐色黏土，可塑状，夹青灰状条带，含约2~3mm，见锈染点及斑纹，少量炭黑色铁锰结核，直径一般约5mm　BKOSL0.7 0　(4.25±0.17)ka　BKOSL1.2 0　(7.78±0.32)ka
3	5.30	3.5		灰黑色黏土，硬塑状，夹深青灰色不规则状条带及凝絮状青灰色团质，见锈染点及斑状分布，直径一般约2~3mm，3.20~3.50m以棕黄色铁锰质结核为主，直径2~3mm，最大5mm，3.50~4.20m见豆状黑色铁锰结核，直径3mm左右，与下伏青褐色黏土界限明显　BK14C1.90　(7.336±0.045)ka　BKOSL2.40　(8.82±0.37)ka　BK14C2.50　(10.752±0.094)ka　BK14C3.30　(15.817±0.087)ka　BK14C4.90　(31.163±0.089)ka
4	7.20	1.9		青黄褐色黏土，硬塑状，见黄色锈斑和黑色铁锰结核，其直径一般约2mm左右，5.70m以后，深青灰色凝絮状条带增多，整体颜色稍有发暗　BKOSL5.70　(52.42±3.36)ka　BK14C6.7　(34.120±0.148)ka
5	10.05	2.9		棕黄色粉砂质黏土，硬塑状，土层大面积锈染，见青灰色条带，在7.30~8.00m相对集中，条带最长约25cm，宽1.5cm，条带内可见青黑色铁锰质斑点，最大直径约1cm　BKOSL7.60　(83.27±4.07)ka
6	11.20	1.1		棕黄色粉砂质砂黏土，可塑状，见少量黑色铁锰质细核（1mm×3mm），在10.80~10.85m为薄层棕黄色粉砂，10.85~11.20m厚黏土略有增加　BKOSL10.30　(83.52±4.22)ka　BKOSL11.10　(99.66±9.07)ka　BK14C 11.15　(83.27±4.07)ka
7	11.90	0.7		棕黄/浅青灰色黏土质中细砂，上部11.20~11.70m为棕黄色中细砂，下黏11.70~11.90m为浅青灰色黏土质中细砂，硬-可塑状　BKESR11.40　(100±10)ka　BKESR11.70　(165±25)ka
8	12.60	0.7		浅青灰色黏土，硬塑状，底部见次棱角状钙质结核（2cm×3cm）及少量棕褐色铁质结核（2~3mm）　BKOSL12.00　(129.53±7.05)ka
9	14.5	1.9		浅黄灰白色黏土，硬塑状，棕褐色铁锰结核增多增大，最大直径约5mm，并且土层可见大量锈斑，在13.10~13.30m，沿锈色条带集中出现豆状及黑色铁锰质结核，一般4~4mm，在13.70~13.90m和14.00~14.40m集中发育棕黄色锈斑，最大直径约1cm，并且锈斑周围土层锈斑或浅青灰色斑块状或条带，条带宽约3cm　BKOSL12.80　(158.33±8.30)ka　BKOSL13.60　(243.29±31.00)ka　BKOSL14.10　(268.61±14.35)ka
10	16.5	2		青灰棕色粉砂质黏土，上部14.50~15.30m发育大量锈斑和黑色棉花状铁锰结核，在14.50~14.60m，14.80~14.95m，15.10~15.30m铁锰质结核相对集中，最大尺寸2cm×3cm，在底部15.18~15.30m发育三条厚约0.5cm黏土层，间距约3cm　BKOSL16.30　(275.02±12.24)ka
11	16.75	0.25		棕黄色黏土质粗砂，中部16.68~16.78m处夹数枚浅青灰色黏土团块（3cm×4cm）
12	19.90	3.1		青灰色夹黄色黏土，中部17.90~18.35m为浅青灰色粉砂，大部分由于锈染成大块浅黄色团块，上部及下部锈染较少　BKOSL18.80　(391.36±19.105)ka
13	21.90	2		黄褐色黏土，含少量粉砂，硬塑状，发育锈斑，上部19.90~20.40m，见少量青灰色条纹，下部20.40~20.60m，棕黄色细砂（1.5cm）与黄褐色黏土（2cm）互层，在下部20.90~21.90m，见大量褐色水平纹层，层厚3mm，间距0.5~3cm
14	23.25	1.4		棕黄青灰色粉砂质黏土，硬塑状，上部21.90~22.20m，发育大量锈斑，中下部锈染质减少，直径1cm，22.60m处见钙质结核（2cm×4cm），底部棕色锈染点稍增大，最大直径1.5cm
15	24.25	1		棕黄色粉砂质黏土，在23.90m附近，含少量中粗砂至次棱角状细屑（3mm×5mm），底部夹青灰色黏土条带，少见黑色铁锰质结核，发育青灰色条带增多
16	25.55	1.3		棕黄色黏土质粗砂，含棱角状中细砾，见少量黑色铁锰质结核（1mm×3mm）在底部相对较多，锈染严重，整体发育棕黄色，在底部25.30~25.45m，见三套厚约黏土0.1~2cm厚黏土夹层，在其顶部25.52m处见大棱角状砾石（1cm×1.5cm×0.5cm）
17	25.87	0.3		棕黄色黏土质粗砂，夹厚约1cm灰褐色黏土层，间距~7cm
18	26.7	0.8		棕黄色粉砂质黏土，夹青灰色条纹及团状，土层锈染严重，零星土布豆状铁锰质结核（0.5mm），发育干裂面（26.00m）
19	28.7	2		黄青灰色黏土，含少量粉砂，在中部27.00~27.70m转暗青灰色土，鲜黄色铁锰质结核，开始出现白色含钙质充填物呈条纹（1~2mm）和姜棒状（27.10~27.15m，27.25~27.35m，27.45~27.50m处钙质胶结物较为集中，锈染点及底部较多　BKESR28.60　(189±18)ka
20	29.9	1.2		棕黄青灰色细砂，夹厚约0.5cm浅褐色黏土，间距2~3cm，在顶部28.70~28.90m，黑色豆状铁锰质核集中发育，最大直径约1cm，锈染斑点底部和底部较多
21	32.3	2.4		浅黄杂黄色中粗砂，发育水平纹层，纹层黏土含量较少，局部浅棕黄色（29.95~30.00m，20~30m，30.30~40~30.70m），30.40m，31.20~31.25m，31.40m，31.60m见小砾石砾径约1~3mm，磨圆差，矿物成分以石英为主，在31.90~32.00m为夹灰色黏质粗砂，局部浅黄色黏质，往下32.00~32.30m，浅灰黏土（2cm）与浅棕黄色粗砂（3cm）互层，并且越往下，砂层有增厚之趋势
22	33.1	0.8		棕黄色黏土质粗砂，底部见黑色铁锰质斑块（0.5cm×1.5cm）　BKESR32.80　(315±47)ka
23	34.8	1.7		浅褐杂浅灰色黏土，整体稍有锈染，夹褐色黏土，厚度0.5~3cm不等，但往下整体为不断增厚的趋势，见少量豆状铁锰质结核（5mm）和黑色块状铁锰胶结物　BKOSL33.45　(315.52±41.32)ka
24	36.45	1.7		浅青灰杂棕黄色黏土质砂黏，见浅青灰色黏土团块　BKOSL36.50　(422.74±23.04)ka　BKESR36.50　(315±31)ka
25	37.5	1		棕黄色黏土质粗砂，见均匀分布厚约1cm黄褐色黏土夹层，间距2~3cm，偶见灰白色黏土团块，颜色往下越为发暗
26	38	0.5		棕黄色黏土，并且发育少量粗砂和较多黑色豆状铁锰质结核（0.5cm）
27	39.8	1.8		灰白色粉砂质黏土，顶部灰色厚约1cm褐色黏土层，可见少量白色钙质斑点（1~2mm），40.35~40.45m处棕黄色锈斑（最大0.5cm×1cm）
28	40.2	0.4		棕黄色粉砂质黏土，发育锈斑团块和黑色铁锰质结核（0.5cm×1cm）
29	41	0.8		灰白色，顶部灰厚约1cm褐色黏土层，可见少量白色钙质斑点（1~2mm），40.35~40.45m处棕黄色锈斑（最大0.5cm×1cm）　BKOSL40.50　(462.14±22.56)ka
30	43.1	2.1		砖红杂灰白色泥质砂岩，强风化，在风化裂隙中发育折线状/虚线状等白色钙质胶物，宽约2~3mm
31	45	1.9		砖红杂灰白色泥质砂岩，弱风化，破损为大小不一的团块
32	46	1		砖红色砂岩，未风化，硬块，保存较为完整

图 2.2.4　BK3 钻孔柱状图

2.2.1.3　堆积时代分析

1. BK1 孔

该钻孔进尺 37.7m，根据岩性和样品测试结果，其岩心共分 23 层。其中 1～22 层为第四系，厚 30.9m，第 23 层为强风化的白垩纪砖红色粉砂质黏土。第四系的 22 层堆积可划分为上、中、下三部分（图 2.2.5）。

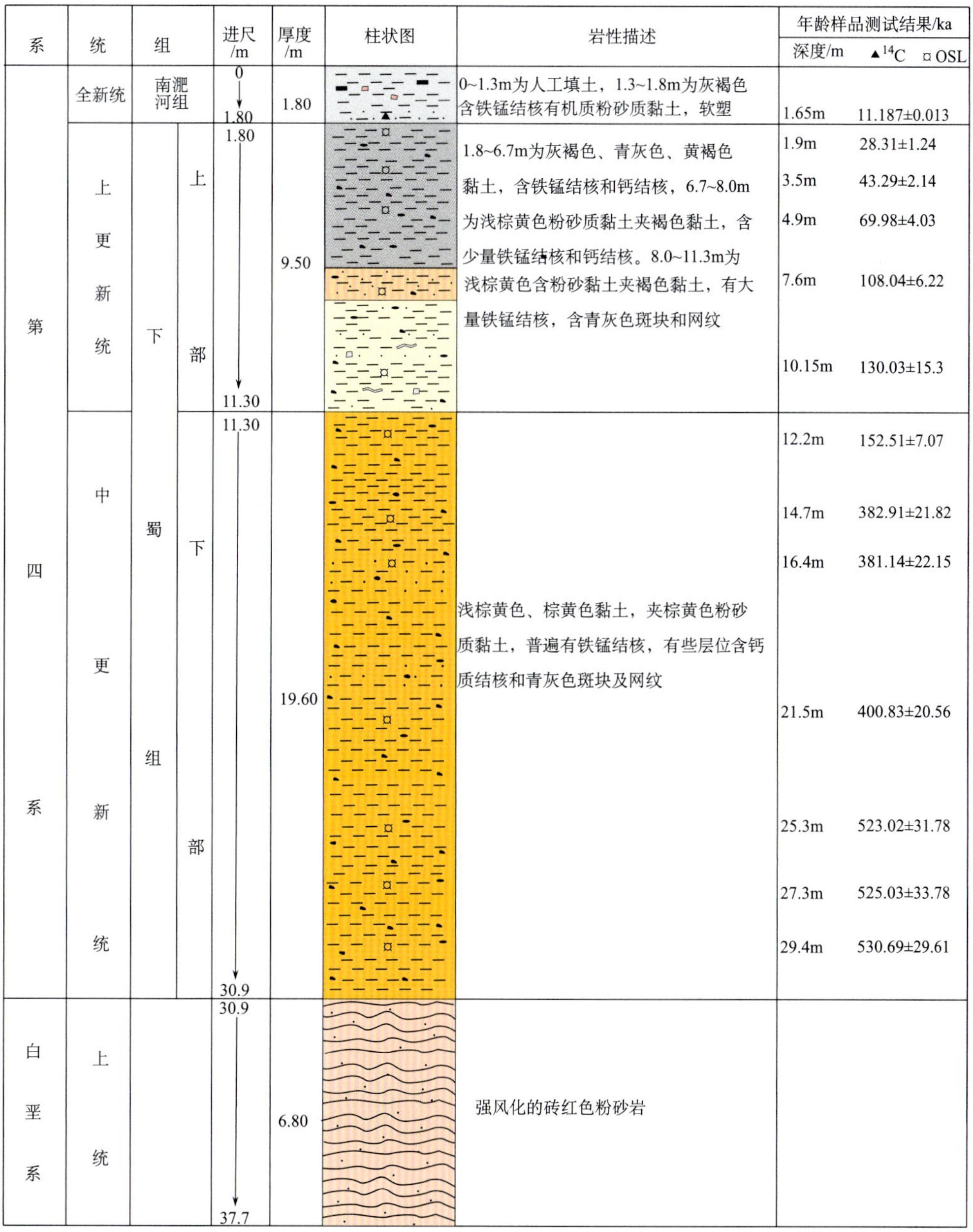

系	统	组	进尺/m	厚度/m	柱状图	岩性描述	年龄样品测试结果/ka		
							深度/m	▲¹⁴C	☐OSL
第 四 系	全新统	南淝河组	0↓1.80	1.80		0~1.3m为人工填土，1.3~1.8m为灰褐色含铁锰结核有机质粉砂质黏土，软塑	1.65m	11.187±0.013	
	上更新统	上	1.80↓	9.50		1.8~6.7m为灰褐色、青灰色、黄褐色黏土，含铁锰结核和钙结核，6.7~8.0m为浅棕黄色粉砂质黏土夹褐色黏土，含少量铁锰结核和钙结核。8.0~11.3m为浅棕黄色含粉砂黏土夹褐色黏土，有大量铁锰结核，含青灰色斑块和网纹	1.9m	28.31±1.24	
		下部					3.5m	43.29±2.14	
							4.9m	69.98±4.03	
							7.6m	108.04±6.22	
			11.30				10.15m	130.03±15.3	
	中更新统	蜀山组 下部	11.30↓	19.60		浅棕黄色、棕黄色黏土，夹黄色粉砂质黏土，普遍有铁锰结核，有些层位含钙质结核和青灰色斑块及网纹	12.2m		152.51±7.07
							14.7m		382.91±21.82
							16.4m		381.14±22.15
							21.5m		400.83±20.56
							25.3m		523.02±31.78
							27.3m		525.03±33.78
			30.9				29.4m		530.69±29.61
白垩系	上统		30.9↓37.7	6.80		强风化的砖红色粉砂岩			

图 2.2.5　BK1 钻孔柱状图（据标准钻孔改编）

上部 0～1.8m，厚 1.8m。由层 1 人工填土、层 2 含铁锰结核有机质黏土组成，1.65m 处的 ^{14}C 年龄样品测试结果为（11.187±0.013）ka，应属全新统南淝河组。

中部 1.8～11.3m，厚 9.5m。由层 3～层 10 组成。其岩性为灰褐色、青灰色、黄褐色、浅棕黄色黏土、粉砂质黏土，含铁锰结核和钙结核。自上而下 5 个 OSL 样品的测试结果为（28.31±1.24）～（130.03±15.3）ka，应属下蜀组上部的上更新统。

下部 11.3～30.9m，厚 19.6m。由层 11～层 22 组成。岩性为浅棕黄色、棕黄色黏土、粉砂质黏土，普遍有铁锰结核，有些层位含钙结核和青灰色斑块及网纹。自上而下 7 个 OSL 样品的测试结果为（152.51±7.07）～（530.69±29.61）ka，应属下蜀组下部的中更新统。

2. BK2 孔

该钻孔进尺 42.0m，根据岩性和年龄样品测试结果的不同，共划分 23 层。1～22 层为第四系，厚 35.1m，第 23 层为强风化的白垩纪砖红色粉砂岩。第四系的 22 层堆积自上而下可划分为上部、中上部、中下部、下部四部分（图 2.2.6）。

上部 0～1.85m，厚 1.85m。由层 1 人工填土、层 2 灰褐色耕作土、层 3 棕黄色黏土，含少量粉砂等组成。两个 ^{14}C 年龄样品测试结果为（2.708±0.059）～（9.414±0.046）ka，应属全新统南淝河组。

中上部 1.85～5.8m，厚 3.95m。由层 4 和层 5 组成。岩性为棕黄色、土黄色黏土、粉砂质黏土，含大量铁锰结核。自上而下 4 个 OSL 样品的测试结果为（26.98±1.17）～（60.81±2.90）ka，应属下蜀组上部，时代为晚更新世。

中下部 5.8～12.0m，厚 6.20m。由层 6～层 8 组成。岩性为棕黄色黏土与浅棕黄色粉砂质黏土互层，含大量豆状铁锰结核。自上而下 5 个 OSL 样品的测试结果（213.42±9.92）～（352.48±34.64）ka，应属下蜀组中部，时代为中更新世。

下部 12.0～35.1m，厚 23.10m。由层 9～层 22 组成。岩性为棕黄色、褐色黏土，夹棕黄色粉砂质黏土，普遍含铁锰结核。自上而下 8 个 OSL 样品的测试结果（447.27±21.7）～（484.37±23.81）ka，应属下蜀组下部，时代为中更新世。

3. BK3 孔

该钻孔进尺 46.0m，根据岩性和年龄样品测试结果的不同，共划分 32 层。1～29 层为第四系，厚 41.0m，层 30～层 32 为强风化的白垩纪砖红色粉砂岩、泥质砂岩。第四系的 29 层堆积自上而下可划分为上部、中上部、中下部、下部四部分（图 2.2.7）。

上部 0～5.3m，厚 5.3m。由层 1 深灰色耕作土、层 2 黄褐色黏土、层 3 灰色黏土构成。自上而下 8 个 ^{14}C、OSL 年龄样品测试结果为（1.605±0.038）～（31.1163±0.089）ka，应属南淝河组。时代跨晚更新世—全新世。

中上部 5.3～11.2m，厚 5.9m。由层 4～层 6 组成。岩性为青黄褐色黏土，含铁锰结核及锈染斑点、斑块，有不规则条带发育；棕黄色砂质、粉砂质黏土，夹黄色锈斑和少量铁质结核。自上而下 7 个 ^{14}C、OSL、ESR 年龄样品测试结果为（52.42±3.36）～（100±10）ka，应属下蜀组上部，时代为晚更新世。

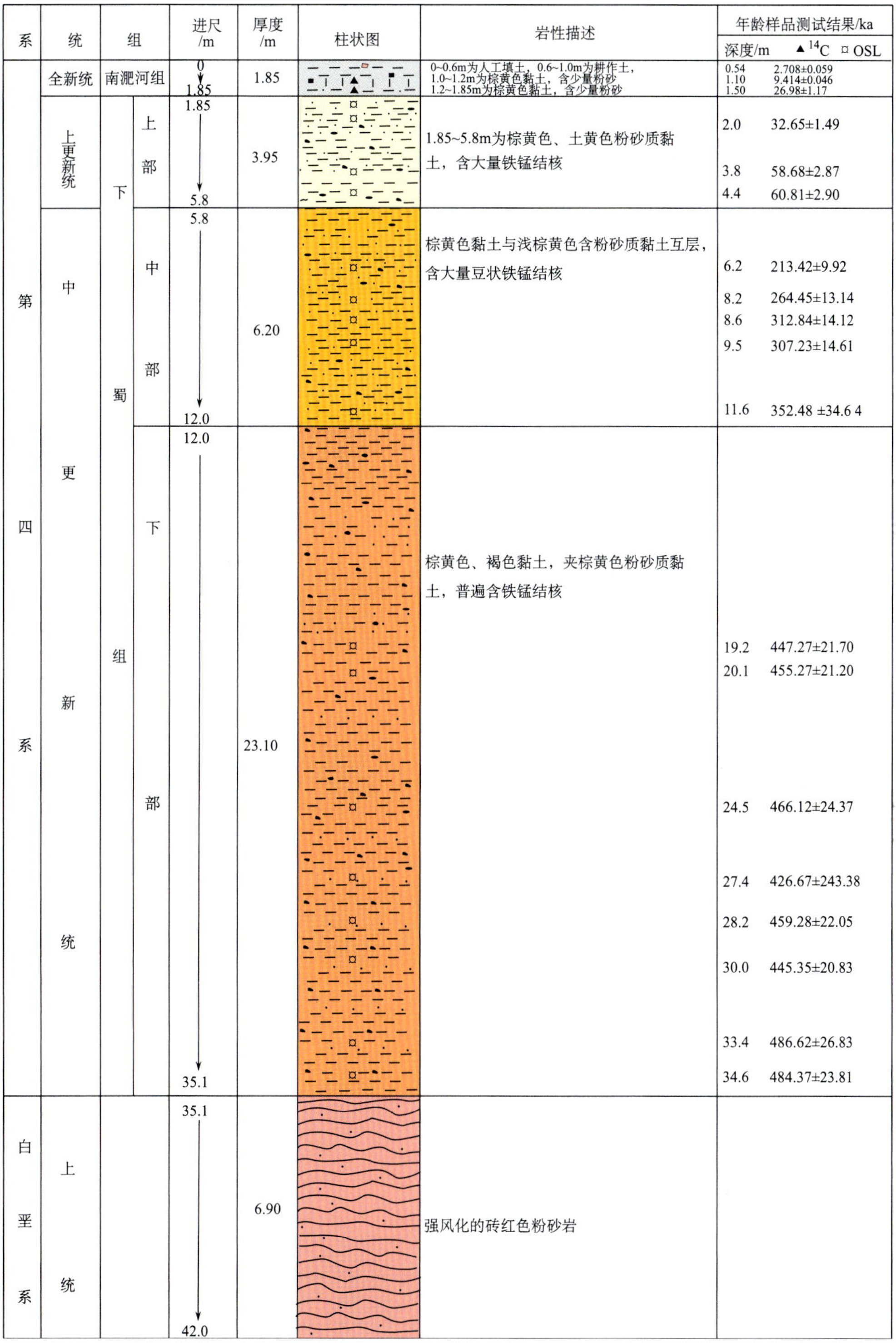

系	统	组	进尺/m	厚度/m	柱状图	岩性描述	年龄样品测试结果/ka		
							深度/m	▲ ^{14}C	□ OSL
第 四 系	全新统	南淝河组	0 1.85	1.85		0~0.6m为人工填土，0.6~1.0m为耕作土，1.0~1.2m为棕黄色黏土，含少量粉砂1.2~1.85m为棕黄色黏土，含少量粉砂	0.54 1.10 1.50	2.708±0.059 9.414±0.046 26.98±1.17	
	上更新统	下蜀组	上部 1.85 5.8	3.95		1.85~5.8m为棕黄色、土黄色粉砂质黏土，含大量铁锰结核	2.0 3.8 4.4	32.65±1.49 58.68±2.87 60.81±2.90	
	中更新统		中部 5.8 12.0	6.20		棕黄色黏土与浅棕黄色含粉砂质黏土互层，含大量豆状铁锰结核	6.2 8.2 8.6 9.5 11.6	213.42±9.92 264.45±13.14 312.84±14.12 307.23±14.61 352.48±34.64	
	下更新统		下部 12.0 35.1	23.10		棕黄色、褐色黏土，夹棕黄色粉砂质黏土，普遍含铁锰结核	19.2 20.1 24.5 27.4 28.2 30.0 33.4 34.6	447.27±21.70 455.27±21.20 466.12±24.37 426.67±243.38 459.28±22.05 445.35±20.83 486.62±26.83 484.37±23.81	
白 垩 系	上统		35.1 42.0	6.90		强风化的砖红色粉砂岩			

图 2.2.6　BK2 钻孔柱状图（据标准钻孔改编）

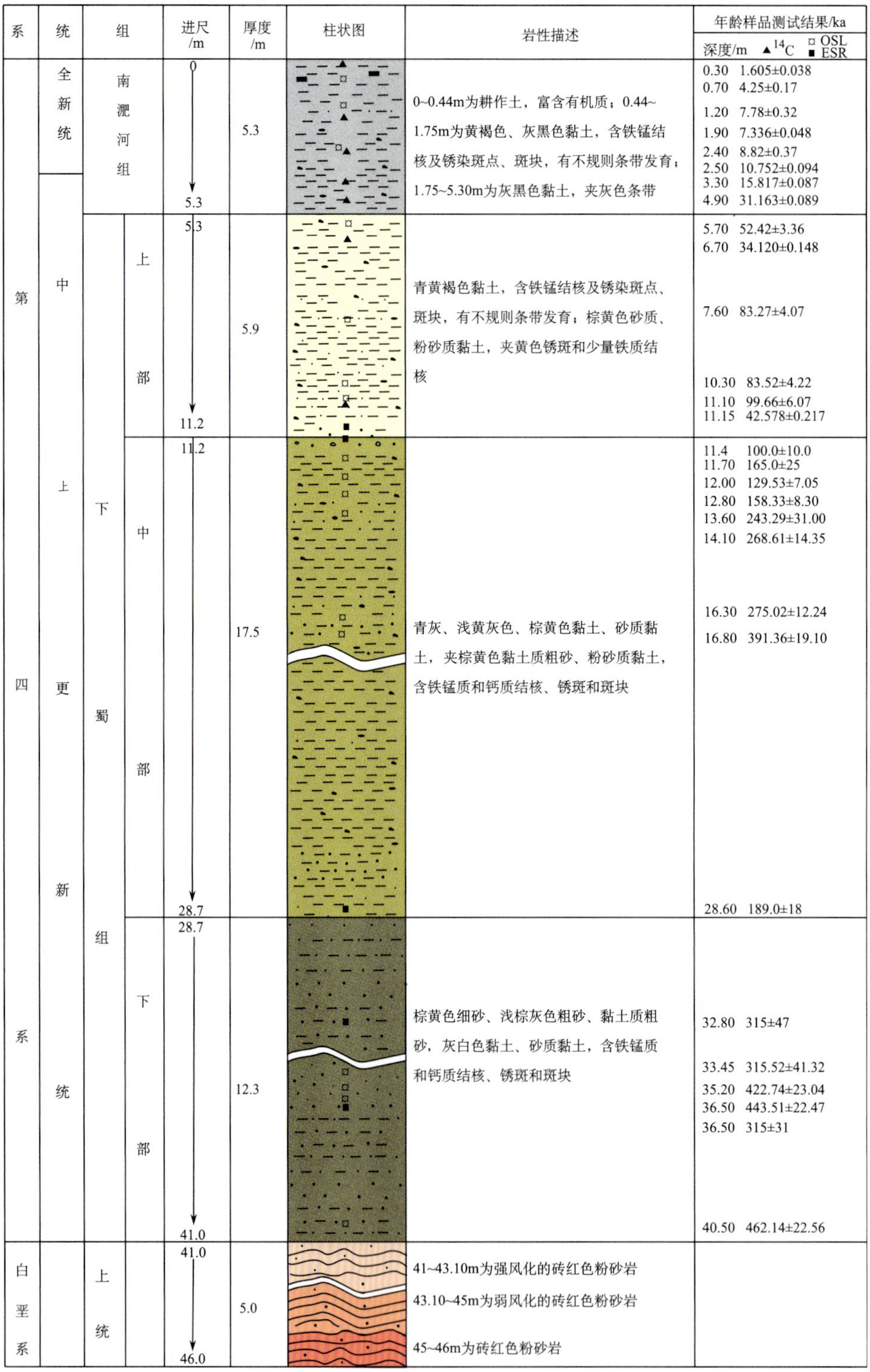

系	统	组		进尺/m	厚度/m	柱状图	岩性描述	年龄样品测试结果/ka		
								深度/m	▲ ^{14}C	□ OSL ■ ESR
第四系	全新统	南淝河组		0 ↓ 5.3	5.3		0~0.44m为耕作土,富含有机质;0.44~1.75m为黄褐色、灰黑色黏土,含铁锰结核及锈染斑点、斑块,有不规则条带发育;1.75~5.30m为灰黑色黏土,夹灰色砂带	0.30 0.70 1.20 1.90 2.40 2.50 3.30 4.90		1.605±0.038 4.25±0.17 7.78±0.32 7.336±0.048 8.82±0.37 10.752±0.094 15.817±0.087 31.163±0.089
	中更新统	下蜀组	上部	5.3 ↓ 11.2	5.9		青黄褐色黏土,含铁锰结核及锈染斑点、斑块,有不规则条带发育;棕黄色砂质、粉砂质黏土,夹黄色锈斑和少量铁质结核	5.70 6.70 7.60 10.30 11.10 11.15		52.42±3.36 34.120±0.148 83.27±4.07 83.52±4.22 99.66±6.07 42.578±0.217
	上更新统		中部	11.2 ↓ 28.7	17.5		青灰、浅黄灰色、棕黄色黏土、砂质黏土,夹棕黄色黏土质粗砂、粉砂质黏土,含铁锰质和钙质结核、锈斑和斑块	11.4 11.70 12.00 12.80 13.60 14.10 16.30 16.80 28.60		100.0±10.0 165.0±25 129.53±7.05 158.33±8.30 243.29±31.00 268.61±14.35 275.02±12.24 391.36±19.10 189.0±18
			下部	28.7 ↓ 41.0	12.3		棕黄色细砂、浅棕灰色粗砂、黏土质粗砂,灰白色黏土、砂质黏土,含铁锰质和钙质结核、锈斑和斑块	32.80 33.45 35.20 36.50 36.50 40.50		315±47 315.52±41.32 422.74±23.04 443.51±22.47 315±31 462.14±22.56
白垩系	上统			41.0 ↓ 46.0	5.0		41~43.10m为强风化的砖红色粉砂岩 43.10~45m为弱风化的砖红色粉砂岩 45~46m为砖红色粉砂岩			

图 2.2.7 BK3 钻孔柱状图(据标准钻孔改编)

中下部 11.2～28.7m，厚 17.5m。由层 7～层 19 组成。岩性为青灰、浅黄灰色、棕黄色黏土、砂质黏土，夹棕黄色黏土质粗砂、粉砂质黏土，夹铁锰质和钙质结核、锈斑和斑块。自上而下 8 个 ^{14}C、OSL、ESR 年龄样品测试结果为（165±25）～（189±18）ka，应属下蜀组中部，时代为中更新世。

下部 28.7～41m，厚 12.3m。由层 20～层 29 组成。岩性为棕黄色细砂、浅棕黏土质粗砂、灰白色黏土、砂质黏土，含铁锰和钙质结核、锈斑和斑块。自上而下 6 个 OSL、ESR 年龄样品测试结果为（315±47）～（462.14±22.56）ka，应属下蜀组下部，时代为中更新世。

2.2.1.4 钻孔对比

将三个钻孔岩性、样品测试结果、堆积时代进行对比，发现它们各自的岩性、厚度、堆积年龄等具有很好的可比性。

（1）南淝河组的岩性皆为人工填土和各种颜色的黏土、有机质黏土，厚 1.8～5.3m。根据样品测试结果，BK3 孔中的南淝河组厚 5.3m，是穿时性的地层单位，属于全新世堆积的厚度在 2.5m 上下。可见，全新世的堆积厚度在 1.8～2.5m 上下。

（2）下蜀组上部岩性为灰褐色、青灰色、黄褐色、浅棕黄色黏土、粉砂质黏土，含铁锰结核和钙结核，厚 3.95～9.5m，其样品的测试结果为（26.98±1.17）～（100.0±10.0）ka，属晚更新世堆积。

（3）下蜀组下部或中、下部厚 19.6～29.3m，岩性为浅棕黄色、棕黄色黏土、粉砂质黏土、细砂、黏土质粗砂、粗砂，含铁锰结核、斑块和网纹。样品的测试结果为（152.51±7.07）～（530.69±29.61）ka，属中更新世堆积。

（4）BK1 孔第四系总厚 30.9m，BK2 孔厚 35.1m，BK3 孔厚 41m。虽然它们都位于合肥盆地东南部，但 BK1 孔相对靠西北，BK3 孔相对靠东南，BK2 孔居中，因此合肥盆地的第四系厚度从西北向东南有逐渐加厚的趋势。

（5）一系列年龄测试结果反映，三个钻孔中最老的 BK1 孔年龄是（530.69±29.61）ka，BK2 孔是（484.37±23.81）ka，BK3 孔是（462.14±22.56）ka，反映合肥盆地第四系最早的堆积时间为 46 万年～53 万年前后。

2.2.2 钻孔联合剖面钻遇的第四系

为确定目标区隐伏断层的活动时代，在浅层地震勘探的基础上，选择 7 处断点进行钻孔联合剖面探测。通过钻孔岩芯的对比确定断层上断点的位置，从而确定断层的最新活动时代。一系列钻孔钻遇的岩芯又为目标区第四系的划分提供了可靠的资料。

每排联合剖面中选择一个有年龄样品测试结果的岩芯作钻孔剖面对比图（跨 F6p28 断点一排未取样）。岩芯排列顺序是由西向东或由北向南从左向右排列（图 2.2.8）。

由图 2.2.8 可见，虽然各岩芯所属钻孔在目标区的位置不同，但钻遇的岩性特征具有很好的可对比性。

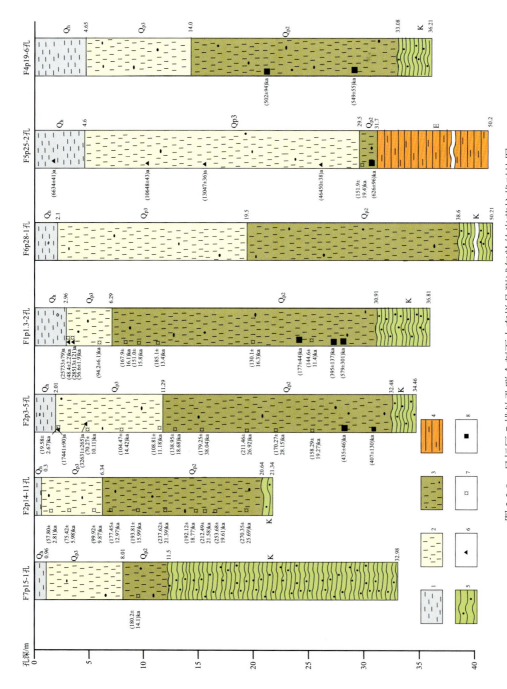

图 2.2.8 目标区 7 排钻孔联合剖面中有样品测试年龄的岩芯柱状对比图

1.全新统; 2.上更新统; 3.中更新统; 4.古近系; 5.白垩系; 6.^{14}C 样; 7.OSL 样; 8.ESR 样

（1）7 排钻孔钻遇的地层自上而下皆是全新统、上更新统、中更新统、白垩系或古近系（仅 F5p25-2 一个孔）。

（2）各钻孔全新统、上更新统、中更新统的岩性基本相同。全新统为人工填土、有机质黏土，F5p25-2 孔中 ^{14}C 样品测试结果为（6334±41）a；上更新统为灰褐色、黄褐色、浅棕黄色黏土、粉砂质黏土，有的钻孔有粉细砂夹层，含铁锰结核和钙结核。F2p14-11 孔靠底部的 OSL 样品测试年龄是（99.92±9.87）ka，F2p3-5 孔靠底部的 OSL 样品测试年龄是（108.81±11.18）ka；中更新统为青灰色、棕黄色黏土、粉砂质黏土，含斑块和网纹，有的钻孔有粉细砂夹层，靠近底部有砂质黏土、砂，含铁锰结核。^{14}C、OSL、ESR 样品的测试年龄为（138.95±18.68）～（626±96）ka。上更新统和中更新统的岩性基本相同，皆以黏土为主，含铁锰结核和钙结核，但颜色略有不同，上更新统黏土偏黄，中更新统黏土偏青灰。

（3）各孔钻遇的第四系厚度有较大的差异。F7p15-1 孔厚仅 11.5m，F2p14-11 孔厚仅 20.64m，其他钻孔都大于 30m，F6p28-1 孔最厚为 38.6m，反映由西北向东南厚度逐渐变大。

（4）F2p3-5 孔靠下部的 ESR 样品测试年龄是（407±103）ka；F5p25-2 孔的 ESR 样品测试年龄是（626±96）ka，反映目标区第四系堆积的起始年龄为距今约 50 万年～60 万年。

2.3　第四纪地质环境

2.3.1　合肥盆地及周边第四纪地质环境

不同地区第四系堆积厚度的变化，反映了地壳沉降幅度的差异。沉降幅度大的地区，第四系厚度大，沉降幅度小或以隆升为主的地区，第四系堆积厚度小或者缺失。另外，若断裂第四纪期间有明显的垂直差异运动，在其下降盘第四系的堆积厚度会明显增大。

合肥盆地西北部的淮河平原区是第四系堆积最厚的地区，从下更新统到全新统皆有堆积，其厚度为 60～235m。如淮河西北岸颍上县 S13 钻孔第四系厚 235m，芦桥乡南 M18 钻孔第四系厚 119m，怀远县常坟镇 32 钻孔第四系厚 100m，梅桥镇 23 钻孔第四系厚 111m，淮河东南岸寿县茭角乡 S25、S27 钻孔厚 62m。主要堆积类型为湖积、冲积。

合肥盆地第四系分布虽然广泛，但除个别地段外，总的厚度较小。据钻孔揭露仅 10～50m，且东南厚、西北薄。如合肥将军岭 149 钻孔第四系仅厚 16m，肥东县 151 钻孔厚 39m，153 钻孔厚 42m，170 钻孔厚 42m。项目 3 个标准钻孔的厚度是 BK1 孔厚 30.9m，BK2 孔厚 35.1m，BK3 孔厚 41.0m。盆地中堆积类型以冲积为主，其次有湖积、洪积，反映第四纪时期盆地总体处于弱的沉降状态，且西北沉降幅度较小，东南沉降幅度较大，呈西北向东南掀斜式沉降。另外，盆地绝大部分仅有中更新统—全新统，缺失下更新统，反映早更新世—中更新世初期盆地大部分处于隆起状态。

对比淮河平原和合肥盆地多个钻孔中第四系的厚度发现，沿霍邱北—凤台—怀远一线，发育一条第四系厚度陡变带（图 2.3.1）。陡变带西北的淮河平原区，钻孔揭露的第四系厚度大多超过 100m，颍上县 S13 钻孔第四系厚达 235m。陡变带东南的合肥盆地区，钻孔揭露的第四系厚度为 20～42m。

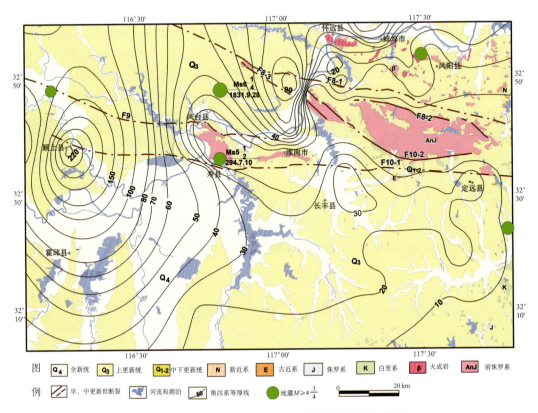

图 2.3.1　霍邱北—凤台—怀远一线第四系厚度陡变带

　　该陡变带的存在还反映出第四纪时期淮河平原与合肥盆地的构造环境有明显区别。淮河平原沉降幅度明显大于合肥盆地。特别是早更新世，淮河平原沉降幅度较大，其堆积厚度最大为 197m，而合肥盆地该时期基本缺失堆积。中更新世—全新世，虽然它们都处于沉降的环境，但淮河平原的沉降幅度仍大于合肥盆地。

　　值得指出的是，盆地东北缘的肥东县梁园到定远县池河一线，第四系厚度也可达百米以上，位于山麓地带的阚集附近第四系最大厚度达 144m（图 2.3.2），反映该段堆积厚度是受郯庐断裂带第四纪活动的影响（许卫等，1999）。

　　探测区东南角属于长江中下游平原的一小段，第四纪以隆升为主，仅在白湖等地有小范围的湖积，沿长江两岸有阶地堆积，厚 10～50m。

　　探测区北部的八公山、淮南—定远一带的东西向低山、东部的张八岭和浮槎山等都属于低山丘陵，南部的大别山则属于中低山，它们基本缺失第四系堆积，仅在河流或冲沟沿线或相对低洼地带有很薄的冲积堆积或残坡积，反映第四纪长期处于隆升的状态。

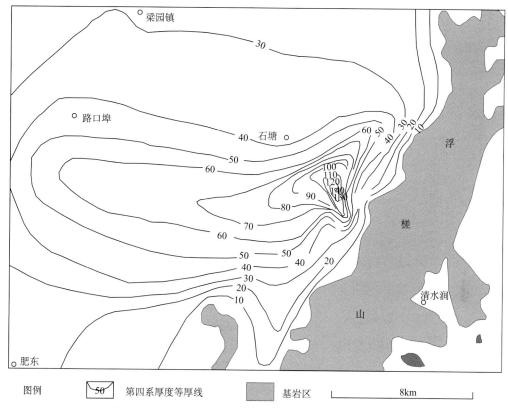

图 2.3.2　浮槎山西缘第四系等厚线图（据许卫等，1999）

2.3.2　合肥市及周边第四纪地质环境

合肥市及周边地区地势较平坦，除大蜀山海拔高达 284m 外，其他地区海拔仅 10～50m，且呈西北部高、东南部低的缓倾状态。

从第四系和其中的样品测试结果看，早更新世时期，合肥盆地继承了新近纪时期的运动特征，整体处于隆起状态，缺失同时期的堆积。中更新世早期，盆地仍继续隆起，也基本缺失同时期的堆积。

从距今约 60 万年的中更新世早中期开始到晚更新世，盆地由隆起转为较弱的下降，沉积了下蜀组杂色黏土。黏土中含铁锰结核和钙结核，局部夹透镜状粉细砂层，应是以缓慢下降环境下的冲积为主。晚更新世晚期（约 30ka B.P.）随气温的进一步变冷，在现今的南淝河、逍遥津公园、巢湖等水体周边开始出现河湖相的灰黑色泥沼堆积。全新世（12ka B.P.）时期气温较暖，沉积了 1～4.65m 的有机质黏土，南淝河、逍遥津公园、巢湖等水体周边最厚约达 7 m。

第四系厚度随着地面标高的下降而递增。钻孔资料反映，第四系厚度从西北到东南逐步增大，由 11.5m 增大到 41m，近巢湖的撮镇附近可达 60m，反映海拔低的地区第四系厚度大，反之则小。

第3章 合肥盆地及邻区深部构造探测与研究

为了弄清合肥盆地深部构造特征，在合肥市的东北部地区，横跨郯庐断裂带完成了87.1km 长的深地震反射探测剖面；对区域的小震进行精定位，反演震源机制解和小震综合节面解，并计算合肥地区现今构造应力场，研究速度结构层析成像。在此基础上，分析研究区域地震构造条件。

3.1 深部地震剖面探测与研究

3.1.1 深地震反射剖面位置和测量

3.1.1.1 深地震反射剖面位置

通过对研究区地形、地貌、交通等环境条件的实地踏勘，确定深地震反射探测剖面位于合肥市的东北部地区，该剖面总体呈北西—南东走向。剖面西北端点起于长丰县下塘镇上杨村东的 X008 县道附近，坐标为东经 117°12′37.38171″，北纬 32°14′28.98270″。为了确保探测剖面对研究目标构造的完整控制，深地震反射剖面向东南延伸进入马鞍山市含山县境内，剖面东南终点位于马鞍山市含山县仙踪镇王家庄附近，坐标为东经 118°00′19.17561″，北纬 31°51′49.13505″，剖面全长 87.1km。剖面位置及沿途地形地貌概况见图 3.1.1。

3.1.1.2 深地震反射测线定位

深地震反射探测剖面的测线定位采用美国 Trimble-R8 GPS 接收仪，使用 WGS-84 地心坐标系，利用测区本地 CORS 系统（多基站网络 RTK 技术建立的连续运行卫星定位服务综合系统）信号开展测量，CORS 信号薄弱地区还辅以全站仪测量。实测放样 3484 个物理点位，完成 87.1km 的深地震反射剖面定位工作。

（1）现场施工时由西北端点向东南方向进行施工，测量时把测线的西北端点定义为 0m 桩号，相应的观测点号为 1 号点，沿深地震反射测线向南东方向的测线桩号依次为 25m、50m、75m、100m、…、30000m、…。观测点号则依次按照 2、3、4、…、1201、… 进行编排。每隔 25m 定一个木桩，并在木桩上标明相应的观测点号。

测线桩号的计算方法：测线桩号＝（观测点号–1）×25m

（2）在城市或城市近郊开展地震勘探工作，在测线的选取时会遇到许多意想不到的问题，特别是在城市近郊，人口稠密，建筑物密集，村庄内人员、牲畜及机械的干扰较强，这些都会给后续地震勘探施工记录造成严重的干扰，影响工作的质量。因此，根据

图 3.1.1　合肥市活断层深地震反射探测剖面位置及地形概况示意图

测线设计位置，在定位过程中，为了避开村庄，对部分地段的测线进行了适当的转折，测线转折地段进行了加密观测。

（3）根据勘探工作的要求，测线的起点、终点和拐点需测定坐标，在地震测线为直线的情况下，一般每 500m 实测一个桩位坐标数据，而当地震测线出现转折特别是沿路转弯时，每 200m 左右实测一个桩位坐标数据，并将测线实际位置展绘到相应的地图上。

（4）为方便地震资料室内数据处理参考，在进行测线定位和观测点测量的同时，还绘制测线经过地段内的实际地形地物草图，主要包括交叉路口及路名、河流、一些主要的厂矿或大型的建构筑物及村镇等。

（5）为了提供室内资料处理时对数据进行静校正所需要的激发点和接收点高差及地形起伏变化数据，现场工作中在使用 GPS 接收仪对测线进行定位的同时，还使用拓普康全站仪实测每个定位点的高程，并绘制高程曲线图（图 3.1.2）。高程总体变化趋势为西高东低，整体高差在 70m 左右，在桩号 55～65km 处，高差变化较大。

3.1.1.3　施工难点与技术措施

深地震探测工区属于江淮丘陵地貌，自西向东跨越合肥盆地和张八岭隆起两个地质构造单元。包公镇王集以西剖面段（长约 56km）总体位于合肥盆地肥中—大桥凹陷内，地形相对平坦，局部多低丘岗地，第四系覆盖较薄。剖面沿线水系发达、村镇密集，水库、芦苇塘、树林植被等星罗棋布，地形地貌等环境条件复杂，为现场施工带来了困难。王集以东的剖面段地处张八岭隆起区，地形起伏较大，局部基岩出露，给爆破孔钻探和地震波的激发与接收带来了困难。

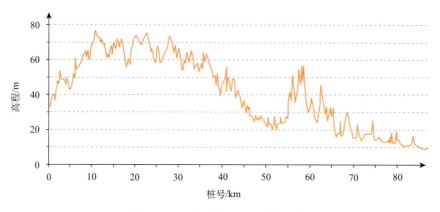

图 3.1.2 深地震反射剖面高程曲线

深地震反射剖面沿途斜穿多条高速公路、省道等交通干线，为野外施工提供了一定的交通便利，但剖面沿线附近多为田间阡陌小道，加之工区附近多为灌水稻田地，地表又覆盖胶泥，不利于现场施工作业。近地表的胶黏土覆盖层不仅为钻机行进和现场布线带来困难，同时也不利于爆破孔的钻井成孔。现场工作中，通过改进钻机车轮和钻井工艺，确保爆破孔钻探能够达到设计深度，在钻爆工作中还采用 PVC 管护壁和填料压实填井的措施，确保了炸药的沉井深度和激发效果。

本次深地震反射探测工作期间，除了冬季的寒冷大风气候外，又适逢大雪天气，恶劣的气候条件也给野外施工作业增加了困难。

3.1.2 数 据 采 集

3.1.2.1 地震仪器

根据深地震反射探测的工作需要以及工区环境特点，在深地震反射探测工作中，采用了法国 Sercel 公司生产的 428XL 遥测数字地震仪。该地震仪具有入口噪声小、动态范围大、采样率高、抗干扰能力强及数字化信号传输的优点，可减小地震信号传输过程中的畸变。高度集成的硬件设备和灵活多变的排列布设方案，使得该地震仪具有稳定性强、故障率低等优势，工作中还可以实时监控排列背景和地震记录，非常适合在各种复杂地质条件和工作环境下开展地震数据采集工作。

根据现场踏勘情况并结合本项目的技术要求，本次深地震反射剖面探测工作，共投入 428XL 遥测数字地震仪 1400 道，仪器记录参数：采样间隔 4ms，记录长度 30s，这样的记录长度能够满足记录到来自 Moho 面反射的需要。为了兼顾深浅不同的反射地震信息，数据采集时每个接收道采用 10～12 个固有频率 10Hz 的检波器组成的检波器串，检波器布设采用点组合或线性组合方式。

3.1.2.2　地震波激发

此次深部地震剖面探测工作的地震波激发采用了井中爆破激发源。爆破器材为地震勘探专用雷管和成型炸药。根据探测剖面沿线第四系覆盖薄，激发深度范围内覆盖层以胶黏土为主，不利于爆破孔的钻井成孔的特点，现场工作中，采用拖拉机改进型钻井设备，以确保爆破孔钻探能够达到设计深度。在钻爆工作中还采用 PVC 管护壁和填料压实填井的措施，确保了炸药的沉井深度和激发效果。

根据剖面沿线覆盖层较薄、近地表地质条件横向变化较大的特点，结合现场地震波激发试验结果，本次深地震反射探测爆破孔井深一般为 25m，激发药量为 30kg 左右，炮间距 200m。下药后药柱顶面距地面的深度一般大于 10m，并确保药包在潜水面以下激发，以保证激发效果。考虑到局部地段覆盖层薄，钻孔深度不能达到设计要求时，则采取 2～3 孔组合井炮激发方式来确保激发能量。为了获得剖面沿线的地震波速度结构，并考虑地壳深部反射波的信噪比，沿剖面平均间隔 1000m 左右还布设了一个炸药量为 150kg 左右的大炮，大炮采取井深 25m 多井组合激发。

3.1.2.3　观测系统与参数

深地震反射探测中选取合适的观测系统和参数对获得良好的探测结果十分重要。根据测线经过地区的工作环境和以往我们在其他城市或地区开展深地震反射探测的工作经验，为兼顾浅、中、深层的有效界面反射，以便于利用本次探测结果研究浅部断裂向剖面深部的延伸情况，在本次深地震反射探测工作中，采用了排列内部激发、双边不对称排列接收的多次覆盖观测系统（图 3.1.3）。相应的观测系统参数如下：

（1）道间距 25m，800 道接收，排列总长度 20km。

（2）炮间距 200m，覆盖次数 50 次。沿剖面平均间隔 1000m 左右设置一个炸药量约为 150kg 的大炮。

（3）最小偏移距 0m，排列内部激发，双边不对称排列接收。

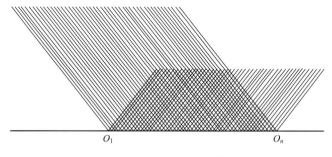

图 3.1.3　深地震反射剖面探测观测系统示意图

现场探测工作中，由于深地震测线要通过一些村镇、河流、铁路、高速公路等地表障碍，在这些地段上不能实施爆破，为确保这些测段上资料的完整性和连续性，工作中采取了改变观测系统的工作方法，从而确保了深层反射信息和成果质量。另外，为了增加剖面两端的覆盖次数，工作中两端放炮时还采用了 1400 道全排列接收方式，有效增加了满覆盖剖面长度。图 3.1.4 为深地震反射剖面的覆盖次数分布。由图 3.1.4 可以看出，除了在剖面端点覆盖次数较低外，其他测段的覆盖次数一般均在 50 次以上，最高覆盖次数达到了 110 次。

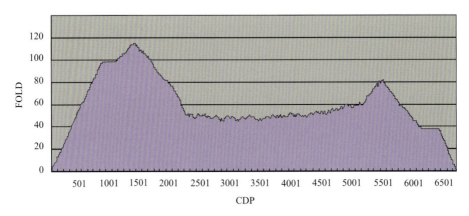

图 3.1.4　深地震反射剖面覆盖次数分布图

3.1.2.4　质保措施与资料质量

为确保本次探测能获得质量较好的原始资料，在现场数据采集工作中，对使用的地震仪器和地震检波器除按照有关规定进行测试和检查外，每日施工前均对仪器进行全面的系统检查与性能测试，对不合格的数据采集单元和检波器进行更换或维修。现场工作中还对影响地震记录的接收道进行检查和更换，及时发现和排除影响地震记录质量的不利因素，确保地震记录的可靠性。

现场探测工作中，为及时发现和排除影响地震记录质量的不利因素，对获得的单炮地震记录及时进行了记录监视和地震记录的检查与评价，对发现的不合格地震记录及时进行了补炮改正。对当日获得的原始地震记录进行了实时数据处理，确保了本次工作的成果质量。由于工作中采取了一系列切实可行的质量保证措施，使得本次勘探获得了100% 的合格地震记录，较好地完成了现场地震数据采集工作，为室内资料处理与解释打下了良好的基础。

3.1.3　资 料 处 理

3.1.3.1　基本数据处理流程

根据本次深地震反射剖面所处构造部位的地表地质条件、地质构造特征及所获得的原始地震记录特征，通过对各种处理模块进行测试、分析及处理参数的对比、试验与选择，设计了如图 3.1.5 所示的基本数据处理流程。

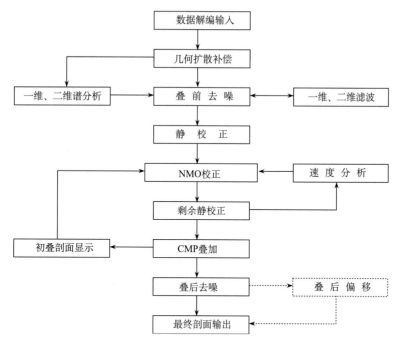

图 3.1.5　深地震反射资料处理流程图

深地震反射剖面的数据处理中，采用了 FOCUS 地震反射处理系统。该处理系统具有强大的交互处理功能，并提供多种叠前和叠后去噪处理模块、多种静校正方法、交互速度分析、NMO、DMO、叠前和叠后偏移、时-深转换及灵活的编辑、切除等功能。

3.1.3.2　主要数据处理方法

1. 面波和低频干扰波的压制

面波具有速度低、频率低、频散快、在原始记录上规则分布的特点，是一种低频干扰波。一维滤波利用有效波和干扰波在频率域的差别，将时间域地震记录通过傅里叶变换到频率域，消除干扰波。尽管目前有很多去除面波的方法，但传统的一维滤波仍是效果较好、应用较稳定的一种方法。利用面波的特点，采用时变、空变滤波方法，将滤波范围限制在面波发育部位，以达到既消除面波，又不减弱有效反射的目的。另外，由于激发条件的影响，在测线上还存在一些强的低频干扰，应用一维滤波，也取得了不错的效果。资料处理中采用的滤波参数为

（0～2s）　　（8，12，40，45）
（2～4s）　　（6，10，30，35）
（5～30s）　　（4，6，20，25）

2. 线性干扰波的消除

线性干扰波在反射地震记录中通常是广泛存在的，且对有效反射波影响较大。这类干扰波主要包括近地表直达波、浅层折射波、声波及其他的线性干扰波。消除线性干扰的方法主要有倾角滤波、视速度滤波、扇形 f-K 滤波及专门的去线性干扰模块。通过对叠前单炮记录和叠后剖面采用线性干扰处理，可以消除线性干扰对反射波的影响，有效提高地震记录信噪比。图 3.1.6 是共炮点记录中消除声波前后的效果对比。

图 3.1.6　低频干扰压制和声波消除前（左）后（右）效果对比

3. 剩余静校正

当剖面沿线的地表起伏不平，近地表速度变化时，将使地震记录中的反射波同相轴发生扭曲，不成为标准的双曲线形态，从而造成叠加时存在静校正问题。这些静校正量经过高程静校正和折射静校正后已基本得到校正，但仍会存在少量的剩余静校正量。这些剩余静校正量仍会造成反射波同相轴的扭曲变形，使反射波不能得到完全同相的叠加，直接影响速度分析的精度，进而影响叠加剖面的质量。因此，在地震资料处理中应通过剩余静校正将记录中存在的剩余静校正量予以消除，其基本原理如下。

按照给定的 CDP 数，沿着给定的静校层位对所有道集进行拉平以形成试验道或参考道（应用 R_{ONEN} 和 $C_{LERBOUT}$ 提出的方法），从单个试验道中减去当前 CDP 给定道形成一个改进试验道,对当前 CDP 的每道相对于试验道进行时移的道和其他具有相同接收点和炮点的道在共接收点域和共炮点域求和,再沿测线在下一个 CDP 重复进行该处理。在对整条测线上所有道时移谱计算并在接收点域和炮域求和后,在能量时移谱的最大处拾取时移作为接收点和炮点的静校正量。估算的静校正量在指定的迭代步骤内重复处理并叠加,在最后一步迭代时,将估算值作为最终的地表一致性静校正量。

通过剩余静校正处理,可以使来自共反射点的地震波经过动校正后实现同相叠加,达到提高分辨率的目的。

4. 叠后随机干扰的消除

虽然叠加方法是目前消除随机干扰的最有效办法,但在叠加后的剖面上仍会存在一定的随机干扰波。叠后随机干扰的消除一般采用 f-x 域随机噪声衰减技术,其基本原理:

对叠后地震剖面来说,有效反射同相轴是可以预测的,而随机干扰是不可以预测的,利用预测的方法,在频率-空间域(f-x 域)可以预测出相干的同相轴,从而将相干的信号和随机的噪声分离开来,进而达到增强有效信号、压制随机干扰的目的,改善叠加剖面中反射同相轴的连续性,有效提高叠加剖面的信噪比。

3.1.4 深地震反射剖面资料分析与解释

3.1.4.1 由反射资料获得的地震波速度结构

地震波速度是地震勘探中十分重要的一个参数,只有知道了地震波的速度值,才能确定产生反射波的界面埋深和它的空间位置。

确定地震波速度最直接、最有效的方法是进行地震波速度测井。然而,这种获取地震波速度的方法在目标层深达数十公里的深地震反射勘探中,由于其技术、施工难度大、成本较高,目前一般较难实现。通常,在没有地震波速度测井资料的地区进行深地震反射探测,为了获得地下不同深度的地震波速度,一般采用人工地震宽角反射/折射勘探方法。在没有人工地震宽角反射/折射资料的地方,可利用地面地震反射波资料来求取地下反射界面的地震波速度,但由此得到的速度精度有限。尽管使用反射地震方法求得的速度精度不如地震波测井,但在无速度测井和地震折射资料的地方,利用地面反射波资料求取地震波速度也是一种有效的替代方法。本次地震波速度的提取采用初至波层析成像和反射波速度分析两种方法,以初至波层析成像获得地壳浅部的精细速度结构和探测区附近人工地震宽角反射/折射方法得到的地壳平均速度做约束,利用反射波速度分析得到的速度结构,求取测线经过地区的整个地壳的速度场。图 3.1.7 是合肥深地震反射探测获得的地震波平均速度结构剖面。

从图 3.1.7 速度结构剖面图中可以看到,纵向上平均速度总体呈正梯度变化,即随着深度的增加,平均速度增大。横向上自西向东,平均速度总体呈增大趋势。在剖面浅部(双时程 TWT3.0s),平均速度变化较大,近地表平均速度一般在 2000m/s 左右,随深度增加速度也快速增加,反映了剖面沿线地表松散盖层较薄;在 CDP2600~4600(桩号

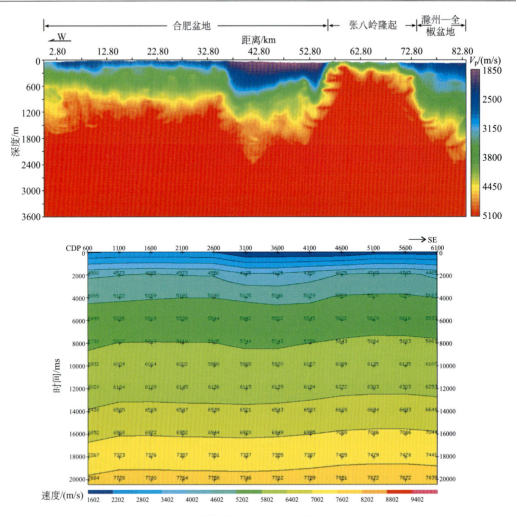

图 3.1.7　近地表速度层析成像（上）和平均速度结构剖面（下）

32.5～57.5km）平均速度较低，近地表平均速度低于 2000m/s，与近地表松散沉积盖层的增厚有关；而在 CDP4600～5800（桩号 57.5～72.5km），显示了一个高速度异常区，与两侧介质速度相比增高约 0.2m/s，在 TWT2.0s 深度，其速度增高达 0.6m/s 左右，介质平均速度增高的异常现象在 TWT8.0s 以浅的深度范围内都有明显反应。初至波层析反演获得的近地表速度结构（图 3.1.7）更加精细地反映了剖面浅部介质速度的变化特征。该高速度异常区位置上对应于张八岭隆起区，也是郯庐断裂带主构造发育位置。李清河等（2008）对郯庐断裂带定远以南段的速度结构研究认为，断裂带中上地壳内的介质速度明显高于断裂带两侧的介质速度，断裂带东西两侧的速度也有明显差异。湖北随县经河南信阳、安徽合肥到马鞍山的宽角反射/折射剖面（郑晔和滕吉文，1989；滕吉文等，2000）的资料结果也表明，上地壳介质速度横向变化剧烈，基岩出露区明显高于盆地沉积区，在合肥附近上地壳内存在高速度异常区，中、下地壳介质速度自西向东逐渐增加。安徽利辛—江苏宜兴人工源宽角反射/折射剖面探测（徐涛等，2014；张明辉等，2015）研究结果也表明（图 3.1.8），整个地壳深度范围内，郯庐断裂带东西两侧速度差异明显，在断裂带下方还存在一个 20 余千米宽的低速异常带，由地表延伸至莫霍面附近。

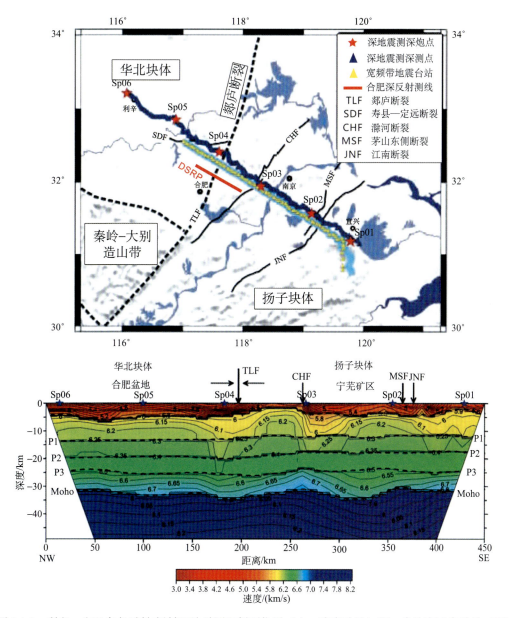

图 3.1.8　利辛—宜兴宽角反射/折射深地震测深剖面位置（上，略有改动）和二维地壳速度结构（下）
（引自徐涛等，2014）

P1～P3 为以速度划分的界面

3.1.4.2　深地震反射剖面揭示的地壳与上地幔反射结构特征

图 3.1.9 是合肥深地震反射叠加时间剖面图。叠加剖面显示了较高的信噪比和分辨

率。从图中可以看到，在纵向和横向上反射震相特征差别较大，丰富的反射信息主要集中在 TWT2～13s，反射能量较强，反射波组可以长距离追踪，显示了壳内界面结构的反射震相特征明显，其间又以 TWT2s 左右的基底反射 Tg1、TWT6～7s 的上下地壳分界 Rc 和 TWT9.5～12.5s 的壳幔强反射过渡带为界，剖面纵向上分为波场特征不同的层块；横向上桩号 72.5km 以东剖面浅部反射波信息较为丰富，桩号 49.5～58km 剖面中部反射波能量较弱，剖面反射震相在横向上的区段差异特征明显。

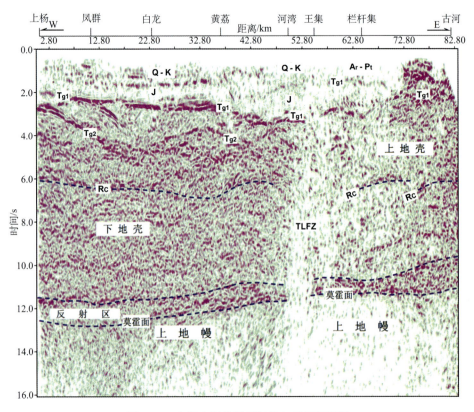

图 3.1.9　合肥市深地震反射叠加时间剖面图

TLFZ 为郯庐断裂带

1. 上地壳反射结构及基底特征

剖面中部 TWT6～7s 的强反射界面 Rc 将地壳分为上、下两层结构。该界面在剖面中的起伏变化特征显示了上地壳厚度的变化趋势。剖面西端至桩号 35.3km 之间，Rc 界面由 TWT6s 左右降至 TWT7s 左右，Rc 界面产状显示为东倾；桩号 35.3～50.3km 的 Rc 界面表现出拱形隆起特征；桩号 50.3～60km 的 Rc 界面反射能量较弱；桩号 60 km 以东剖面中 Rc 界面由一系列西倾的反射波组构成。剖面东、西两端 Rc 界面埋深分别为 16.6 km 和 16.5km，桩号 35.3km 附近 Rc 界面埋深最深，深度约为 20.3km。总体来看，剖面揭示的上地壳厚度约为 16.5～20.3km，上地壳底界反射 Rc 的横向起伏和震相分段特征可能也指示了相应断裂构造的存在。

剖面中基底顶界面反射 Tg1 显示了反射能量强、反射同相轴分段连续并能可靠追踪的震相特征，界面埋深及产状变化也清晰地揭示出盖层厚度的变化趋势。剖面桩号 40km 以西段，Tg1 界面位于 TWT2.0～2.5s，剖面西端埋深约 4.5km，在桩号 40km 附近即黄荔一带，埋深为 5.2km 左右，显示为西浅东深的缓状起伏。剖面桩号 40～53km 即黄荔至王集之间，Tg1 界面呈凹陷起伏，埋深约为 6.2～6.7km，反映了该剖面段中生代沉积地层的增厚。王集以东栏杆集附近即桩号 55.5～73.0km，Tg1 界面隆升，其在时间剖面上位于 TWT1.3～1.7s，埋深约为 2.6～3.4km。在剖面桩号 73.0km 以东段，Tg1 界面埋深约在 4.5km 左右。

界面反射 Tg1 的横向变化特征表明，剖面经过地段基底深度总体在 2.6～6.7km，基底的剧烈起伏显示了盖层厚度及横向岩性的变化。桩号 55.5km 以西剖面段，位于合肥盆地内，Tg1 界面对应于中生代晚侏罗世以来的陆相沉积底界，Tg1 界面以浅，断续连接的近水平反射波组可将中生代沉积盖层大体划分为两层结构，上部为白垩纪以来的沉积，下部为较厚的侏罗纪沉积。盖层内反射波组断续相接以及反射能量强弱变化的震相特征，可能反映了中生代盖层沉积横向的不均匀。剖面揭示合肥盆地中生代以来沉积厚度在 4.5～6.7km。剖面西端上杨向东至黄荔之间为西薄东厚的楔状沉积格局，黄荔至王集之间为盆地内的沉降凹陷，沉积厚度约 6.2～6.7km。剖面桩号 55.5～73.0km 即栏杆集一带，为张八岭隆起构造，除地表覆盖近代沉积薄层外，多出露为新元古代和中元古代变质岩，在反射地震剖面上显示为反射空白或杂乱的短小弱反射。桩号 73.0km 以东段，为下扬子北缘前陆褶皱冲断带准平原化的全椒盆地南部，在反射地震剖面中基底以浅显示为多组能量强的界面反射，反射波组连续性较好，横向起伏较大，而 Tg1 以下总体由一系列西倾的叠层强反射构成，与合肥盆地沉积盖层的反射波震相特征有着明显差异。

胜利油田在长丰县双墩附近完成的 5200m 深的安参 1 井（位置见图 3.1.14），距离我们的深地震反射剖面西端南 20 余千米，尽管钻井结果中对前中生代基底埋藏深度有 3645m、4005m、4046m 等不同的观点，钻井深度内基底最新地层的时代也有古生代石炭—二叠纪、新元古代等不同的划分认识（徐佑德等，2002；邱连贵等，2002；朱光等，2004b；徐春华等，2005；方小东等，2005；张交东等，2008），但前中生代基底及其上覆盖层由于介质波阻抗差异明显，在跨井地震剖面和合成地震记录中的反射震相特征是明显的，基底界面的地震波场显示为强反射连续波组，上覆沉积盖层的反射成层性较好，而下伏基底地层受变形影响反射杂乱（图 3.1.10）。基底的地震波场特征及界面的大体深度与本次深地震反射剖面中 Tg1 界面的强反射震相和埋深具有较好的对应，是来自前中生代浅变质基底的反射。超深井的岩性和沉积相分析表明，合肥盆地侏罗纪陆相沉积盖层与下伏前中生代基底呈不整合接触。

在反射剖面桩号 53km 以西即合肥盆地段，双程反射时间为 2.5～4.5s，上地壳内部还存在一组能量较强、横向上能可靠追踪的反射波组 Tg2，推测认为是壳内深变质结晶基底的地震波响应。该组界面在剖面西端（上杨附近）及桩号 33km 附近（黄荔西侧）显示为隆起形态，其中剖面西端埋深为 6.2～6.5km，桩号 33km 附近埋深为 9.3～9.6km；

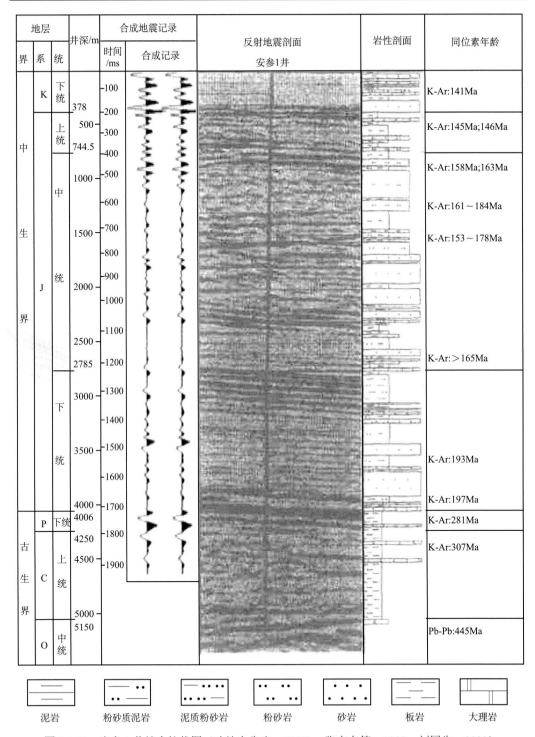

图 3.1.10　安参 1 井综合柱状图（改编自朱光，2004b；张交东等，2008；刘国生，2009）

在桩号 21km 附近（白龙西）显示为基底凹陷，基底埋深约为 11.6km。周进高等（1999）、赵宗举等（2000a，2000b）、刘国生（2009）等综合地球物理解释和地质资料分析认为，合肥盆地基底结构纵向可分为两层，下层为太古代—中元古代深变质结晶岩系，上层为新元古代—晚古生代浅变质岩至未变质海相构造层。赵宗举等根据合肥盆地中部南北向的石油地震剖面和大地电磁测深解译结果（图 3.1.11）认为，在肥中断裂以北（本次深地震反射剖面经过地段），基底纵向分为两层，上层为上元古界—上古生界，下层为霍邱群（Ar$_2$hq）、凤阳群（Pt$_1$fn）深变质岩系。南北向经过合肥盆地的安徽庄墓经湖北黄梅至江西张公渡的地震测深资料（王椿镛等，1997）以及近东西向经过郯庐断裂带的安徽符离集至上海奉贤的地震测深资料（陈沪生等，1993；白志明和王椿镛，2006）中，均可见到壳内的宽角反射震相，认为它们与壳内浅变质岩系和深变质岩系是相关的，张四维等（1988）对符离集—奉贤地震测深资料分析认为，基底折射波可识别两个震相，分别相当于震旦系顶面或其上部某个界面以及深变质的元古界界面。上述的地球物理资料从各自的角度，印证了深地震反射探测剖面中，Tg1 和 Tg2 两组强反射界面，应该是壳内浅变质基底和深变质基底界面在深地震反射剖面中的地震波响应。

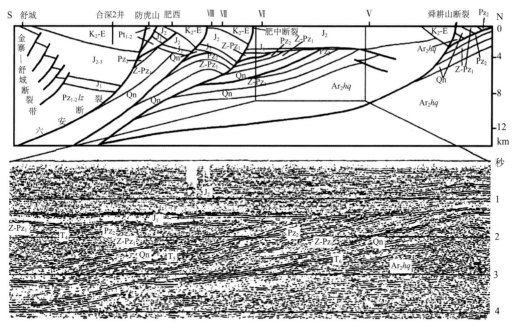

图 3.1.11　合肥盆地中部南北向石油地震剖面和 MT 测线 B 视电阻率剖面图（引自赵宗举等，2000a）

　　本次深地震反射剖面探测结果中，Tg1 和 Tg2 两组强反射界面清晰地解释了合肥盆地基底结构的双重复合构造特征。浅变质基底界面 Tg1 在盆地西段呈西浅东深的斜坡状，在盆地东段则为基底凹陷，而深变质基底界面 Tg2 在剖面上表现为凹隆相间的起伏特征。Tg1 和 Tg2 横向展布形态的差异，反映了盆地基底在形成与演化过程中的变形改造是不一致的。盆地基底在前新元古代形成阶段，显示了强烈的变形活动，至晚古生代，基底处于隆升状态并遭受剥蚀，在燕山期盆地开始形成并接受沉积。

2. 下地壳反射结构及莫霍面特征

深地震反射剖面中上地壳底界面反射 Rc 和壳幔过渡带之间是下地壳。下地壳内部反射波场分区特征明显，桩号 49.5km 以西，剖面图像显示为杂乱的短小反射，桩号 49.5～58km，剖面中几乎看不到明显的反射，显示为反射空白区，桩号 58km 向东，反射能量逐渐增强，期间可见一些西倾的断续弱反射震相。下地壳内部的反射波场的分区特征表明，研究区内下地壳物质的介质特性在横向上差异明显，剖面中部的反射空白现象，向上辐射上地壳内部，向下与反射透明的上地幔顶部贯通，位置大体处于合肥盆地与张八岭隆起两个构造结合带的下方，反射震相的相似性可能意味着该区壳内物质与上地幔物质的介质特性是相近的。

剖面中双程到时 TWT9.5～12.7s，显示为横向分段连续、纵向持续时间约 1～1.5s 的强反射条带，在河湾—王集的下方约 4.5km 的宽度区间，强反射条带中断，该强反射条带称为壳幔过渡带，其厚度约为 3～5km，在图像中反映为由东向西倾斜。壳幔过渡带底界为莫霍面（Moho），在剖面西端莫霍面反射位于双程反射时间 TWT12.5～12.7s，埋深约为 37.7～38.3km，相应的下地壳厚度为 21.2～21.7km；在剖面东端，莫霍面反射位于双程反射时间 TWT11.0s 左右，埋深约为 34.4km，相应的下地壳厚度为 17.8km。研究区内下地壳总体显示为西厚东薄，地壳厚度由西向东呈明显减薄趋势。在河湾—王集附近，即合肥盆地与张八岭构造结合带的下方，莫霍面深度约为 35.3～35.7km，其西侧华北地块合肥盆地内的莫霍面深度明显大于东侧扬子地块的莫霍面深度。在本次深地震反射剖面北面经过的利辛—宜兴宽角反射/折射剖面探测（徐涛等，2014；张明辉等，2015）以及该剖面上的近垂直反射探测结果（吕庆田等，2014）表明，郯庐断裂带下方 Moho 面埋深在 35km 左右；由宽频带地震台站观测的天然地震数据获得的 P 波接收函数成像结果（史大年等，2012）显示，郯庐断裂带下方 Moho 面深度约为 36km。不同观测方法得到的研究结果大体是一致的，也共同支持郯庐断裂带西侧 Moho 面深度较东侧要深的结论。徐涛等（2014）在利辛—宜兴宽角反射/折射剖面中从速度结构上近似地将地壳结构分为上、中、下三层，本次的深地震反射剖面依据壳内界面的几何特征分为上、下地壳两层结构，从界面深度来看，深地震反射剖面中上、下地壳分界面（Rc 界面）应该相当于利辛—宜兴宽角反射/折射剖面中上、中地壳分界（P1 界面）。

3.1.4.3 深地震反射剖面揭示的断裂构造特征

根据深地震反射剖面所揭示的壳内反射波组特征以及反射界面的展布形态，在深地震反射剖面上共解释了 9 条断裂（图 3.1.12），图像中分别用 F1、F2 等符号表示，现将剖面自东向西所揭示的断裂构造特征描述如下。

1. 滁河断裂（F17）

断裂 F17 位于剖面东端，向上在双程反射时间 TWT3.5s 左右（相应埋深 9km 左右）从剖面消失，向下呈舒缓波状延伸，在壳幔过渡带附近与错断莫霍面的郯庐断裂带东支

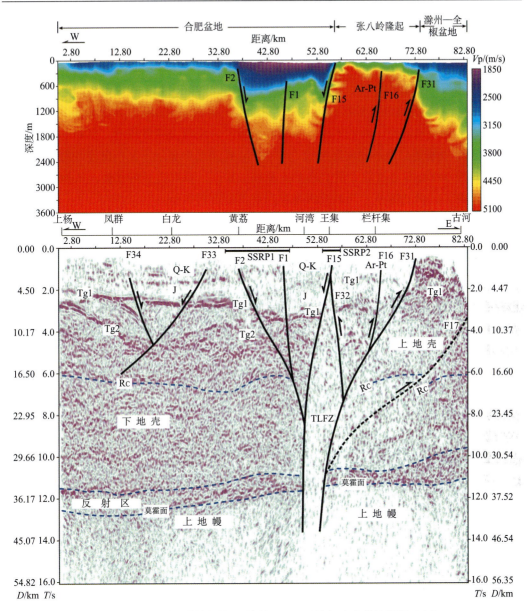

图 3.1.12　深地震反射剖面解释结果（下）及浅部速度结构解释（上）

T 为时间；D 为深度

F16 交会，断面视倾向西。从下地壳顶界 Rc 反射波组的错断特征可以看到，该断裂具有明显的东冲逆断性质，剖面中断裂两盘发育的一些西倾的断续反射波组可能反映了推覆挤压过程中的变形痕迹。参考区域地质资料认为该断裂是滁河断裂在深地震反射剖面上的显示，该断裂由安徽庐江经巢湖至江苏盐城呈北东走向发育，在研究区东侧位于含山县仙踪镇至和县石杨镇一带（安徽省地质矿产局，1987），是苏鲁造山带南侧前陆冲断褶皱构造带中一条倾向北的逆冲断层带，控制了断裂北西侧滁州—全椒盆地的沉积和南东侧巢湖—含山隆起的构造变形（宋传中等，2000）。滁河断裂从深地震反射剖面东端以东穿过，因此断裂浅部在剖面中未有显示，仅有基底以下的断裂特征被揭示。

2. 黄（栗树）—破（凉亭）断裂（F31）

剖面中解释的 F31 断裂，位于桩号 73km 左右，视倾向西，在近地表速度层析成像（图 3.1.12 上）中为高低速异常的分界。在深地震反射剖面中，断面下盘显示了一系列叠层状弯曲的强反射波组，而断面上盘反射特性较差，反射波能量较弱。其断面显示为基底界面 Tg1 以浅陡立而基底内略缓的"犁状"，在剖面中显示了高角度逆冲特征，向下大约在深度 14km 左右收敛于西侧的 F16 断裂。根据区域地质资料分析，认为 F31 断裂是黄（栗树）—破（凉亭）断裂在深地震反射剖面上的显示。

已有的地质资料表明，黄（栗树）—破（凉亭）断裂从北向南经滁州市沙河集、全椒县黄栗树村、巢湖市柘皋镇、庐江县城西、桐城市孔城镇至宿松县破凉镇，全长 275km 左右，断面倾向北西，为高角度逆冲断层，断层以西主要为张八岭群和震旦系变质岩，东侧主要为古生界（安徽省地质矿产局，1987；涂荫玖等，1999）。断续出露的构造线显示，研究区附近该断裂沿全椒县马厂镇、巢湖市苏湾镇、巢湖市柘皋镇一带展布（图 3.1.13），深地震反射剖面在栏杆集西（桩号 73km）穿过了该推测断裂，其推测位置与深地震剖面揭示的 F31 断裂位置较为吻合，特征相似。

图 3.1.13　深地震反射剖面东段推测断裂位置示意图

　　F31 断裂上、下两盘介质速度和反射波场特征的显著差异，反映了该断裂东西两侧地块构造和介质特性的明显不同。断裂西侧反射波能量弱，反射界面稀疏且波组连续性差，意味着该区段岩石较为破碎或波阻抗差异不明显，变质结晶程度较高；而断裂东侧的叠层状强反射及其剧烈弯曲的展布特征指示了该区段介质波阻抗差异较大，并因接受了强烈的推覆挤压作用而变形。

　　涂荫玖等（2001）对黄（栗树）—破（凉亭）断裂的研究认为，该断裂在巢湖庙集向南至庐江后，归入郯庐断裂带，故将其命名为黄栗树—庙集断裂，是下扬子地块北缘滁州—巢湖褶皱冲断带根带的重要组成部分，它向南东与滁河断裂之间为滁州—巢湖褶皱冲断带的中带，北西与郯庐断裂带之间夹持着前震旦纪变质基底以及震旦系和寒武系组成的楔形块体。深地震反射剖面中 F31 断裂东西两侧介质速度和反射波场特征的明显差异，显示了该断裂是两个显著不同的构造单元的分界，该断裂可能是郯庐断裂带的东界断裂。考虑到该断裂的空间走向还需要更多的证据来补充，暂且以黄（栗树）—破（凉亭）断裂命名。

　　3. 郯庐断裂带

　　1）藕塘—清水涧断裂 F16

　　该断裂位于剖面桩号 65.5km 附近，视倾向西，剖面浅部断层两侧基底反射 Tg1 及其以下的反射界面呈明显的拱形隆起，显示断裂活动过程中断层两盘地层受到了挤压作用而变形。在上地壳上部（大约深度 14km），断面陡立；在上地壳下部至下地壳上部（大约深度 20km），断面略向西缓；向下又呈近于直立样式，切穿下地壳和壳幔过渡带，延入上地幔顶部，在剖面中总体显示为上段陡、中段略缓而下段直立的形态特征，表明该断裂应该是兼具走滑性质的逆冲深断裂。该断裂在空间位置上对应于郯庐断裂带东支的嘉山—庐江断裂（藕塘—清水涧断裂）。

　　根据 F16 断裂西侧反射界面的横向展布分析，在剖面桩号 55.5km 附近，存在一条视倾向东的反冲断层，剖面中标注为 F32。该断层向上错断了基底界面反射 Tg1，在浅部交会于视倾向西的 F15 断裂，向下大约在下地壳顶部（深度 20km 左右）收敛于郯庐断裂带东支的深断裂 F16，两条断层之间的界面反射显示为明显的拱形隆起，表明断裂 F16 和 F32 之间夹持的地块被挤压抬升。初至波速度层析成像结果中该剖面段近地表显示为高速异常，说明其间的岩石胶结密实，形成时代较古老。

　　综合深地震反射剖面和速度层析成像可以看到，在上地壳内，断裂 F32 和 F31 在剖面中以背冲样式与断裂 F16 交会，形成宽约 17.5km 的高速异常结构区块，揭示了张八岭隆起区段的构造组合和介质速度特征。剖面中断裂 F32 和 F31 以及嘉山—庐江断裂 F16、滁河断裂 F17 在壳内不同深度，会聚于深部的深大断裂上，以陡立样式向下插入上地幔顶部，在整个剖面中构成以近于直立的深大断裂为主干，以 F32、F31、F16 和 F17 为分支断裂的复杂逆冲组合，剖面中断裂组合由深至浅向两侧散开，呈典型的花状几何样式（Harding，1985），显示了该断裂走滑性质的形态特征（Christie-Blick and Biddle，1985；Naylor et al.，1986）。

张交东等（2003，2010）对肥东县东至全椒古河的反射地震剖面解释结果也认为该段由一系列花状组合的逆冲断裂组成，在大地电磁反演结果中该区段显示为明显的电性高阻特征。

2）池河—西山驿断裂 F15

该断裂位于剖面桩号 55.5km 附近，视倾向西，以几乎直立的方式错断了地震剖面中的所有反射界面，向下插入上地幔顶部，具有张性特征；速度反演结果中，断裂东侧速度明显高于断裂西侧速度，指示断裂两侧近地表介质属性差异明显，西侧介质较为松散，东侧岩石胶结密实。区域资料表明，池河—西山驿断裂为合肥断陷盆地的东界，控制了巨厚的侏罗纪以来的沉积盖层，断裂下（东）盘隆升，致使张八岭变质杂岩剥露至地表。

朱光等（2011）综合合肥盆地内东西向石油地震剖面资料（图 3.1.14）认为，发育于合肥盆地东缘张八岭隆起上的郯庐断裂带，在印支期和晚侏罗世的两期平移，都表现

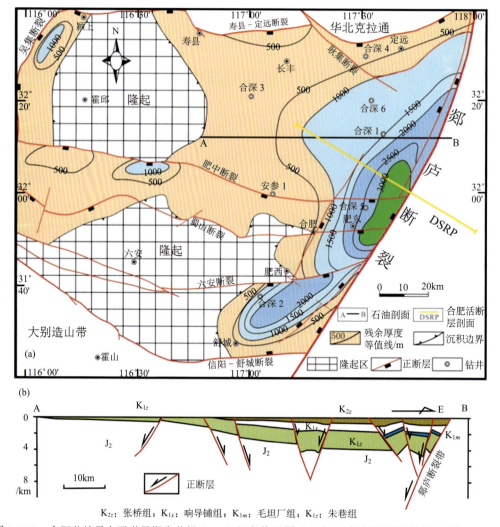

图 3.1.14 合肥盆地早白垩世早期朱巷组（K1z）沉积格局图（a）和石油地震测线解析剖面图（b）（引自朱光等，2011，改编）

为北北东走向、东倾的左行走滑韧性剪切带，而控制合肥断陷盆地东界的郯庐断裂带，为倾向西的大型正断层，表明该断裂是沿着早期郯庐走滑韧性剪切带而发育的新生脆性正断层，断裂旁侧地层厚度的显著加大，显示了同生伸展断层的特征；而发生在古近纪末或新近纪初的区域性东西向挤压活动（刘国生等，2002，2006），使得合肥盆地由伸展活动转变成遭受挤压活动，盆地发生抬升、消亡，盆地内新近纪沉积大面积缺失，盆地东缘的郯庐断裂带也普遍存在逆冲构造现象，表现为一系列 NNE 向的逆冲断层及相应的挤压揉皱带和松散挤压破碎带。

3）桑涧子—广寒桥断裂 F1 和乌云山—合肥断裂 F2

桑涧子—广寒桥断裂 F1 位于剖面桩号 46km 附近，视倾向东，断面陡立，错切剖面中生代以来的盆地盖层反射和基底反射 Tg1，在上下地壳分界 Rc（深度约 16.5km）附近，与断裂 F2 交会。

断裂 F2 对应于乌云山—合肥断裂，在深地震反射剖面中位于桩号 36.7km 附近，为视倾向东的张性断层。该断裂向上错断裂了上地壳内的所有界面，向下在双程反射时间 TWT8.5s 左右（深度约 24.8km）交会于池河—西山驿断裂 F15。近地表速度反演结果中，该断裂西侧速度明显高于断裂东侧速度，断裂 F2 与断裂 F15 之间夹持为低速异常区段，深地震反射剖面中也显示为一个基底凹陷。

从深地震反射剖面来看，断裂 F1 在上、下地壳分界的 Rc 界面深度附近收敛于 F2 断裂，视倾向东的断裂 F2 在下地壳（深度约 24.8km）交会于断裂 F15，主干断裂 F15 以直立方式切割壳内地层，延入上地幔顶部，它们在剖面中呈半花状形态散开，控制了合肥盆地东缘的地块格局。深浅反射地震剖面揭示的断裂空间几何形态和活动特征，表明断裂的形成和盆地演化过程中既有拉张的伸展作用，也经历走滑和逆冲挤压活动。

4. 其他断裂（F33、F34）

在深地震反射剖面中还解释了 F33、F34 两条断裂，尽管它们的归属还不明确，但剖面中这些断裂的构造特征较为清晰。

断裂 F33 位于剖面桩号 30km 附近，为视倾向西的正断层。它错断了盆地盖层中侏罗纪地层，向上延入白垩纪—第四纪地层中，向下错切基底界面 Tg1 和 Tg2，消失在上地壳底部。剖面中解释的断裂 F34 位于桩号 15km 附近，视倾向东。它切割了盆地下部的侏罗纪地层和基底界面 Tg1，在深变质基底 Tg2 附近交会于断裂 F33 之上，两者在剖面中呈"y"字形组合，切割了盆地内的断陷地块。

3.1.5 深地震反射主要结果和讨论

本次深地震反射剖面揭示的地下结构和构造图像非常清楚。在整个地壳深度范围内，不但可以看到剖面浅部的一些反射能量较强、横向连续特征明显、起伏变化形态清楚的地层界面反射，在地壳深部还揭示了一系列反射能量较强的反射叠层。深地震反射剖面揭示的由浅到深的地壳结构图像，对认识该区的地壳深部结构、分析研究深浅部断裂的构造关系具有重要意义。

（1）深地震反射剖面获得的本区地壳结构非常复杂，反射波场分区特征明显，以桩号 55.5km 和 73.0km 为界，横向上具有不同的反射结构。桩号 55.5km 以西，位于合肥盆地发育部位，壳内反射性较好，以强能量的层状反射波组或短小反射为主；桩号 55.5km 和 73.0km 之间，对应于张八岭隆起段，也是郯庐断裂带发育的主要构造部位，壳内的反射波场显示为反射透明或凌乱的弱反射震相，上地壳内可分辨的一些反射波组也呈明显的拱形隆起，反射透明或凌乱的弱反射震相特征以上宽下窄的斜锥体形态，向下贯通至上地幔顶部，致使下地壳底部的强反射条带（壳幔过渡带）出现 4.5km 左右的中断，其几何形态明显受控于深大断裂构造，并成为幔源物质上侵的通道。桩号 73.0km 以东，位于下扬子前陆褶皱冲断带东北缘，盖层内反射信息较为丰富，反射波组弯曲起伏，变质基底内的断续反射波组呈大角度向西倾斜，刻画了下扬子陆块北缘北西向南东推覆、逆冲的活动痕迹。

（2）本区的地壳结构以剖面上的反射波组 Rc 和莫霍面（Moho）反射为界分为上地壳和下地壳，其中上地壳厚度约 $16.5\sim20.3$km；在剖面西端莫霍面埋深约为 $37.7\sim38.3$km，相应的下地壳厚度为 $21.2\sim21.7$km；在剖面东端，莫霍面埋深约为 34.4km，相应的下地壳厚度为 17.8km。研究区内下地壳总体显示为西厚东薄，地壳厚度由西向东也呈减薄趋势。在河湾—王集附近即合肥盆地与张八岭构造结合带的下方，莫霍面深度约为 $35.3\sim35.7$km，其西侧华北地块合肥盆地内的莫霍面深度明显大于东侧扬子地块的莫霍面深度。本区的壳幔过渡带厚度约 $3\sim5$km，对应于地壳厚度的变化趋势，在剖面中反映为由东向西倾斜。

（3）研究区内基底顶界 Tg1 埋深总体在 $2.6\sim6.7$km，基底界面 Tg1 的剧烈起伏反映了沉积盖层厚度及横向岩性的变化：桩号 55.5km 以西即合肥盆地段，侏罗纪以来沉积厚度在 $4.5\sim6.7$km，其中剖面西端上杨向东至黄荔之间呈西薄东厚的楔状沉积地块，黄荔至王集之间则显示为明显的基底凹陷，该凹陷结构在近地表速度反演结果中反映为低速异常区段；剖面桩号 $55.5\sim73.0$km 即栏杆集一带，对应于张八岭隆起段，多出露为新元古代和中元古代变质岩，基底埋深约为 $2.6\sim3.4$km，近地表速度反演结果中显示为高速异常区段；在剖面桩号 73.0km 以东段，Tg1 界面埋深约在 4.5km 左右，该剖面段位于下扬子北缘前陆褶皱冲断带内的全椒盆地南部，盖层内发育的反射能量强且起伏明显的反射波组震相，与张八岭隆起段的凌乱弱反射或反射空白及合肥盆地段的近水平层状反射波组震相对比，有着明显不同的反射波场特征。

合肥盆地段 Tg1 界面以下发育的能量较强、横向上能可靠追踪且起伏特征明显的反射波组 Tg2 被认为是壳内深变质结晶基底在深地震剖面上的显示。这或许为合肥基底存在双重叠层结构的认识（周进高等，1999；赵宗举等，2000a，2000b；刘国生，2009）提供了地震学证据。基底界面 Tg1 和 Tg2 横向展布形态的明显差异，表明盆地基底在形成与演化过程中的变形改造是不一致的。

（4）在深地震反射探测剖面中，共解释了 9 条特征明显、规模大小不同的断裂。参考区域地质资料并根据断裂在剖面中的发育特征，认为 F16、F15、F1、F2 自东向西依次对应于郯庐断裂带的藕塘—清水涧断裂、池河—西山驿断裂、桑涧子—广寒桥断裂和乌云山—合肥断裂，F32 断裂是藕塘—清水涧断裂 F16 的分支断裂，是发育在张八岭隆起带内的基岩逆冲断裂；F31 是黄（栗树）—破（凉亭）断裂在深地震反射剖面上的显示，应该是郯庐断裂带的东界断裂。F17 断裂推测为滁河断裂，断裂 F33、F34 是合肥盆地西部斜坡带上的张性上地壳断裂。

郯庐断裂带深部由两条深大断裂组成，以直立样式切穿莫霍面插入上地幔顶部，这与以往的研究结果（腾吉文等，2006；刘保金等，2015）是一致的，表明郯庐断裂带为岩石圈尺度的深大断裂。F32 断裂及滁河断裂 F17、黄（栗树）—破（凉亭）断裂 F31、藕塘—清水涧断裂 F16 在不同深度会聚于直立的切穿莫霍面的深大断裂，在剖面中形成花状形态，是郯庐断裂带走滑活动的几何学证据，断裂活动具有明显的逆冲挤压性质。黄（栗树）—破（凉亭）断裂 F31 两侧反射震相和速度的显著差异，反映了东西两侧地块结构和构造是明显不同的，应是联系张八岭隆起和下扬子前陆褶皱冲断带的构造分界，应是郯庐断裂带的东界断裂；断裂 F32 与 F16 地貌上控制了剖面经过地段浮槎山杂岩的出露；断裂 F32 向上与池河—西山驿断裂 F15 交会，构成东侧（张八岭）隆起和西侧（合肥盆地）断陷的构造格局；池河—西山驿断裂 F15 与桑涧子—广寒桥断裂 F1、乌云山—合肥断裂 F2 切割了合肥盆地东部地块形成盆地内的沉积凹陷。F1、F2 断裂在下地壳收敛于陡立的池河—西山驿断裂 F15，剖面中呈半花状样式，断裂活动以伸展为主，兼具走滑和挤压性质。

藕塘—清水涧断裂 F16、池河—西山驿断裂 F15、桑涧子—广寒桥断裂 F1 和乌云山—合肥断裂 F2，与滁河断裂 F17、黄（栗树）—破（凉亭）断裂 F31 及分支断裂 F32，在深地震反射剖面图像中，呈现为多条主干断裂联系的复杂大型花状几何样式，组成巨大的断裂体系，各组成断裂在深地震反射剖面中的陡倾、正断、逆冲等构造特征，记录了郯庐断裂带走滑、伸展、挤压的复杂演化形迹。

3.2　研究区接收函数反演

3.2.1　接收函数原理

接收函数是从宽频带地震仪的三分量记录中计算而得的时间序列，它表征了接收区介质对远震 P 波的脉冲响应。当地震发生时，地震波会经过地球内部向四面八方传播，其中部分波传到台站下方被接收。从信息论的角度可以认为仪器记录的地震波包含了四个方面的信息：等效震源信息（震源和源区响应）、传播路径、台站下方结构信息及仪器响应。在时间域内它们具有如下关系：

$$D(t) = S(t) * P(t) * E(t) * I(t)$$

式中，D 为地震记录；S 为等效震源时间函数；P 为传播路径的影响；E 为台站下方地壳结构的响应；I 为仪器的脉冲响应。三分量记录都可以表示成上式的形式。在频率域内径向分量和垂直分量的记录可以分别表示为

$$R(\omega) = S(\omega)P(\omega)E_R(\omega)I(\omega)$$
$$Z(\omega) = S(\omega)P(\omega)E_Z(\omega)I(\omega)$$

震中距在 30°～90°的远震 P 波到台站下方时几乎是垂直入射的，这样地壳的响应可以近似地认为是一个脉冲，近台结构对波形的影响不大，故

$$E_Z(t) \approx \delta(t) \Rightarrow E_Z(\omega) \approx 1$$

我们用径向记录除以垂向记录便可得到近台结构对径向记录的影响，即

$$\frac{径向记录}{垂向记录} = \frac{R(\omega)}{Z(\omega)} = E_R(\omega) \Rightarrow E_R(t) = R(t)$$

$R(t)$就是要提取的接收函数。目前我们主要用下面的方法来提取接收函数：

$$R(t) = (1+c) \int \frac{R(\omega)Z^*(\omega)}{|Z(\omega)|^2 + c\sigma_0^3} e^{\frac{\omega^2}{4\alpha^2}} e^{i\omega t} d\omega$$

式中，$R(t)$是接收函数；$c\sigma_0$ 称为水准量，防止零除，是 $Z(\omega)$ 的最大值。第一个 e 的指数是增加一个高斯滤波，后面的 e 指数是傅里叶变换；$(1+c)$ 为修正项。

3.2.2　数　据　收　集

研究区附近地区共有 24 个台站，2005～2006 年进行数字化改造，2007 年数字化改造完成并开始运行。改造完成后仍有 4 个台站保留短周期地震仪，主要为了监测霍山小震。这些短周期数据记录不适用于提取接收函数。其余 20 个台站经改造后都安装了宽频带地震仪。所涉及台站的分布如图 3.2.1 所示，其中圆的颜色及大小表示反演结果的相

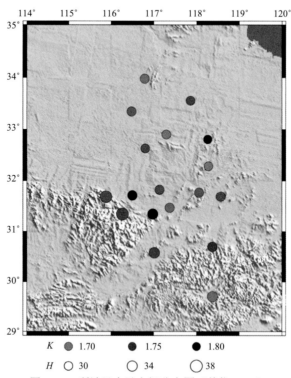

图 3.2.1　所涉及台站空间分布图（单位：km）

其中圆圈大小反映了该台站下方地壳厚度；圆圈颜色表示波速比的值，图下方给出了参考值

对值。此次收集了 2011 年 1 月到 2014 年 12 月的震级 $M \geq 6.5$、震中距在 30°～95°的远大震数据 297 个。对于很多地震来说，部分台站记录较好，其他台站记录较差。所以我们将数据记录按照台站名进行分开存放，然后对每个台站分别人工挑选信噪比较好的地震，再进行一系列数据处理。本次处理了 18 个地震台站的数据，共涉及地震 187 个，如图 3.2.2 所示。所选地震基本分布在环太平洋地震带和地中海—喜马拉雅地震带。

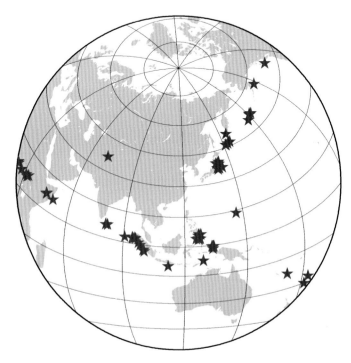

图 3.2.2　研究中涉及的 187 个远震分布图

3.2.3　数　据　处　理

使用 120s 的时间窗口，从 P 波开始前 20s 至之后 100s，经过去仪器响应、去均值和去倾斜后，将两个水平分量的波形旋转到径向和切向方向。选取高斯因子 $\alpha=2.0$，相对于波形滤波到 1.2Hz；我们对 c 值分别选取 0.001、0.01、0.1 进行接收函数提取，再人工对比结果，主要依据是接收函数的噪声水平和切向接收函数的振幅，最后选取 $c=0.01$。部分台站的接收函数如图 3.2.3 所示。

为了更清楚地展示各台站的接收函数，图 3.2.3 中各台站的接收函数是按照地震发生的时间顺序等间隔排列的，而不是采用常用的按震中距或反方位角排列。18 个台站的接收函数都可以清晰地看到 Ps 转换波震相，部分台站可以看到 PsPs 多次反射震相。各台站使用的地震事件、地震数目等并不完全一致。不过接收函数叠加是每个台站独立进行，相互之间并不影响。

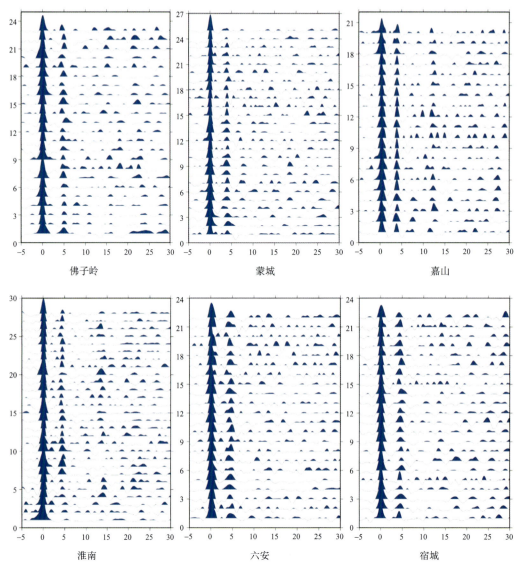

图 3.2.3　安徽省部分台站的接收函数

从图 3.2.3 中几个台站的接收函数可以看出，蒙城台、嘉山台和淮南台的接收函数较清晰，各台站接收函数的 Ps 转换波的到时和形状基本一致，甚至可以看到 PsPs 多次反射震相。而佛子岭台、六安台和宿城台的接收函数，在 Ps 转换波的到时和形状上，各个地震的接收函数存在一定差别，且不容易识别 PsPs 震相。这很可能是因为蒙城台、嘉山台和淮南台位于华北板块，莫霍面较平坦，地壳结构变化均匀，所以不同震中距和方位角的地震射线在此入射后，转换波的形态和走时不会因为入射地点不同而变化；而处在大别山地区的佛子岭台、六安台和宿城台，因地壳结构复杂，莫霍面起伏较大，所以不同射线的入射地点不同，转换波可能会发生形态和走时的差别。

用 H-Kappa 叠加方法对不同方位角和震中距的接收函数进行叠加，平均了接收函数因地壳起伏引起的接收函数随方位角的变化,进而可获得一个平均的地壳厚度。H-Kappa 方法的另一个优点是不需要手工标注各个震相的到时差,可同时处理多个接收函数。我们用 H-Kappa 方法反演安徽台网的 18 个台站下方的地壳厚度和波速比,如图 3.2.1 和表 3.2.1。图 3.2.1 是以空间分布方式展示各个台站下方的地壳厚度(圆圈的大小表示)和波速比(圆圈颜色的深度表示),而表 3.2.1 详细记录了各个台站下方的地壳厚度、波速比和泊松比。图 3.2.4 展示了部分台站的 H-Kappa 空间图像。从图 3.2.1 和表 3.2.1 中可以看出,位于大别山地区的金寨台和佛子岭台下方地壳厚度分别为 37km 和 38km。六安台和宿城台位于大别山地区边界,虽然距离佛子岭台和金寨台不远,但地壳厚度有明显变化,说明 Moho 界面在该地区有较大起伏。处在扬子地块的黄山台、泾县台和安庆台,地壳厚度在 34km 左右。虽然 3 个台站的地壳厚度差别不大,但该地区台站较少,更精细的变化有待进一步研究。皖中和皖北地区属于华北地块,该地区台站较多,分布较密,其台站下方地壳厚度变化不大,基本在 30~32km 内。

表 3.2.1　各台站下方地壳厚度和波速比

台站	地壳厚度/km	波速比	泊松比
佛子岭台	38 ± 1.6	1.74 ± 0.07	0.26
金寨台	37 ± 1.4	1.73 ± 0.06	0.26
六安台	33 ± 1.1	1.82 ± 0.07	0.28
宿城台	34 ± 1.3	1.80 ± 0.06	0.27
黄山台	34 ± 0.8	1.71 ± 0.04	0.24
泾县台	33 ± 1.2	1.75 ± 0 06	0.26
安庆台	35 ± 1.5	1.74 ± 0.08	0.25
白山台	32 ± 0.6	1.71 ± 0.04	0.24
蒙城台	32 ± 0.8	1.72 ± 0.04	0.25
淮北台	32 ± 1.1	1.71 ± 0.06	0.25
淮南台	31 ± 1.0	1.73 ± 0.05	0.25
蚌埠台	31 ± 0.9	1.70 ± 0.04	0.25
嘉山台	30 ± 0.5	1.79 ± 0.03	0.27
合肥台	32 ± 1.4	1.73 ± 0.06	0.25
泗县台	31 ± 1.8	1.74 ± 0.08	0.25
马鞍山台	32 ± 1.7	1.73 ± 0.07	0.25
含山台	32 ± 1.3	1.72 ± 0.06	0.24
滁州台	31 ± 1.6	1.70 ± 0.05	0.24

3.2.4　结 果 分 析

从本次研究的 18 个台站下方的地壳厚度(图 3.2.1)可以看出,安徽地区地壳厚度的空间分布与地质构造背景有密切关系。前人用各种层析成像方法研究西大别地区的地壳厚度，结果表明西大别地区的地壳厚度在 35～42km，华北地区地壳厚度在 32km，与本次研究结果差别不大。

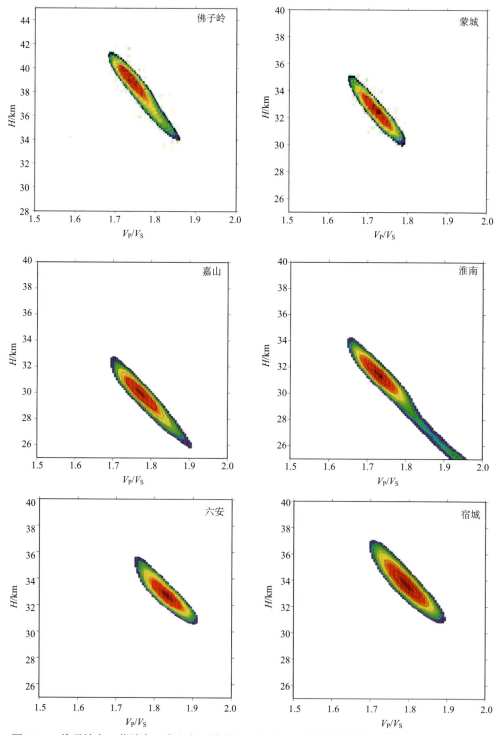

图 3.2.4　佛子岭台、蒙城台、嘉山台、淮南台、六安台和宿城台的接收函数 *H*-Kappa 叠加结果

3.3　地震构造条件分析

3.3.1　研究区地壳厚度及现代应力场

从探测区及其邻区的 18 个台站下方的地壳厚度可以看出,安徽地区地壳厚度的空间分布与地质构造背景有密切关系。从地质构造上说,安徽省由 3 个地质构造单元组成,分别是皖西南秦岭—大别造山带、皖南扬子地块和皖北华北地块。其中处于大别山地区的佛子岭台和金寨台,下方地壳厚度达 37~38km,皖南地区地壳厚度在 33~34km,而皖中和皖北地区地壳厚度在 30~32km。

震源机制解反演结果显示,安徽地区整体的现代构造应力场为近东西向的水平挤压和近南北向的水平拉张作用。这样的区域应力场作用使不同方向的断裂活动产生不同的运动方式,导致 NE 向断裂多表现为右旋走滑,NW 向断裂表现为左旋走滑。

3.3.2　区域地震构造条件评价

由小震精定位结果可以看出,大别山地区地震丛的轮廓清晰,主要呈北东和北西西向条带状分布,与区域落儿岭—土地岭断裂、梅山—龙河口断裂及青山—晓天断裂的最新活动有关。由三条震源深度剖面可知,大别山地区现代地震震源深度绝大部分在 15km 以上,大别山地区现代地震频发与高速异常区密切相关。另外,重力、航磁及大地电磁测深资料反映,霍山地区地壳深处结构复杂,岩石介质多样,不同的岩石介质具有不同的电性特征。梅山—龙河口断裂、青山—晓天断裂和落儿岭—土地岭断裂在地壳深处皆构成明显的电性边界。如 1917 年的霍山 $M_s6\frac{1}{4}$ 级地震发生在青山—晓天断裂与落儿岭—土地岭断裂的交会部位,震中下方就存在向北东突出的高阻障碍体。这样的地震震源介质电性特征与 1920 年海原 8.5 级、1927 年古浪 8 级、2008 年汶川 8 级强地震区的震源介质电性特征相似（詹艳等,2004,2008）,具备发生强震的深部构造条件。

1831 年凤台东北 $M_s6\frac{1}{4}$ 级地震处在第四系厚度陡变带内,这种交会部位往往是不同介质的接触部位,随着地壳应力的不断积累,造成不同介质之间的滑动失稳,从而产生地震。另外,重力、航磁资料反映,该区中下地壳结构复杂,岩石介质多样,它们分别表现为高重力或低重力,高磁或低磁特征,平面上呈北西西向长椭圆形特征,这些特征有利于地震的孕育和发生。

由深部探测结果显示,郯庐断裂带的分支断裂池河—西山驿断裂和藕塘—清水涧断裂是切穿地壳的深大断裂,桑涧子—广寒桥断裂和乌云山—合肥断裂是地壳断裂,呈现为多条主干断裂联系的复杂大型花状几何样式,组成巨大的断裂体系,各组成断裂在深地震反射剖面中的陡倾、正断、逆冲等构造特征,记录了郯庐断裂带走滑、伸展、挤压的复杂演化形迹。沿断裂带是一条明显的电性分界带,宽度大于 15km,其两侧地壳介质不同，电阻率不同。因此，沿断裂带既是一条重力梯度带，也是一条航磁异常带。除 4 条断裂外，横向上有多条北北西向断裂或深部构造与北北东向的郯庐断裂带相交。该区郯庐断裂带是由山东、江苏段自北向南延伸而来，它们是规模大、切割深的晚更新世—全新世断裂，山东段历史上曾发生 1668 年郯城 $8\frac{1}{2}$ 级地震。虽然探测区郯庐断裂带有地震记载以来没有发生≥6 级的地震，但根据构造类比，探测区内郯庐断裂带具备发生强震的深部构造条件。

第4章　合肥市主要断裂综合定位与活动性评价

4.1　综合定位与活动性评价的技术思路

对分布在合肥市区内的 7 条隐伏断层进行系统探测，其探测的主要目标有 2 个，一是对断层的空间分布位置进行较准确的定位，编图比例尺为 1：50000；二是对 7 条目标断层的活动时代进行鉴定，划分出具体的活动年代，要求确定前第四纪断层、早中更新世断层和晚更新世断层。

在系统地收集地震地质、地球物理、工程地质等多学科资料和遥感影像解译资料的基础上，对合肥市区的目标断层进行解译分析，开展野外目标断层的地质调查和控制性浅层人工地震探测测线的布设定位及施工工作。

在综合地震地质、地球物理资料确定断点的前提下，进一步在目标断层上设计开展钻孔联合剖面探测、年代样品采集、实验室样品测试、控制性钻孔探测和第四纪地层划分

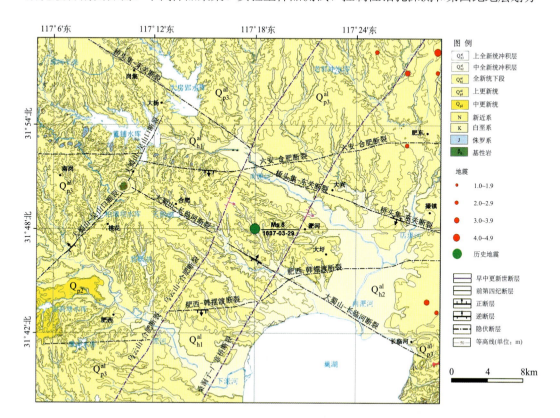

图 4.1.1　合肥市目标区活动断层分布图

等工作，确定了目标区断层的分布情况、活动性及需要进行地震危险性评价的主要断层数量和位置。

位于合肥市区（目标区）规模较大、对城区有重要影响的目标断层有 7 条（图 4.1.1），它们分别是桑涧子—广寒桥断裂（F1）、乌云山—合肥断裂（F2）、大蜀山—吴山口断裂（F3）、桥头集—东关断裂（F4）、大蜀山—长临河断裂（F5）、六安—合肥断裂（F6）和肥西—韩摆渡断裂（F7）。

根据试验探测结果，在合肥市活断层探测实施阶段，运用浅层纵波反射地震勘探方法。采用道间距 2m、16 次覆盖、单边激发和 160 道接收的观测系统，在 7 条目标断层上共布设 16 条测线，测线总长度 95.4km。

在浅层地震探测工作的基础上，分别对桑涧子—广寒桥断裂（F1）、乌云山—合肥断裂（F2）、桥头集—东关断裂（F4）、大蜀山—长临河断裂（F5）、六安—合肥断裂（F6）和肥西—韩摆渡断裂（F7）上的部分断点进行钻探验证。通过跨断层钻孔联合剖面、第四纪地层划分、系统年代学样品采集及测试，研究了断层的活动性。共完成 7 条钻孔联合剖面（共 53 个钻孔，总进尺 1968m）、14 个钻孔剪切波速测量和 88 个绝对年龄样品采集测试工作。

4.2 目标区断裂探测

4.2.1 平面展布

根据前人地质、地震勘探和钻探等资料，确定目标区发育北东、北西和近东西向三组断裂共 7 条（图 4.1.1）。北东向断裂有桑涧子—广寒桥断裂（F1）、乌云山—合肥断裂（F2）和大蜀山—吴山口断裂（F3）；北西向断裂为桥头集—东关断裂（F4）和大蜀山—长临河断裂（F5）；近东西向断裂为六安—合肥断裂（F6）和肥西—韩摆渡断裂（F7）。它们中的大部分都是区域性断裂其中的一段，如桑涧子—广寒桥断裂和乌云山—合肥断裂仅是其中段的一部分，大蜀山—吴山口断裂仅是其东北段的一部分，桥头集—东关断裂是其西北段的一部分，六安—合肥断裂和肥西—韩摆渡断裂是其东段的一部分，只有大蜀山—长临河断裂规模较小，全部位于目标区内。7 条断裂均呈隐伏状态，它们的平面展布主要依据安徽省地质局区域地质调查队（1979b）编制的《定远幅、合肥幅地质构造图》，同时前人和项目组开展的地球物理探测剖面（地壳上地幔综合地球物理探测剖面、石油人工地震探测剖面、浅层人工地震探测剖面）和钻孔联合探测剖面及野外地质调查等资料（图 4.2.1）又为断裂的存在及其位置提供了可靠的深部和地表证据。

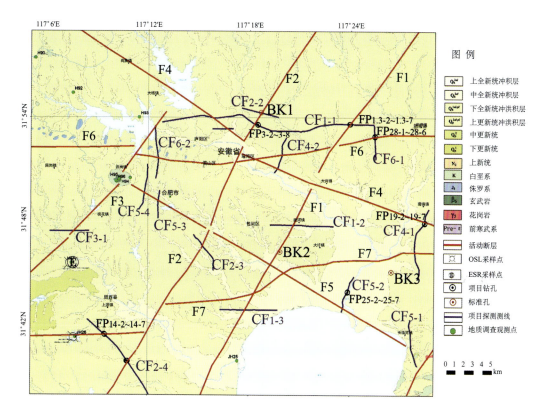

图 4.2.1　目标区活断层探测实际材料图

4.2.2　目标断裂探察

4.2.2.1　桑涧子—广寒桥断裂（F1）

1. 概述

该断裂隐伏在合肥盆地中，根据地震和钻孔联合剖面探测资料，断裂由 1～2 条断层构成，切割侏罗系、白垩系和古近系，向上切割下蜀组下部地层。走向北北东，倾向南东，倾角 40°～70°。

2. 浅层地震勘探

跨该断裂共布设了 3 条浅层地震测线，分别为 CF1-1 测线东段、CF1-2 测线和 CF1-3 测线（图 4.2.2）。3 条测线所得相关断点参数见表 4.2.1。

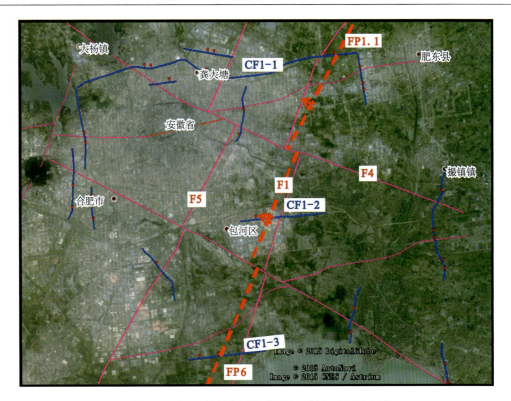

图 4.2.2　跨 F1 断裂浅层地震测线及断点平面展布图

表 4.2.1　跨 F1 浅层地震测线相关断点参数表

测线名称	断点编号	上断点位置/m	上断点深度/m	垂直断距/m	错断地层	断层性质	视倾向	视倾角/(°)	可靠性
CF1-1	FP1	5003	90	3～5	E	逆断层	W	46	可靠
	FP1.1	5560	30	≤3	Q	走滑断层	E	73	可靠
CF1-2	FP5	3928	38	3～5	Q	逆断层	W	47	较可靠
	FP5.1	4887	56	4～6	E	正断层	E	54	较可靠
CF1-3	FP6	3145	210	7～10	E	逆断层	W	52～68	可靠
	FP6.1	3380	120	3～5	E	正断层	E	85	可靠

1）CF1-1（北二环）测线

测线沿北二环路布设，方向近东西。其东端起于祥和路口，西端止于西二环，长度为 21.238km。该测线控制 3 条目标断层：东段控制桑涧子—广寒桥断裂（F1），中段控制乌云山—合肥断裂（F2），西段控制桥头集—东关断裂（F4）。

图 4.2.3 为该测线反射波时间和深度解释剖面图。在该剖面双程走时 400ms 以上共解释了 4 组特征明显的地层反射界面，它们在图中的标识自上而下分别为 TQ、T1、T2 和 T3。

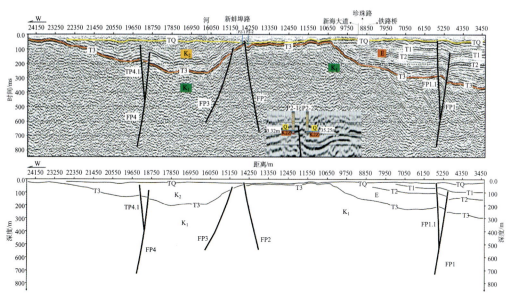

图 4.2.3　CF1-1 测线反射波时间和深度解释剖面图

TQ 反射界面呈近水平展布，埋深在 20～40m，与该区段第四系厚度一致，因此，该反射界面应为第四系的底界面。

T3 反射界面反射波的反射能量较强，在其之下几乎看不到任何地层反射，表明该界面是一个波阻抗差异明显的分界面，有着较大的起伏变化，使得剖面中段形成一个隆起，在隆起两侧各有一个凹陷。在隆起东侧的凹陷内部，TQ 之下还存在多组清晰的地层反射界面，在图中分别用 T1、T2 等标出。

根据反射波组特征和断层在剖面上的判断依据，在该剖面共解释了 4 条断层，其中东边的 FP1 为桑涧子—广寒桥断裂（图 4.2.3）。

FP1 位于剖面东段的凹陷内部，表现为逆断层性质，它在剖面上向西倾，其可分辨的上断点位于测线桩号 5003m 的下方，埋深为 90m 左右。在该深度上它的垂直断距不大，约为 3～5m。在 FP1 的上盘，发育一条向东倾的次级断层，剖面图中用 FP1.1 标出，可分辨的上断点位于测线桩号 5560m 的下方，埋深约为 30m，其垂直断距很小。根据地震剖面地层解释结果，它向上穿透到了第四系底界，应是第四纪断裂（图 4.2.4）。

2）CF1-2（繁华大道）测线

测线沿繁华大道布设，方向为东西，东端起于环圩西路，西端止于北京路，测线总长度为 6km。

图 4.2.5 为测线反射波时间和深度解释剖面图，在该剖面双程走时 600ms 以上共解释 3 组反射界面，它们在图中分别标识为 TQ、T1 和 T2。

TQ 反射界面呈近水平形态，反射能量较强，埋深约在 35～55m，这与该区段 40～50m 的第四系厚度基本相当，因此，该反射界面应为第四系的底界面。在剖面东段，TQ 界面以下还存在多组清晰的地层反射界面，在图中分别用 T1、T2 等标出。

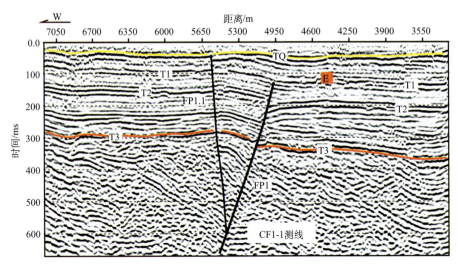

图 4.2.4　桑涧子—广寒桥断裂在 CF1-1 测线地震剖面上的显示

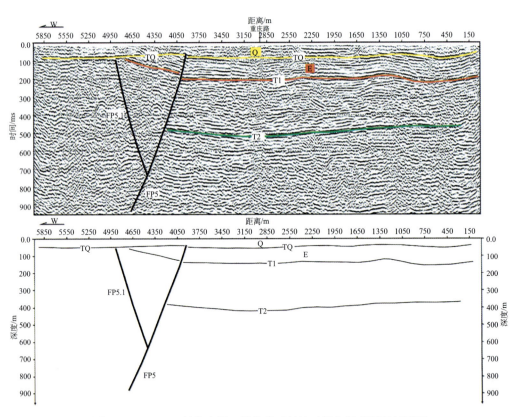

图 4.2.5　CF1-2（繁华大道）测线的反射波时间和深度解释剖面图

从 CF1-2 测线的反射波时间叠加剖面可以看出，在测线桩号 3928m 和 4887m 的下方，TQ 反射同相轴存在较为明显的扭曲，其下的地层反射在相关位置也有同相轴的扭曲、错断和反射能量、地层产状的明显变化等断层特征，据此解释了 2 个断点，它们在剖面图中的标识分别为 FP5 和 FP5.1。

FP5 倾向西，为逆断层，其可分辨的上断点位于测线桩号 3928m 的下方，埋深约为 38m，在该深度上它的垂直断距为 3～5m。FP5.1 倾向东，为正断层，其可分辨的上断点位于测线桩号 4887m 的下方，埋深约为 56m，在该深度上它的垂直断距为 4～6m。FP5 向上穿透到第四系底界附近，推测是一条第四纪断裂。

FP5.1 应是 FP5 的次级断裂，它与 FP5 相向而倾，两者在剖面上呈"Y"字形，向上未穿到第四系底界，推测是一条前第四纪断裂。

3）CF1-3（云谷路）测线

测线沿云谷路布设，方向为东西，其东端起于巢湖西北角，西端止于四川路口，长度 5.418km。

图 4.2.6 为测线的反射波时间和深度解释剖面图，揭示的反射震相比较丰富，反射能量也比较强。在此剖面上标识了 4 个主要地层反射界面，分别用 TQ、T1、T2 和 T3 表示。

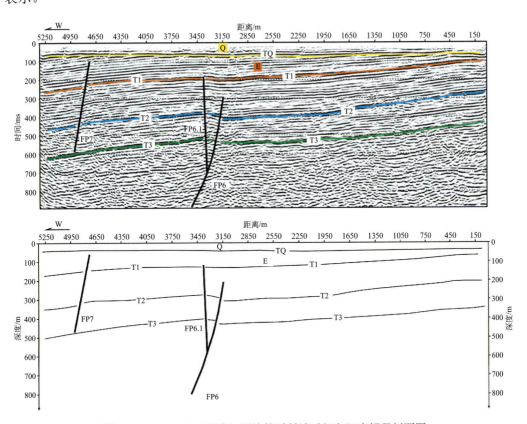

图 4.2.6　CF1-3（云谷路）测线的反射波时间和深度解释剖面图

TQ 界面是一个不整合面，其埋藏深度与该区段第四系 40～45m 的厚度完全吻合，因此，该界面应为第四系的底界面。

从时间剖面可以看出，TQ 地层呈近水平形态展布，它具有较为均衡的反射能量和很好的横向连续性。TQ 下伏基岩内部的 T1、T2 和 T3 地层反射能量也比较强，剖面中显示的地层形态比较清楚，基本呈西深东浅的单斜形态。

根据剖面特征和断层判别依据，在该剖面上共解释了 3 个断点，它们在图中的标识分别为 FP6、FP6.1 和 FP7。

FP6 在剖面上倾向西，是一条逆断层，其可分辨的上断点位于测线桩号 3145m 的下方，埋深约为 210m，垂直断距为 7～10m。FP6.1 位于测线桩号 3380m 的下方，向东倾，可分辨的上断点表现为正断层性质，埋深约为 120m，垂直断距为 3～5m。根据剖面显示的断层特征，断层 FP6.1 应为 FP6 的次级断裂，两者在剖面上相向而倾，呈"Y"字形分布。

FP7 在剖面上倾向西，表现为正断层性质，其可分辨的上断点位于测线桩号 4729m 的下方，埋深约为 60m，垂直断距为 5～7m。该断层向下终止于 T3 反射界面，是一条发育在基岩内部的断裂。

由于该地震剖面揭示的 TQ 地层反射能量均衡，且具有很好的横向连续性，在该测线控制范围内没有向上穿透第四系底界的断层通过，因此，FP6、FP6.1 和 FP7 都应是前第四纪断层。

由上述三条测线可知，CF1-1 测线的断点 FP1、CF1-2 测线的断点 FP5 和 CF1-3 测线的断点 FP6 所处的空间位置与图 4.2.1 中的桑涧子—广寒桥断裂位置相近，是目标断层 F1 在相应测线上的反映。根据地震剖面显示的断层特征，断裂在该区段为走向北北东、倾向北西西的逆断层，在其上升盘发育着与之相反倾向的次级断层，它们与主断层形成"Y"字形构造。

另外，在目标区北部 CF1-1 测线和中部的 CF1-2 测线上，断点 FP1.1 和 FP5 向上均穿透了第四系底界，推测该区段应是第四纪断裂；目标区南部 CF1-3 测线的 FP6 断点错断到第四系下伏基岩内部，推测该区段应属于前第四纪断裂。综上所述，F1 断裂的活动性在目标区北段要强于南段。

3. 钻孔联合剖面探测

为进一步确定 F1 的活动时代，跨断裂布置了 1 排钻孔联合探测剖面。

联合剖面以近东西走向布置于合肥市包公大道北侧，横跨浅层地球物理勘探 CF1-1 测线解释出的 FP1.1 断点。由西向东共布置 7 个钻孔：FP1.1-1、FP1.1-3、FP1.1-5、FP1.1-7、FP1.1-6、FP1.1-4、FP1.1-2，深度依次是 38.77m、37.27m、39.16m、35.01m、33.71m、35.66m、36.81m。它们之间的间距分别为 20m、6m、7m、7m、8m 和 10m（图 4.2.7）。

由图 4.2.7 可见，有 2 个钻孔岩芯发现断裂构造。

FP1.1-5 孔在 36.15m 深度发现破裂面，倾向东，倾角 30°～40°，两侧围岩破碎，编号 f1。该断层位置与浅层地震勘探剖面解译的断层位置大体一致，走向北北东，倾向南东东，向上延伸应进入 FP1.1-3 孔，但在该钻孔岩芯中没有观察到断层或破裂面迹象，结合断层的倾向和倾角，推测 f1 上断点不会超过地表以下 20m。该断层两侧，FP1.1-3 孔和 FP1.1-5 孔岩芯中的基岩顶面落差为 0.68m，钙质结核富集层落差 0.79m，断层性质为逆断层。

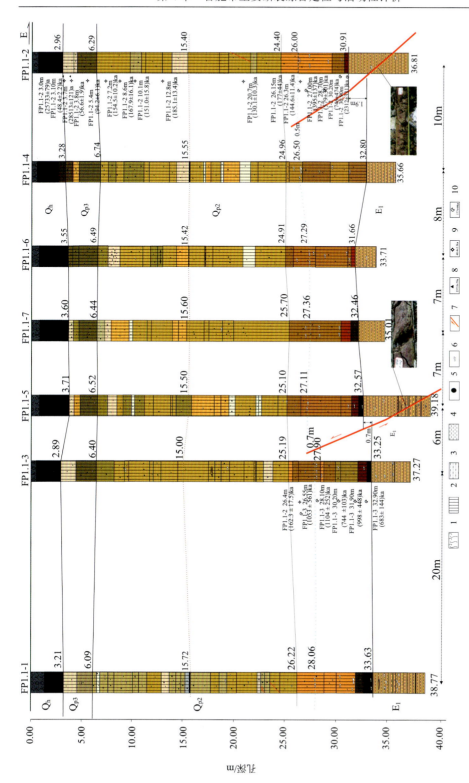

1. 淤泥；2. 黏土；3. 粉砂质泥岩；4. 泥岩；5. 铁锰结核；6. 钙质结核；7. 断层；8. 碳十四样品及测试年龄（单位：a）；9. 光释光样品及测试年龄（单位：ka）；10. 电子自旋共振测试年龄（单位：ka）

图 4.2.7　跨 F1 断层 FP1.1 断点钻孔联合剖面简图

FP1.1-2 孔在 35m 深度发育倾向东的破裂面，编号 f2。对比 FP1.1-4 孔和 FP1.1-2 孔岩芯，它使基岩顶面落差为 1.89m，其上的钙质结核富集层垂直落差为 0.5m，断层性质为逆断层。

7 个钻孔的岩芯在深约 25～26m 附近，下蜀组的颜色由浅棕黄色变为棕褐色，总体上看，该岩性变化的界线大致处于相同的埋深，没有受到 f1、f2 断层错动的影响。再往上，在 15.5m 附近的铁锰结核富集层出现在 3 个钻孔岩芯中，其中 FP1.1-4 孔和 FP1.1-6 孔位于 15.55m 和 15.42m 附近，FP1.1-1 位于 15.72m 附近，也大致处于相同的埋深。

由此可见，该钻孔联合剖面钻遇的两条断层 f1 和 f2 上断点位于 25m 以下，但接近 25m。根据 FP1.1-2 孔和 FP1.1-3 孔系列样品的测试结果，25m 以下的棕褐色下蜀组的最新堆积年龄是（162.3±17.5）～（177±44）ka，而深度 25m 以上（约 22m）的浅棕黄色下蜀组的堆积年龄是（130.1±10.3）ka。

4. 断裂活动综合分析

据浅层地震探测和钻孔联合剖面探测结果，该断裂最新活动年龄在（162.3±17.5）～（177±44）ka 之后、（130.1±10.3）ka 之前的中更新世晚期。断层性质为倾向南东的逆断层。

4.2.2.2　乌云山—合肥断裂（F2）

1. 概述

该断裂隐伏在合肥盆地中，根据地震和钻孔联合剖面探测资料，断裂由 1～2 条断层构成，切割侏罗系、白垩系和古近系，向上切割下蜀组下部地层。走向北北东，倾向北西或南东，倾角 40°～70°。

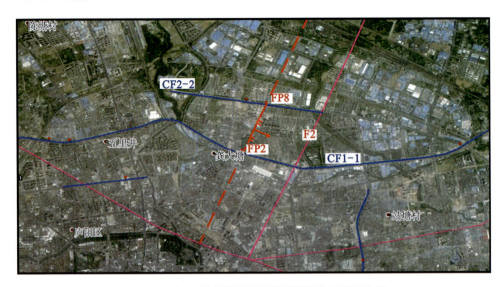

图 4.2.8　跨 F2 北段浅层地震测线及断点平面展布图

2. 浅层地震勘探

跨该断裂共布设了 4 条浅层地震测线，分别为 CF2-2、CF2-3、CF2-4 和 CF1-1 测线中段，其中 CF2-2 和 CF1-1 测线位于目标区北部（图 4.2.8），CF2-3 和 CF2-4 测线位于目标区南部（图 4.2.9）。4 条浅层测线探测出的相关断点参数见表 4.2.2。

图 4.2.9　跨 F2 南段浅层地震测线及断点平面展布图

表 4.2.2　跨 F2 浅层地震测线相关断点参数表

测线名称	断点编号	上断点位置/m	上断点深度/m	垂直断距/m	错断地层	断层性质	视倾向	视倾角/(°)	可靠性
CF2-2	FP8	2264	35	3～5	Q	正断层	E	64	可靠
	FP9	1808	65	5～7	K	正断层	W	37	较可靠
CF1-1	FP2	14478	28	≤3	Q	正断层	E	67	可靠
	FP3	15022	60	4～6	K	正断层	W	26	较可靠
CF2-3	FP10	1590	42	3～5	E	逆断层	SE	26～34	一般
CF2-4	FP11	2577	60	4～6	K	逆断层	NW	78	可靠
	FP11.1	3178	60	4～6	K	正断层	SE	33～55	较可靠
	FP12	3615	29	4～6	K	正断层	SE	54～76	可靠
	FP13	4700	21	≤3	Q	上逆下正	SE	40～75	可靠

1）CF1-1（北二环）测线

根据反射波组特征和断层在剖面上的判断依据，在该剖面共解释了4条断层，其中中段的FP2、FP3为乌云山—合肥断裂（图4.2.10）。

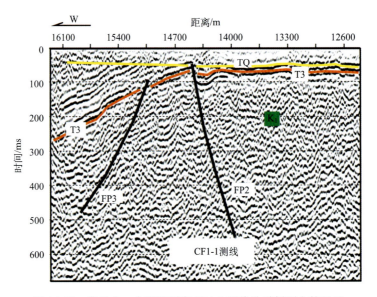

图4.2.10　乌云山—合肥断裂在CF1-1测线地震剖面上的显示

FP2位于剖面中段中生代隆起的西边界附近，它在剖面上倾向东，表现为正断层性质，其可分辨的上断点位于测线桩号14478m的下方，埋深约为28m，上断点穿透到第四系内部，应是第四纪断裂。

FP3位于中生代隆起西侧的凹陷边缘，它在剖面上倾向西，表现为正断层性质，其可分辨的上断点位于测线桩号15022m下方的白垩纪地层，埋深约为60m，在该深度上它的垂直断距约为4～6m。根据该断层上断点所错断的地层来看，它应属于一条前第四纪断裂。

2）CF2-2（物流大道）测线

该测线沿物流大道由西向东布设，西端起于物流大道西尽头，东端止于新安医院西100m处，测线长度为3.588km。

图4.2.11为测线的反射波时间和深度解释剖面图。由图可以识别出4组反射界面，分别用TQ、T1、T2和T3标出。

TQ反射界面呈近水平展布，埋深约为35m，与该区段第四系厚度基本一致，因此，该剖面所解释的TQ反射界面应为第四系的底界面。

T3反射界面的反射能量较强，其下几乎看不到明显的地层反射，表明该界面是一个波阻抗差异明显的分界面。T1、T2两个反射界面位于TQ反射界面和T3反射界面之间，位于基岩内部。

该剖面共解释了2条断层，分别标识为FP8、FP9。

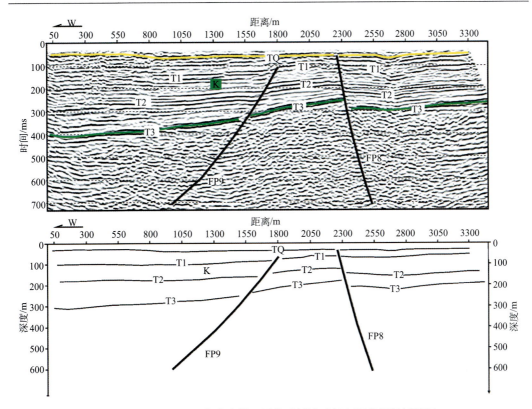

图 4.2.11 CF2-2（物流大道）测线反射波时间和深度解释剖面图

FP8 上断点位于测线桩号 2264m 的下方，埋深约 35m，倾向东，正断层性质，垂直断距 3~5m，向上切割 TQ，应是第四纪断层。

FP9 上断点位于测线桩号 1808m 的下方，埋深约 65m，倾向西，正断层性质，垂直断距 5~7m，向上未切割 TQ，应是前第四纪断层。

3）CF2-3（习友路）测线

该测线沿习友路由北西向南东方向布设，其北西端起于绕城高速公路边，南东端止于锦绣大道南 600m，长度为 4.478km。

图 4.2.12 为测线的反射波时间和深度解释剖面图，可以识别出 2 组反射界面 TQ 和 T1。其中，TQ 反射界面清晰，埋深约为 30m，与该区段的第四系厚度 30~35m 基本一致，因此，TQ 反射界面应为第四系的底界面。

T1 反射界面能量较弱，根据反射界面在地震剖面中的表现特征，结合该区的地质资料，推测可能是古近纪地层的底界。由于 T1 反射界面的起伏变化，在剖面中西段形成一个中生代隆起，在该隆起两侧各有一个凹陷。

在测线桩号 1590m 下方的古近纪地层有波形紊乱和反射同相轴的扭曲、错断等迹象，据此解释了 1 个断点 FP10，位于中生代隆起的东边界，在剖面上倾向南东，表现为逆断层性质，其可分辨的上断点埋深约 42m，垂直断距为 3~5m，向上没有到达 TQ 界面，应是前第四纪断层。

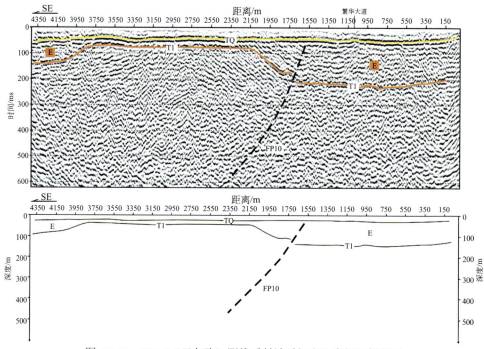

图 4.2.12　CF2-3（习友路）测线反射波时间和深度解释剖面图

4）CF2-4（肥西）测线

该测线沿合铜路（S103）布设，方向为南东—北西，南东端起于京台高速路桥北，北西端止于合安路（G206），长度为 10.578km。

从图 4.2.13 上部的反射波时间叠加剖面可以看出，该测线经过地段的 TQ 地层反射震相清晰，埋深在 15～35m，与该区段第四系厚度相吻合，因此，该反射界面应为第四系的底界面。

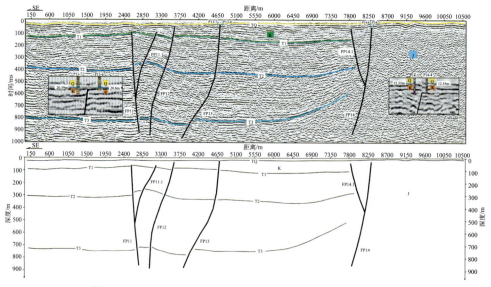

图 4.2.13　CF2-4（肥西）测线反射波时间和深度解释剖面图

　　从时间剖面上可以看出，在该测线的南东段（0～7800m 桩号），TQ 下伏基岩内部地层反射非常丰富，在双程走时 TWT 800ms 以上解释了 3 组主要反射界面，分别标记为 T1、T2 和 T3；而在测线的北西段（>7800m 桩号），TQ 之下几乎看不到任何反射界面。

　　根据反射波组特征和断层判别依据，在该地震剖面上共解释了 6 个断点，它们在图中的标识分别为 FP11、FP11.1、FP12、FP13 和 FP14、FP14.1，其中 FP11、FP11.1、FP12、FP13 为乌云山—合肥断裂在该剖面上的显示。

　　FP11 倾向北西，表现为逆断层性质，其可分辨的上断点位于测线桩号 2577m 的下方，埋深约为 60m，垂直断距为 4～6m。FP11.1 是 FP11 的次级断裂，倾向南东，表现为正断层性质，其可分辨的上断点位于测线桩号 3178m 的下方，埋深也约为 60m，在该深度上它的垂直断距为 4～6m。两个上断点皆位于 TQ 之下的基岩内部，应是前第四纪断裂（图 4.2.14）。

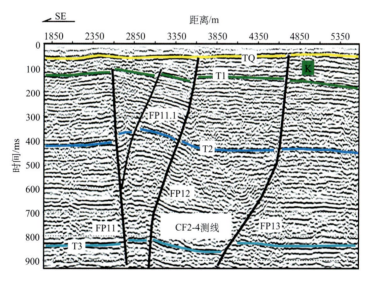

图 4.2.14　乌云山—合肥断裂在 CF2-4 测线地震剖面上的显示

　　FP12 倾向南东，表现为正断层性质，其可分辨的上断点位于测线桩号 3615m 的下方，埋深约为 29m，垂直断距为 4～6m。该断层的上断点向上穿透到白垩系顶界附近，可能是一条前第四纪断裂（图 4.2.14）。

　　FP13 倾向南东，其可分辨的上断点位于测线桩号 4700m 的下方，埋深约为 21m，在该深度上它的垂直断距很小，不易分辨。从图 4.2.14 可以看出，FP13 呈现明显的反转断层特征，它在 T2 界面附近出现反转，上部表现为逆断层性质，下部表现为正断层性质。该断层的上断点向上穿透到第四系，可能是一条第四纪断裂。

　　由上述四条测线可知，CF2-2 测线上的断点 FP8、CF2-3 测线上的断点 FP10、CF2-4 测线上的断点 FP11、FP12、FP13 和 CF1-1 测线中段的断点 FP2 的倾向较一致，其空间位置与目标断层 F2 位置较为接近，推测它们可能是乌云山—合肥断裂（F2）在相应剖面上的反映。

该断裂相关断点参数（表 4.2.2）显示，CF2-3 测线上可分辨的上断点位于 TQ 之下的基岩内部，其余 3 条测线的断点均错断了第四系，表明 F2 应是第四纪断裂。

3. 钻孔联合剖面探测

跨断裂布置了 2 排钻孔联合剖面。

1）瑶海公园南门钻孔联合剖面

联合剖面以 150° 走向布置于瑶海公园南门北西侧湖边，横跨浅层地球物理 CF1-1 线勘探解释出的 FP2 断点。从左向右共布置了 FP2-5、FP2-3、FP2-8、FP2-1、FP2-6、FP2-4、FP2-2 七个钻孔，孔深分别为 34.46m、37.21m、36.37m、40.71m、38.60m、38.34m、38.67m。它们之间的间距分别为 14m、1m、4.5m、10.5m、13.8m 和 8.7m（图 4.2.15）。

根据基岩顶面落差和钻孔岩芯内破裂情况，判断该剖面发育 3 条断层 f1、f2、f3。

f1 发育在钻孔 FP2-3 和 FP2-8 之间，基岩顶面落差 1.2m。两钻孔之间的距离仅有 1m，断层可靠，而且 FP2-1 钻孔深 32m 处，在深棕色的下蜀组黄土中还钻遇 2 个断面，倾向南东，倾角 40°～45°，其上擦痕明显，反映出逆冲的运动性质。该断层可能继续向上延伸，终止于下蜀组黄土下部灰色黏土与黄色、棕色黏土之间的分界线以下。

f2 发育在 FP2-5 和 FP2-3 钻孔之间，基岩顶面落差 1.3m，倾向北西。断层面向上延伸不会穿过下蜀组黄土下部灰色黏土与黄色、棕色黏土之间的分界线。

f3 发育在 FP2-1 和 FP2-6 钻孔之间，基岩顶面落差 0.6m。FP2-6 钻孔 26.5m 深处，岩芯中棕红色黏土中发现断面。因断层两侧基岩顶面落差仅有 0.6m，推测其上断点应终止于深约 26m 的棕红色黏土中。

在下蜀组中段内至少可以分辨出 3 层铁锰结核层，自下而上埋深分别约为 23m、20m 和 17m，3 条断层均没有错断这 3 个标志层，也没有错断下蜀组下部灰色黏土与黄色、棕色黏土之间的分界线。

根据 FP2-5 孔系列样品测试结果，26m 以下下蜀组的堆积年龄是（324±64）～（435±464）ka，26m 以上（接近 26m）的下蜀组堆积年龄是（158.29±19.27）ka。因此可以推测 f1、f2、f3 的最新活动年龄在（324±64）～（435±464）ka 之后、（158.29±19.27）ka 之前。

2）合铜路钻孔联合剖面

联合剖面布置在合铜路两侧的金岗村苗圃地，横跨 CF2-4 浅层勘探测线解释出的 FP13 断点。从左至右共布设了孔 FP13-8、FP13-2、FP13-11、FP13-10、FP13-4、FP13-9、FP13-6、FP13-3、FP13-5、FP13-7、FP13-1 等 11 个钻孔。它们之间的间距分别为 49m、4m、3.5m、7.5m、0.5m、9.5m、5m、5m、10m 和 15m，孔深分别为 33.29m、34.38m、21.34m、30.66m、27.02m、31.55m、25.97m、26.24m、27.51m、33.44m、29.70m（图 4.2.16）。

根据基岩顶面落差和钻孔岩芯内破裂情况，判断该剖面发育 2 条断层 f1、f2。

FP13-4 和 FP13-9 两钻孔相距仅 0.5m，但岩芯中的基岩顶面落差为 2.4m，而且在 FP13-9 孔 25.5m 深的位置，白垩纪砂岩中钻遇断层破碎带，因此在 FP13-9 和 FP13-4 之间应存在一条逆冲断层 f1。FP13-4 钻孔中，在深约 22.3m 的下蜀组中钻遇断层，断面倾角 30°～35°，可能是 f1 向北西方向逆冲时发育的一条分支断层。

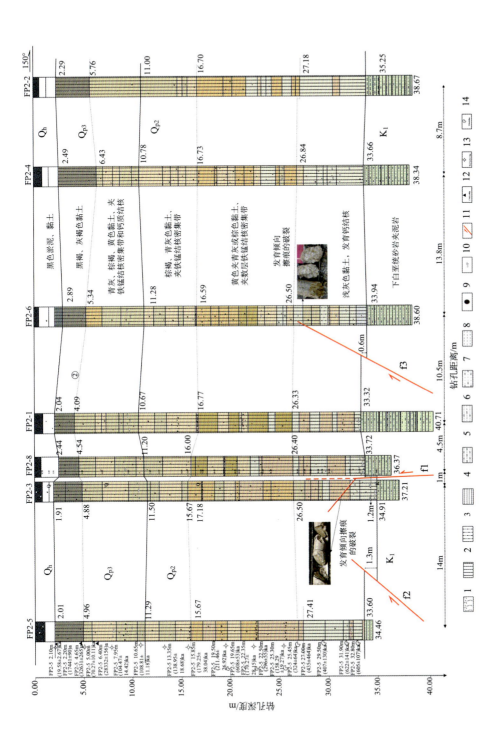

图 4.2.15　跨 F2 断层 FP2 断点钻孔联合剖面简图

1. 淤泥；2. 黏土；3. 粉砂质黏土；4. 泥岩；5. 粉砂质泥岩；6. 泥质粉砂岩；7. 泥质粉细砂岩；8. 粉砂岩；9. 铁锰结核；10. 钙质结核；11. 断层；12. 碳十四样品及测试年龄（单位：a）；13. 光释光样品及测试年龄（单位：ka）；14. 电子自旋共振共测年样品及测试年龄（单位：ka）

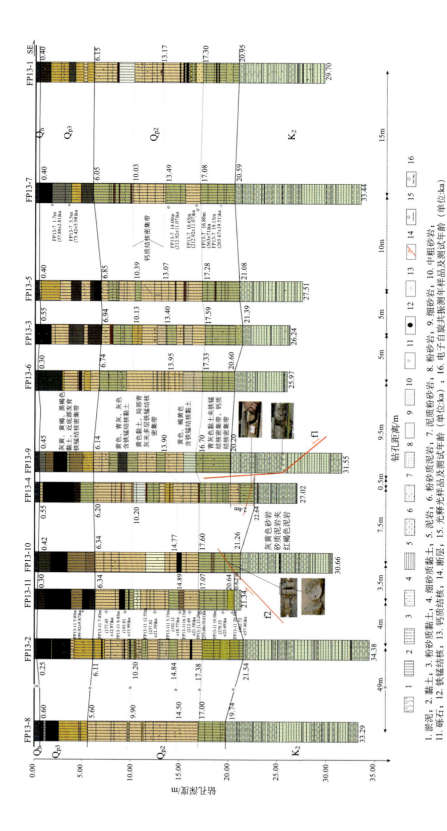

图 4.2.16 跨 F2 断层 FP13 断点钻孔联合剖面简图

1. 淤泥; 2. 黏土; 3. 粉砂质黏土; 4. 细砂质黏土; 5. 泥岩; 6. 粉砂质泥岩; 7. 泥质粉砂岩; 8. 粉砂岩; 9. 细砂岩; 10. 中粗砂岩; 11. 砾石; 12. 铁锰结核; 13. 钙质结核; 14. 断层; 15. 光释光样品及测试年龄 (单位:ka); 16. 电子自旋共振夹样品及测试年龄 (单位:ka)

FP13-11 和 FP13-10 之间，白垩纪砂岩顶面埋深分别为 20.64m 和 21.26m，落差为 0.62m，在 FP13-10 孔 19.4～20m 的下蜀组中，钻遇 2 个断面，倾角为 40～45°，因此在这两个孔之间也发育一条逆冲断层 f2。

依据钻孔岩芯特征和测年结果，可将下蜀组分为 3 段：上段以黄灰色、黄褐色黏土，底部发育铁锰结核为特征，光释光测年结果为 5.7 万～10 万 a，底界面埋深为 5.6～6.94m，属晚更新世堆积物；中段以黄色黏土、局部青灰色黏土，夹多层铁锰结核为特征，底面的埋深 16.7～17.6m，堆积物光释光、ESR 测年结果为距今 17 万～20 万 a，为中更新世晚期堆积物；下段以青灰色黏土夹铁锰结核、钙质结核密集分布为特征，ESR 测年结果为距今 40 万～50 万 a，为中更新世中期堆积物。

由图 4.2.16 可见，下蜀组下段的顶面埋深为 16.7～17.6m，f1 向上延伸应位于 FP13-4 和 FP13-9 之间，两个孔中下蜀组下段的顶面埋深皆为 16.7m，不存在落差，因此断层没有错断下蜀组下段的顶面。f2 向上延伸应位于 FP13-10 和 FP13-4 之间，两个孔中下蜀组下段顶面埋深分别为 17.6m 和 16.7m。由于该断层是逆断层性质，所以，该断层也没有错断下蜀组下段的顶面。

FP13-7 和 FP13-11 两个钻孔的系列样品测试结果反映，下蜀组下段顶面以下的样品测试的最新年龄为（265.67±19.51）～（253.68±19.61）ka，顶面以上样品测试的最老年龄为（212.92±11.07）～（212.49±21.58）ka。根据前面的分析，两条断层错断了下蜀组下段，但没有影响中段。因此 f1、f2 两条断裂的最新活动年龄应在（265.67±19.51）～（253.68±19.61）ka 之后、（212.92±11.07）～（212.49±21.58）ka 之前。

4. 断裂活动综合分析

据浅层地震探测和钻孔联合剖面探测结果，该断裂最新活动年龄在（265.67±19.51）～（253.68±19.61）ka 之后、（158.29±19.27）ka 之前的中更新世晚期。断层性质为倾向南东的逆断层。

4.2.2.3 大蜀山—吴山口断裂（F3）

1. 概述

探测区范围内，该断裂东北起自董铺水库附近，向西南经大蜀山、卫张大郢、烧脉岗、红石山、吴山口，止于龙潭河附近，长约 40km，走向 30°，倾向南东或北西。目标区仅包括董铺水库—卫张大郢段，长约 20km。在目标区西南的紫蓬镇牛尾巴岗、陀龙村、吴山口一线，断裂在地貌上表现为长约 5km、宽 50～100m 断续展布的谷地，沟谷整体呈 NE 走向，具有一定的线性特征，谷地形态较宽缓，两侧地貌面高度也基本一致（图 4.2.17），断层谷地的形态特征表明断层最新构造活动较微弱。断裂大部分呈隐伏状态，仅在目标区西南的红石山、大团山、吴山口等低山区切割侏罗纪棕灰色砂岩、棕红色薄层细砂岩。例如，在红石山侏罗系中见 10 余米的硅化破碎带，总体走向 40°，胶结紧密，其内发育的断层面呈舒缓波状（图 4.2.18）。

图 4.2.17　陀龙村附近断层谷地地貌（镜像 NE）

图 4.2.18　红石山南坡硅化破碎带（镜像 NNE）

2. 剖面特征

肥西县山口村北，在采石开挖的剖面上，见该断裂的 2 条断层（f1、f2）切割棕红色薄层凝灰质细砂岩和灰色砂岩。根据断层两盘棕红色薄层凝灰质细砂岩的对比，f1 为倾向北西的逆断层，f2 为倾向南东的正断层。2 条断层皆表现为简单的断面（图 4.2.19）。

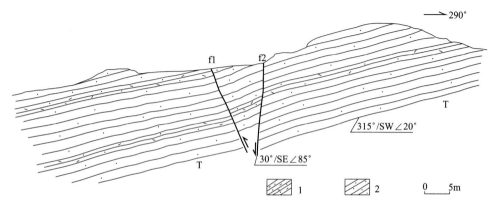

图 4.2.19　肥西县山口村北 F3 断层剖面

1.棕红色薄层凝灰质细砂岩；2.灰色砂岩

3. 浅层地震勘探

跨断裂布置了 CF3-1 浅层地震测线（图 4.2.20）。断裂相关断点的参数见表 4.2.3。

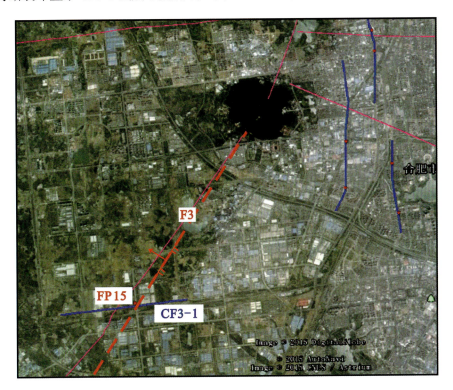

图 4.2.20　跨 F3 浅层地震测线及断点平面展布图

表 4.2.3　跨 F3 浅层地震测线相关断点参数表

测线 名称	断点编号	上断点位置/m	上断点深度/m	垂直断距/m	错断 地层	断层 性质	视倾向	视倾角/ （°）	可靠性
CF3-1	FP15	2192	45	3~5	K	逆断层	W	28	一般

　　测线 CF3-1 沿宁西路由西向东布设，其西端起于长宁大道，东端止于永和路东 200m 附近，长度 3.708km。

　　图 4.2.21 为反射波时间叠加剖面，揭示的 TQ 反射界面埋深约为 20m，与该区第四系厚度一致。

　　根据反射波组特征和断层判断依据，在该地震剖面上解释了 1 个断点 FP15。从地震剖面可以看出，该断层两侧的地层反射产状有明显变化。

　　FP15 在剖面上倾向西，表现为逆断层性质，其可分辨的上断点位于测线桩号 2192m 的下方，埋深约为 45m，垂直断距为 3~5m。上断点位于 TQ 之下的基岩内部。

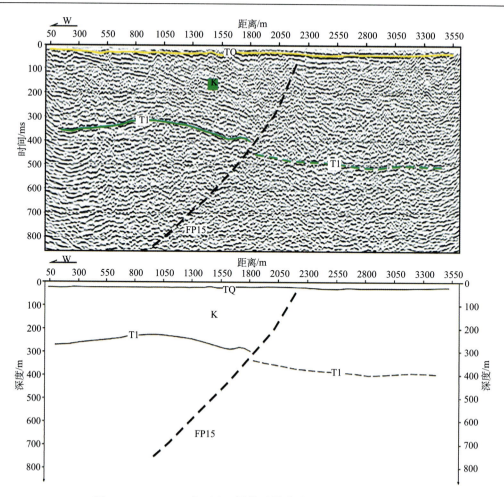

图 4.2.21　CF3-1（宁西路）测线反射波时间和深度解释剖面图

4. 断裂活动综合分析

该断裂在合肥盆地段地貌上无显示，在烧脉岗、莲花山东端一带，仅有较宽缓的"U"形谷或长条形硅化带显示。

在断裂通过的位置，布格重力异常图和航磁异常图皆无明显的异常条带。

浅层地震勘探结果反映，断裂发育在白垩系中，上断点埋深位于基岩顶面以下。

综上所述，该断裂是前第四纪断裂，其性质为逆断层。

4.2.2.4　桥头集—东关断裂（F4）

1. 概述

区域上，该断裂西北起自吴山集西南，向东南经岗集、合肥、撮镇、炯炀镇、巢湖，止于铜城庙一带，长约 110km，走向北西，倾向南西。以浮槎山西麓为界，可将断裂分成两段，即吴山集—桥头集段（西北段）和浮槎山—铜城庙段（东南段）。目标区仅包括其西北段的一部分，长约 39km。

东南段，断裂通过基岩山地，桥头集北侧，卫星影像显示北东向山体有小尺度的左旋位错（图 4.2.22），巢湖东北岸断裂呈北西向延伸，裕溪河流向沿断裂走向，线性特征非常明显（图 4.2.23）。在肥东县桥头集陈家洼采石场，白垩系中见该断层，沿断层形成几十厘米的断层破碎带和断层泥，断层泥测试结果为（480±50）ka（中国地震局地质研究所，2007）。西北段大部分位于目标区内，呈隐伏状态，仅在西北端部一带，由早白垩世棕色砂岩、粉砂岩构成的北西向低山丘中偶见断层出露。

图 4.2.22　桥头集附近不连续山体地貌

图 4.2.23　巢湖东北岸断裂线性地貌

断裂西北端部桥头集，在由白垩纪棕褐色砂岩构成的低山丘内部，见断裂切割白垩纪棕褐色砂岩，断层性质为正断层。沿断层形成宽 60～130cm 的尚有原岩结构的粗碎裂岩，紧贴断面，有少量断层泥发育（图 4.2.24）。

2. 浅层地震勘探

控制该断裂的浅层地震测线共有 4 条，自西北向东南依次为 CF1-1 西段、CF4-3、CF4-2 和 CF4-1 测线（图 4.2.25），断裂相关断点参数见表 4.2.4。

图 4.2.24　桥头集 H87 观察点断裂剖面和照片（镜向：NW）

1.棕褐色砂岩；2.断层破碎带及断层泥；3.尚有原岩结构的粗碎裂岩；4.ESR 样点

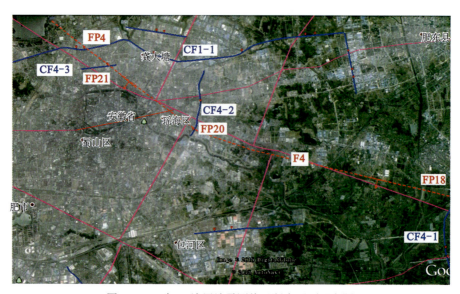

图 4.2.25　跨 F4 浅层地震测线及断点平面展布图

表 4.2.4 跨 F4 浅层地震测线相关断点参数表

测线 名称	断点 编号	上断点 位置/m	上断点 深度/m	垂直 断距/m	错断 地层	断层 性质	视倾向	视倾角 / (°)	可靠性
CF1-1	FP4	18829	85	4~6	K	逆断层	W	53	较可靠
	FP4.1	19298	45	4~6	K	正断层	E	58	较可靠
CF4-3	FP21	512	31	3~5	K	逆断层	W	44	一般
CF4-2	FP20	3668	55	4~6	E	逆断层	S	59	一般
CF4-1	FP18	1560	39	4~6	Q	逆断层	S	28~43	可靠

1）CF1-1（北二环）测线

根据反射波组特征和断层在剖面上的判断依据,共解释了 4 条断层,其中西段的 FP4、FP4.1 属于桥头集—东关断裂。

由图 4.2.26 可见,FP4 断层位于剖面西段的凹陷西边缘,由 2 个断点组成,断点 FP4 在剖面上倾向西,表现为逆断层性质,其可分辨的上断点位于测线桩号 18829m 的下方,埋深约为 85m,垂直断距为 4~6m;断点 FP4.1 表现为正断层性质,其可分辨的上断点位于测线桩号 19298m 的下方,埋深约为 45m,垂直断距为 4~6m。根据剖面揭示的断层特征,FP4.1 应是 FP4 的次级断裂,它与 FP4 相向而倾,两者形成“Y”字形构造。两个上断点皆位于白垩纪地层内部,因此它们是前第四纪断裂。

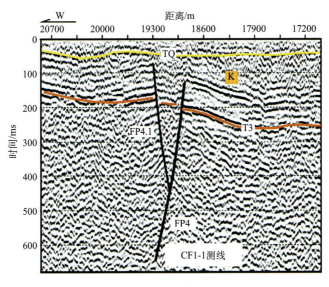

图 4.2.26 F4 在 CF1-1 测线地震剖面上的显示

2）CF4-3（临泉路）测线

该测线沿临泉路由东向西布设,其东端起于板桥河西,西端止于芙蓉苑西村,长度为 1.952km。

地震剖面揭示的 TQ 地层反射界面在整条剖面上清晰可辨,深度约为 20m

（图 4.2.27），与该区段第四系厚度基本一致，因此，TQ 反射界面应为第四系的底界面。

从图 4.2.27 可以看出，TQ 之下的基岩内部几乎没有可以连续追踪的地层反射。根据反射波组特征，在桩号 512m 处解释了 1 个断点 FP21，埋深约为 31m，垂直断距为 3～5m，倾向西，为逆断层性质。该上断点位于 TQ 界面之下，应是一条前第四纪断裂。

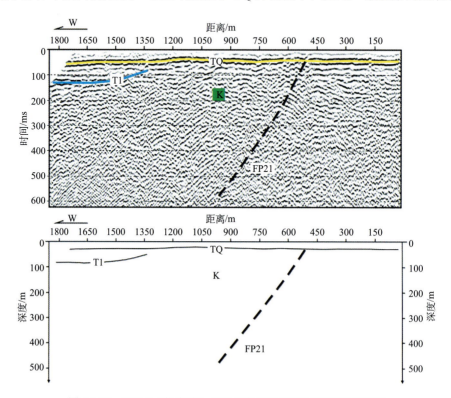

图 4.2.27　CF4-3（临泉路）测线反射波时间和深度解释剖面图

3）CF4-2（东二环）测线

该测线沿东二环由北向南布设，其北端起于临泉路北，南端止于当涂路大桥北，测线长度 4km。

图 4.2.28 上部为该测线反射波时间叠加剖面，揭示的 TQ 地层反射界面总体呈近水平形态展布，埋藏最深为 35m 左右，与该区段第四系厚度 30～40m 一致，因此，在该地震剖面上解释的 TQ 反射界面应是第四系底界面。

从图 4.2.28 还可以看出，剖面中部 TQ 以下的地层存在一条自下而上向南倾的反射特征分界线，其南侧双程走时 700ms 以上可分辨出多组基岩地层反射界面，而北侧的基岩内部则看不到任何地层反射界面，据此解释了 1 条断层 FP19。根据区域地质资料，该测线北段第四系下伏基岩为白垩系，南段为古近系，构成新生代凹陷，因此 FP19 构成该凹陷的北部边界，南倾，正断层，上断点位于测线桩号 1936m 的下方，埋深约 40m，垂直断距 3～5m，向上未切割 TQ，应是前第四纪断层。

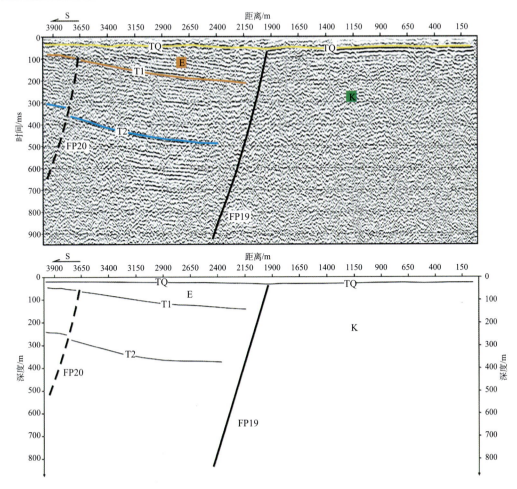

图 4.2.28 CF4-2（东二环）测线反射波时间和深度解释剖面图

在该剖面南端，基岩内部地层存在波形紊乱和反射同相轴的扭曲、错断迹象，据此解释了另一个断点 FP20，剖面上倾向南，表现为逆断层性质，其可分辨的上断点埋深约为 55m，垂直断距为 4～6m。FP20 可分辨的上断点位于 TQ 之下，应是一条前第四纪断裂。

4）CF4-1（撮镇）测线

该测线沿 X024 县道由北向南布设，其北端起于合马路北 240m 处，南端止于肥东长乐学校南 640m，测线长度为 7.978km。

图 4.2.29 上部为反射波时间叠加剖面，揭示的 TQ 反射界面来自第四系底界面，埋深为 25～45m，与该区第四系厚度吻合。

根据反射波组特征和断层判别依据，共解释了 5 个断点，分别用 FP16、FP16.1、FP17、FP17.1 和 FP18 标出。其中，FP18 为桥头集—东关断裂在剖面上的显示。

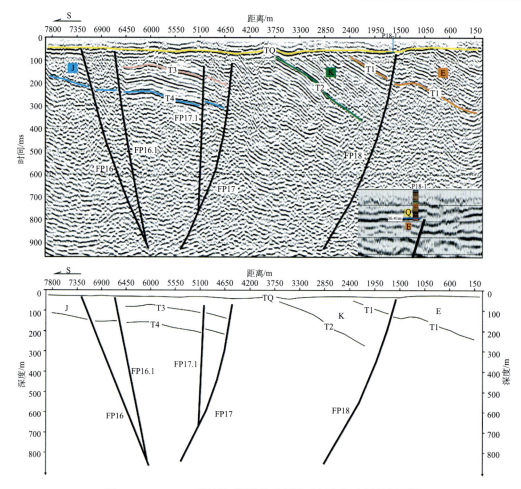

图 4.2.29 CF4-1（撮镇）测线的反射波时间和深度解释剖面图

FP18 在剖面上倾向南，表现为逆断层性质，埋深约为 39m，垂直断距为 4～6m。上断点错断了基岩顶界，是一条第四纪断裂。

3. 钻孔联合剖面探测

联合剖面大致以 110°走向布置于浅层测线 CF4-1 上，沿 X024 县道由北向南布设，跨越浅层地震探测解释出的第四纪早期可能活动的 FP18。从左向右共布置了 P18-6、P18-4、P18-2、P18-7、P18-1、P18-3、P18-5 七个钻孔，孔深分别为 36.21m、38.76m、39.60m、35.42m、38.48m、38.41m、37.86m。它们之间的间距分别为 18m、10m、10m、7m、10m 和 15m（图 4.2.30）。

钻孔剖面揭露的地层可划分为 9 个大的特征岩性层：第一层为回填土层，深度为 0.65～0.96m；第二层为粉质黏土层，深度为 0.96～4.65m；第三层为铁锰结核富集层，深度为 4.65～7.50m；第四层为黏土层，深度为 7.50～14.75m；第五层为粉砂层，深度为 14.75～21.50m；第六层为黏土层，深度为 21.50～23.30m；第七层为粉砂层，深度为

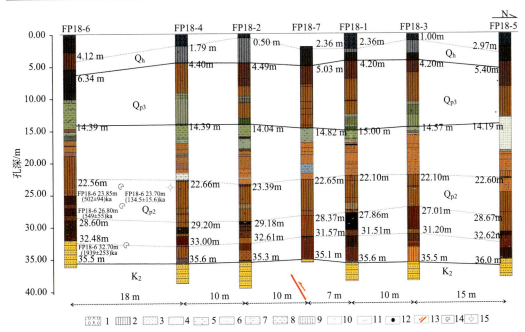

1. 人工填土；2. 黏土；3. 中粗砂；4. 细砂；5. 含黏土细砂；6. 粉砂；7. 含黏土粉砂；8. 黏土质粉砂；
9. 粉砂质黏土；10. 砾石；11. 钙质结核；12. 铁锰结核；13. 断层；14. 电子自旋共振测年样品及测试
年龄（单位：ka）；15. 光释光样品及测试年龄（单位：ka）

图 4.2.30　跨 F4 断层 FP18 断点钻孔联合剖面简图

23.30～29.00m；第八层为全风化砂岩层，富含铁锰结核，深度为 29.00～34.20m；第九层为强风化砂岩层，深度＞34.20m。

通过 7 个钻孔的地层岩性对比：a）中更新世下蜀组与白垩纪砂岩之间的不整合界面处于大致相同的深度，自南向北 7 个钻孔中不整合界面的埋深分别为 35.5m、35.6m、35.3m、35.1m、35.6m、35.5m 和 36.0m；b）晚更新世与中更新世之间的界面也大致处于相同的埋深，自南向北 7 个钻孔中不整合界面的埋深分别为 14.39m、14.39m、14.04m、14.82m、15.00m、14.57m 和 14.19m；c）中更新世地层中的层④黏土层、层⑤粉砂层、层⑥黏土层与层⑦粉砂层之间的界面也大致处于相同的埋深。

4. 断裂活动综合分析

断裂东南段在卫星影像图上有较清晰的线性显示，局部段落地貌上有断层崖、断层谷等发育。巢湖银屏钓鱼台采石场剖面中，断层泥样品 ESR 测试结果为（480±50）ka。根据该段断层地貌、年龄样品测试结果，确定该段断裂的活动时代应是中更新世。

断裂西北段，跨断裂的四条浅层地震测线有三条解译出的上断点位于第四系底界以下，属前第四纪断裂。只有 CF4-1 解译出的 FP18 断点疑似切割第四系底界，但经钻孔联合剖面探测验证，该断点没有切割第四系底界面，因此，应是前第四纪断裂。

断裂走向北西，浅层地震勘探和钻孔联合探测剖面揭示的断层大多为倾向南西的逆断层。

4.2.2.5 大蜀山—长临河断裂（F5）

1. 概述

该断裂为一条走向北西的隐伏断裂。断裂沿十五里河自南东向北西延伸，止于大蜀山，长约 32km，倾向北东。据勘探资料绘制的场地基岩顶板等值线图和第四系厚度等值线图均显示该断裂的存在。断裂通过处基岩顶面和地表均显示为北西向负地形凹谷（翟洪涛等，2006）。

2. 浅层地震勘探

控制该断裂的浅层地震测线有 4 条，分别为 CF5-1、CF5-2、CF5-3 和 CF5-4。其中，CF5-4 和 CF5-3 测线位于目标区西部，CF5-2 和 CF5-1 测线位于目标区的东南部（图 4.2.31），所获断裂相关断点参数见表 4.2.5。

图 4.2.31 跨 F5 浅层地震测线及断点平面展布图

表 4.2.5 跨 F5 浅层地震测线相关断点参数表

测线名称	断点编号	上断点位置/m	上断点深度/m	垂直断距/m	错断地层	断层性质	视倾向	视倾角/（°）	可靠性
CF5-1	FP22	2902	40	3～5	K	逆断层	S	22	一般
	FP23	1612	45	4～6	K	逆断层	N	60	一般
CF5-2	FP24	562	92	3～5	E	逆断层	S	54	可靠
	FP25	2279	48	5～7	E	逆断层	N	55	可靠
CF5-3	FP26	837	210	3～5	K	逆断层	S	28～40	一般
	FP26.1	2465	88	3～5	K	正断层	N	42	较可靠
CF5-4	FP27	2800	71	4～6	K	逆断层	S	36	一般
	FP27.1	4297	40	4～6	K	正断层	N	36～45	较可靠

1）CF5-1（长临河）测线

该测线沿 X024 布设，方向从北向南，其北端起于 X026，南端止于六家畈镇北，长度为 5.098km。图 4.2.32 是该测线的反射波时间和深度解释剖面图。

从图 4.2.32 可以看出，TQ 地层反射界面在剖面的中段和南段能量很强，表明它是一个波阻抗差异明显的分界面，埋深为 40～50m，与第四系厚度基本一致，由此推测，TQ 反射界面应是第四系的底界面。

根据剖面显示的反射波组特征，解释了 2 条断层，分别标记为 FP22 和 FP23。

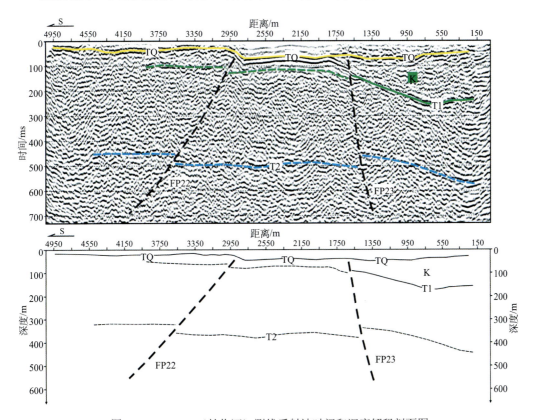

图 4.2.32　CF5-1（长临河）测线反射波时间和深度解释剖面图

FP22 在剖面上倾向南，表现为逆断层性质，上断点埋深约为 40m，垂直断距为 3～5m。该断裂向上未到白垩纪地层顶界，推测是一条前第四纪断裂。

FP23 在剖面上倾向北，也表现为逆断层性质，上断点埋深约为 45m，垂直断距为 4～6m。该断层向上未到基岩顶界，推测也是一条前第四纪断裂。

2）CF5-2（环圩东路）测线

该测线沿环圩东路由南向北布设，其南端起于环湖北路马家渡大桥，北端止于圩新路，长度为 4.058km。

图 4.2.33 是环圩东路测线的反射波时间和深度解释剖面图。从叠加剖面图可以看出，TQ 地层反射界面基本呈近水平形态展布，基岩内部地层在剖面显现出中间深、两端浅

的形态，其反射能量在剖面中段较强，两端较弱。

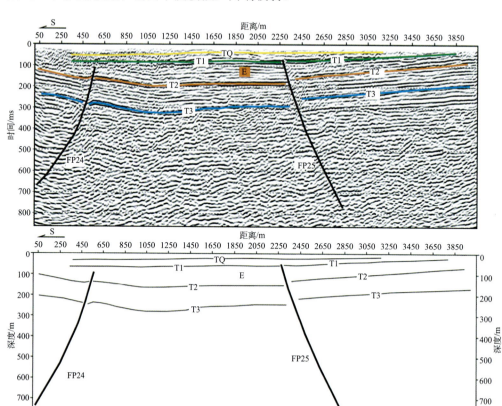

图 4.2.33　CF5-2（环圩东路）测线反射波时间和深度解释剖面图

根据反射波组特征和断层判别依据，在该地震剖面上解释了 2 个断点，分别标识为 FP24 和 FP25。

FP24 在剖面上倾向南，表现为逆断层性质，上断点埋深约为 92m，垂直断距为 3～5m。该断层位于 TQ 之下的基岩内部，推测应是一条前第四纪断裂。

FP25 在剖面上倾向北，表现为逆断层性质，上断点埋深约为 48m，垂直断距为 5～7m。该断层的上断点向上到达基岩内部的 T1 界面附近，推测也是一条前第四纪断裂。

3）CF5-3（翡翠路）测线

该测线沿翡翠路由北向南布设，其北端起于休宁路北端 100m 处，南端止于习友路，测线长度为 2.978km。

图 4.2.34 是测线的反射波时间和深度解释剖面图。该剖面揭示的 TQ 地层反射界面能量较弱，埋深为 25m 左右，与第四系厚度基本一致，由此推测，TQ 反射界面是第四系的底界面。

从图 4.2.34 时间剖面可以看出，基岩地层在剖面南端呈近水平形态展布，在剖面的中段和北段则一律向北倾伏，与上覆地层呈现角度不整合接触。

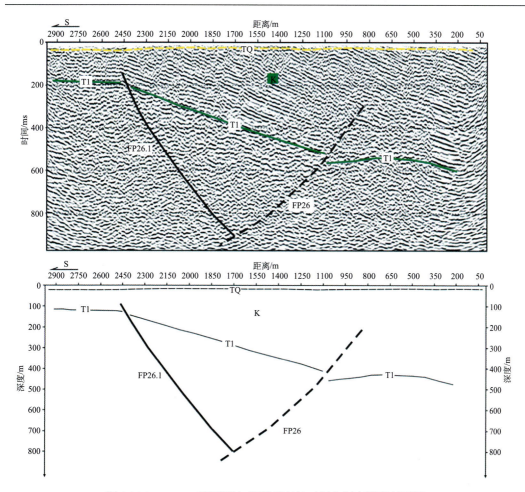

图 4.2.34　CF5-3（翡翠路）测线反射波时间和深度解释剖面图

根据剖面显示的反射波组特征和断层判别依据，在该地震剖面上解释了 2 个断点，分别为 FP26 和 FP26.1。

FP26 在剖面上倾向南，表现为逆断层性质，上断点埋深约为 210m，垂直断距 3～5m。FP26.1 表现为正断层性质，上断点埋深约为 88m，垂直断距 3～5m。它是 FP26 的次级断裂，两者相向而倾，在剖面上呈"Y"字形分布。两条断层的上断点皆位于 TQ 之下，应是发育于基岩内部的前第四纪断裂。

4）CF5-4（科学大道）测线

该测线沿科学大道由北向南布设，其北端起于天元路与天波路交叉口，南端止于梧桐路，测线长度为 4.998km。

图 4.2.35 是测线的反射波时间和深度解释剖面图。图中揭示的 TQ 地层反射界面能量较弱，埋深为 20m 左右，与第四系厚度基本吻合，由此推测，TQ 界面应是第四系的底界面。

从反射波时间剖面可以看出，基岩内部地层在剖面南端呈近水平形态展布，在剖面的中段和北段则一律向北倾伏，与上覆地层呈现角度不整合接触。

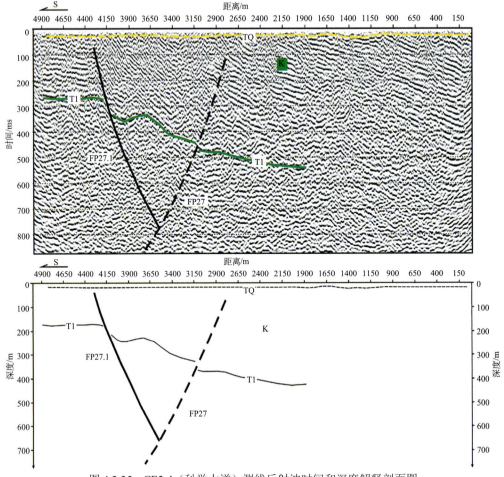

图 4.2.35　CF5-4（科学大道）测线反射波时间和深度解释剖面图

根据剖面显示的反射波组特征和断层判别依据，在该地震剖面上解释了 2 个断点，分别为 FP27 和 FP27.1。

FP27 在剖面上倾向南，表现为逆断层性质，其可分辨的上断点埋深约为 71m，垂直断距 4～6m。FP27.1 表现为正断层性质，它与 FP27 相向而倾，是 FP27 的次级断裂，上断点埋深约为 40m，垂直断距为 4～6m。两条断层的上断点皆位于 TQ 之下，应是发育于基岩内部的前第四纪断裂。

3. 钻孔联合剖面探测

联合剖面大致以 10°走向布置于浅层地震测线 CF5-2 解释出的 FP25 断点两侧。从左向右共布置了 FP25-7、FP25-2、FP25-5、FP25-3、FP25-4、FP25-6、FP25-1 七个钻孔，孔深分别为 48.75m、50.21m、47.66m、48.13m、47.45m、49.78m、56.81m。它们之间的间距分别为 29m、10m、5m、5m、10m 和 15m（图 4.2.36）。

根据钻孔联合剖面，该地层可划分为 9 个大的特征岩性地层：第一层为耕作土层，深度为 0.00～0.50m；第二层为黏土层，深度为 0.50～2.00m；第三层为淤泥质黏土层，深

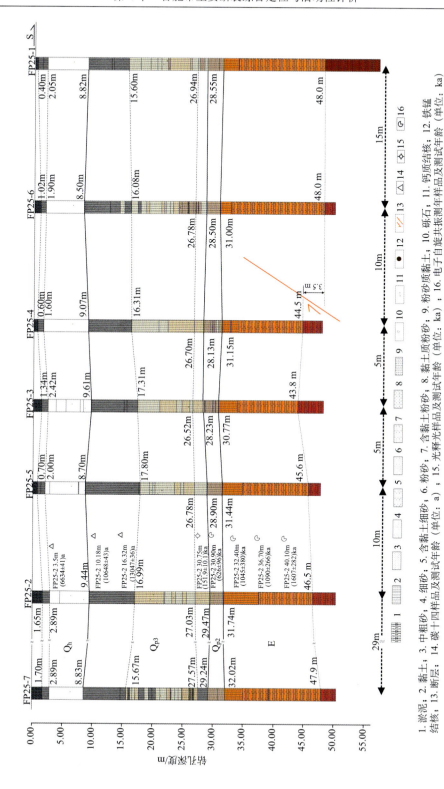

图 4.2.36　跨 F5 断层 FP25 断点钻孔联合剖面简图

1. 淤泥；2. 黏土；3. 中粗砂；4. 细砂；5. 含黏土细砂；6. 粉砂；7. 含黏土粉砂；8. 黏土质粉砂；9. 粉砂质黏土；10. 砾石；11. 钙质结核；12. 铁锰结核；13. 断层；14. 碳十四样品及测试年龄（单位：a）；15. 光释光样品及测试年龄（单位：ka）；16. 电子自旋共振测试年龄（单位：ka）

度为 2.00～9.00m；第四层为黏土层，深度为 9.00～16.00m；第五层为粉质黏土层，深度为 16.00～27.00m；第六层为粉砂层，深度为 27.00～28.00m；第七层为黏土层，深度为 28.00～45.00m；第八层为全风化砂岩层，深度为 45.00～46.00m；第九层为强风化砂岩层，深度＞46.00m。

通过对 7 个钻孔的地层岩性对比，在古近纪全风化和强风化砂岩地层中发现断层。两者的界面在钻孔 FP25-4 和 FP25-6 之间，落差达 3.5m。结合浅层地震探测资料，认为这条断层为倾向北的逆断层。

该断层向上延伸，没有影响古近系与下蜀组之间的界面。FP25-4、FP25-6 和 FP25-1 三个钻孔中，该界面的深度分别是 31.15m、31.00m 和 31.2m，处在大致相同的深度。

4. 断裂活动综合分析

8 个断点有 4 个倾向北，4 个倾向南，断层性质以逆断层为主，仅 FP26.1 和 FP27.1 两条分支断层为正断层。

横跨该断裂的四条浅层地震测线 CF5-1、CF5-2、CF5-3、CF5-4 反映出 F5 断裂由 1～2 条断层组成，是走向北西西、倾向北北东为主的逆断层。

浅层地震剖面解译出的所有断点皆位于 TQ 底界以下。对 FP25 断点的钻孔联合剖面探测显示，断层没有影响古近系与下蜀组之间的界面。

综合判断，该断裂为前第四纪断裂，性质主要表现为逆断层。

4.2.2.6 六安—合肥断裂（F6）

1. 概述

该断裂走向近东西，贯穿于目标区中部，西起陶小店，向东经刘小洼、合肥、肥东，止于河院一带，长约 50km。

该断裂全呈隐伏状态，对其几何结构、活动时代和性质的讨论仅限于遥感影像解译和地球物理探测资料。

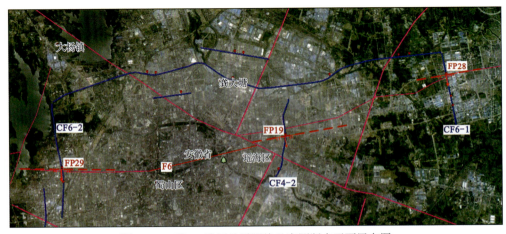

图 4.2.37 跨 F6 浅层地震测线及实测断点平面展布图

2. 浅层地震勘探

为控制该断裂,共布设 3 条测线,从西向东分别为 CF6-2、CF4-2 和 CF6-1(图 4.2.37),
相关断点参数见表 4.2.6。

表 4.2.6　跨 F6 浅层地震测线相关断点参数表

测线名称	断点编号	上断点位置/m	上断点深度/m	垂直断距/m	错断地层	断层性质	视倾向	视倾角/(°)	可靠性
CF6-2	FP29	3340	46	4~6	K	正断层	S	57	较可靠
	FP29.1	4054	50	≤3	K	正断层	N	51	一般
CF4-2	FP19	1936	40	4~6	E	正断层	S	57	较可靠
CF6-1	FP28	1186	43	≤3	E	正断层	S	24	可靠
	FP28.1	2328	75	5~7	E	正断层	S	46	较可靠
	FP28.2	2798	55	3~5	E	正断层	S	53	较可靠

1) CF6-2(西二环)测线

该测线沿西二环自北向南布设,北端起于北二环,西端止于黄山路,长度为 5.688km。

图 4.2.38 是测线的反射波时间和深度解释剖面图,揭示的 TQ 地层反射界面呈近水平展
布,最大埋深约 20m,与该区段第四系厚度一致,因此,TQ 界面应为第四系的底界面。

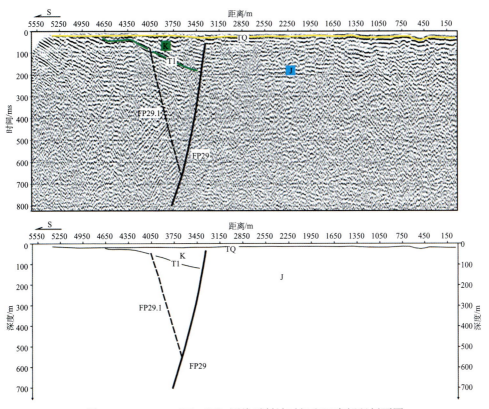

图 4.2.38　CF6-2(西二环)测线反射波时间和深度解释剖面图

　　基岩内部地层的反射能量较弱，很难进行连续追踪，只隐约显现剖面南北两段不同的反射特征：剖面北段的侏罗纪地层基本呈近水平形态展布，反射能量很弱；剖面南段的白垩纪地层一律向北倾伏，其反射能量略强于北段。

　　根据剖面显示的反射波组特征和断层判别依据，在该地震剖面上解释了 2 个断点，分别为 FP29 和 FP29.1。

　　FP29 是一条在剖面上向南倾的正断层，可分辨的上断点埋深约为 46m，在该深度上它的垂直断距为 4～6m。FP29.1 是 FP29 的次级断裂，在剖面上倾向北，表现为正断层性质，可分辨的上断点埋深约为 50m，垂直断距很小，不易分辨。FP29 和 FP29.1 断点向上仅到基岩顶界面以下。

　　2）CF4-2（东二环）测线

　　该测线沿东二环由北向南布设，北端起于临泉路北，南端止于当涂路大桥北，测线长度 4km。

　　图 4.2.39 为测线反射波时间叠加剖面，揭示的 TQ 地层反射界面总体呈近水平形态展布，剖面中部埋藏最深，为 35m 左右，与该区段第四系厚度 30～40m 一致，因此，TQ 反射界面应是第四系底界面。

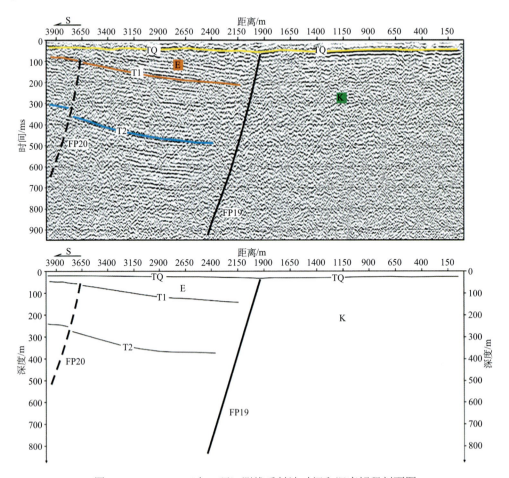

图 4.2.39　CF4-2（东二环）测线反射波时间和深度解释剖面图

从图 4.2.39 可以看出,在该剖面中部,TQ 以下的地层存在一条自上而下向南倾的反射特征分界线,其南侧双程走时 700ms 以上可分辨出多组基岩地层反射,而北侧的基岩内部则基本看不到任何地层反射。据此解释了一条断层 FP19。根据目标区基岩地质图,该测线北段第四系下伏基岩为白垩系,南段为古近系,因此,该剖面南段应是一个新生代凹陷,而 FP19 则是该凹陷的北边界断裂,应是六安—合肥断裂的一条断面。在凹陷的南边界也解释出一条断裂 FP20,应属桥头集—东关断裂的一条断面。

FP19 是向南倾的正断层,其可分辨的上断点埋深约为 40m,垂直断距为 4~6m。上断点位于 TQ 之下的基岩内部。

3)CF6-1(祥和路)测线

该测线沿祥和路自北向南布设,其北端起于包公大道,南端止于横大路,长度为 3.666km。

图 4.2.40 揭示的 TQ 地层反射界面呈近水平形态展布,埋深为 32~46m,与该区第四系厚度 35~45m 基本吻合,由此推测,TQ 界面应是第四系的底界面。

从反射波时间剖面可以看出,基岩内部地层在剖面两端较为平缓,在剖面的中段,由于受到断层的构造作用,多组反射波同相轴出现明显的向上拱曲现象。

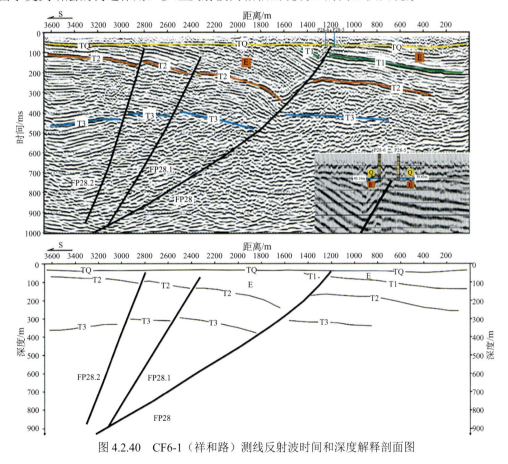

图 4.2.40 CF6-1(祥和路)测线反射波时间和深度解释剖面图

根据剖面显示的反射波组特征和断层判别依据,共解释了 3 个断点,分别为 FP28、FP28.1 和 FP28.2。

　　FP28 在剖面上倾向南，表现为正断层性质，其可分辨的上断点埋深约为 43m，垂直断距很小，不易分辨。FP28.1 也是一个在剖面上向南倾的正断层，视倾角略陡于 FP28，可能是一条次级断裂，其上断点埋深约为 75m，垂直断距为 5～7m。FP28.2 在剖面上倾向南，表现为正断层性质，上断点埋深约为 55m，垂直断距为 3～5m。FP28 的上断点向上延伸到古近系顶界以下。

　　由上述浅震测线剖面可知，在 CF6-1 测线上共解释了 3 个断点，其中 FP28 为主断层，规模较大，且所处的空间位置与目标断层 F6 非常接近，应是六安—合肥断裂（F6）在该地震剖面的反映。

3. 钻孔联合剖面探测

　　联合剖面大致以南北向布置于浅层测线 CF6-1 解释出的 FP28 断点两侧。从左向右共布置了 FP28-6、FP28-1、FP28-3、FP28-4、FP28-2、FP28-5 六个钻孔，孔深分别为 43.50m、50.21m、44.01m、42.96m、50.21m、43.00m。它们之间的间距分别为 23m、7.5m、7.5m、10m 和 20m（图 4.2.41）。

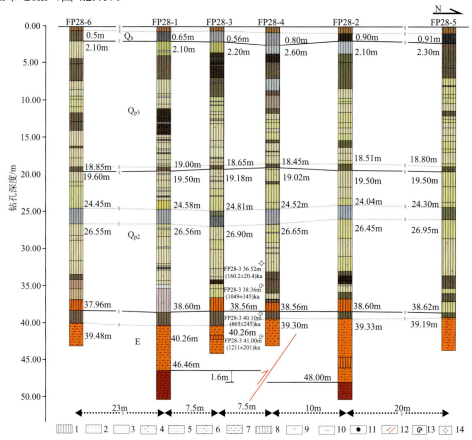

1. 黏土；2. 中粗砂；3. 细砂；4. 含黏土细砂；5. 粉砂；6. 含黏土粉砂；7. 黏土质粉砂；8. 粉砂质黏土；
9. 砾石；10. 钙质结核；11. 铁锰结核；12. 断层；13. 电子自旋共振测年样品及测试年龄（单位：ka）；
14. 光释光样品及测试年龄（单位：ka）

图 4.2.41　跨 F6 断层 FP28 断点钻孔联合剖面简图

钻孔剖面地层可划分为 9 层：第一层为耕作土层，深度为 0.00～0.40m；第二层为棕色黏土层，深度为 0.40～19.00m；第三层为灰青色条纹状黏土层，深度为 19.00～21.00m；第四层为铁锰结核富集层，深度为 21.00～22.00m；第五层为棕色黏土层，深度为 22.00～26.30m；第六层为青灰色黏土层，深度为 26.30～27.00m；第七层为全风化砂岩层，深度为 27.00～38.00m；第八层为铁锰结核富集层，深度为 38.00～41.00m；第九层为强风化砂岩层，深度＞41.00m。

通过对 6 个钻孔的地层岩性对比，在古近纪砂岩、泥岩中揭露出属于 F6 的断面，其判定标志是：在 FP28-1 和 FP28-2 钻孔中，古近纪水平产出的砂岩、泥岩可以分为上下两段，上段为灰色强风化砂岩，下段为砖红色强风化砂质泥岩，上下两段的分界面在两个钻孔之间落差为 1.6m。

4. 断裂活动综合分析

根据 3 条地震剖面揭示的断层特征，结合该区的地质资料，判定六安—合肥断裂（F6）是一条走向近东西、倾向南的正断层。解译出的断点 FP29、FP19、FP28 向上延伸均未到达第四系底界面 TQ，仅错断 TQ 之下的基岩。

对 FP28 断点的钻孔联合剖面勘探结果表明，断层在下蜀组堆积后没有活动。

综合分析，确认该断裂为前第四纪断裂，断层性质为正断层。

4.2.2.7　肥西—韩摆渡断裂（F7）

1. 概述

区域上，该断裂西起大别山北麓，向东经六安市南、防虎山南麓、肥西南、义城镇、大圩镇，止于巢湖以北长乐乡一带，长约 140km。根据断裂的出露情况，可分西、东两段。防虎山以西为西段，为半裸露断层段；防虎山以东为东段，为隐伏段。目标区仅包括东段一部分。

该断裂为华北准地台与秦岭—大别山褶皱系的分界断裂，两侧结晶基底明显不同。中生界下、中侏罗统防虎山组、周公山组被限于断裂北侧，南侧只发育中侏罗统。新生代以来，控制舒城断陷的沉积，北断南超，使其呈箕状。

断裂西段，遥感影像线性特征较为清晰。在肥西县防虎山 H70 观察点人工采石剥离出的剖面上，见该段断裂的 5 条断层 f1、f2、f3、f4、f5 切割侏罗纪棕红、棕灰色砾岩，断层性质皆为正断层。其中 f1 是主要断层，断面两侧砾岩的颜色不同，上盘颜色为棕灰色，下盘为棕红色，沿断面发育反映水平走滑的擦痕，并形成厚 0.4～1.0m 的破碎带，紧贴断面还形成 1～2cm 灰白色的断层泥，取样品 H70-ESR-01，测试结果为（156±16）ka（图 4.2.42）。其他 4 条断面皆切割棕灰色砾岩，规模小，主要表现为一条简单断面。根据各断层的剖面特征和 f1 上的水平擦痕，断层性质应以左旋走滑为主。

肥西县园洞山东端 H73 观察点，地貌上为由侏罗纪棕红色砂岩、泥质砂岩构成的低山。在采石开挖的剖面上，见东段的 4 条断面 f1、f2、f3、f4 切割棕红色砂岩、泥质砂岩，断层性质为正走滑。沿 f1、f3、f4 各形成厚 0.7m、0.2m、0.2m 的断层破碎带，沿 f1 还形成厚 0.7～1.2cm 的棕色断层泥，取样品 H73-ESR-01，测试结果为（304±36）ka（图 4.2.43）。

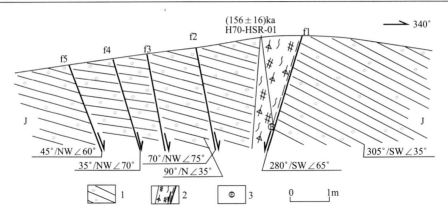

图 4.2.42 防虎山 H70 观察点肥西—韩摆渡断裂剥离剖面
1.棕灰、棕红色砾岩；2.断层及破碎带；3.ESR 样点

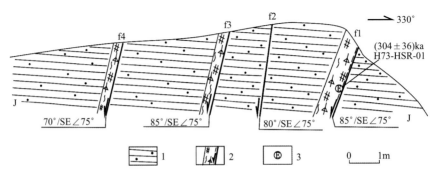

图 4.2.43 园洞山东端 H73 观察点肥西—韩摆渡断裂剥离剖面
1.棕红色砂岩、泥质砂岩；2.断层、破碎带和断层泥；3.ESR 样点

断裂东段位于目标区内，呈隐伏状态。

2. 浅层地震勘探

跨该断裂东段布置了 2 条浅层地震测线 CF4-1 和 CF2-4（图 4.2.44），用来探测隐伏断裂的位置、上断点深度及活动性质，断裂相关断点参数见表 4.2.7。

表 4.2.7 跨 F7 浅层地震测线相关断点参数表

测线名称	断点编号	上断点位置/m	上断点深度/m	垂直断距/m	错断地层	断层性质	视倾向	视倾角/(°)	可靠性
CF4-1	FP16	7270	31	4～6	J	正断层	N	34	可靠
	FP16.1	6654	35	3～5	J	正断层	N	54	较可靠
	FP17	4518	68	4～6	J	正断层	S	30～56	较可靠
	FP17.1	5028	72	5～7	J	正断层	S	81	可靠
CF2-4	FP14	8320	34	4～6	J	正断层	SE	62	较可靠
	FP14.1	7827	40	4～6	J	正断层	NW	50	较可靠

图 4.2.44　跨 F7 断裂浅层地震测线及断点平面展布图

1）CF4-1（撮镇）测线

该测线沿 X024 县道由北向南布设，其北端起于合马路北 240m 处，南端止于肥东长乐学校南 640m，测线长度为 7.978km。该测线北段控制桥头集—东关断裂（F4），南段控制肥西—韩摆渡断裂（F7）。

根据反射波组特征和断层在剖面上的判断依据，在剖面上共解释了 5 个断点，其中南段的 FP16、FP16.1、FP17、FP17.1 为肥西—韩摆渡断裂东段断点（图 4.2.45）。

由图 4.2.45 可见，FP16 在剖面上向北倾，表现为正断层性质，其上断点埋深约为31m，垂直断距 4～6m。FP16.1 是 FP16 的次级断裂，倾向北，表现为正断层性质，上断点埋深约为 35m，垂直断距为 3～5m。两个断点向上延伸到侏罗系顶界以下。

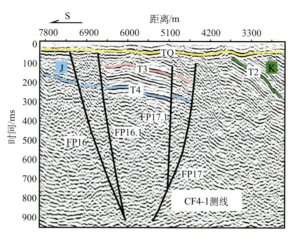

图 4.2.45　F7 在 CF4-1（撮镇）测线剖面上的显示

FP17 在剖面上倾向南，表现为正断层性质，上断点埋深约为 68m，垂直断距为 4～6m。FP17.1 倾向南，也表现为正断层性质，它是 FP17 的次级断裂，倾角较陡，可分辨的上断点埋深约为 72m，垂直断距为 5～7m。两个断点向上延伸到 TQ 之下的基岩内部。

从图 4.2.45 可以看出，以 FP17 为界，南北两侧的基岩内部地层有明显差异，剖面南段的基岩地层倾角较小，而北段基岩地层倾角较大，与上覆的 TQ 呈角度不整合接触关系。

2）CF2-4（肥西）测线

该测线沿合铜路（S103）布设，方向为南东—北西，南东端起于京台高速路桥北，北西端止于合安路（G206），测线长度为 10.578km。

该剖面共解译出 FP11、FP11.1、FP12、FP13、FP14、FP14.1 共 6 个断点，其中 FP14、FP14.1 是属于肥西—韩摆渡断裂（F7）的 2 个断点。

由图 4.2.46 可知，FP14 倾向南东，表现为正断层性质，其上断点埋深约为 34m，垂直断距为 4～6m。FP14.1 是 FP14 的次级断裂，倾向北西，表现为正断层性质，上断点埋深约为 40m，垂直断距为 4～6m。两个断点向上延伸到 TQ 之下的基岩内部。

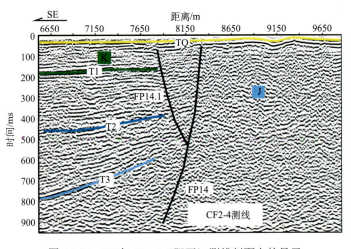

图 4.2.46　F7 在 CF2-4（肥西）测线剖面上的显示

FP14 断层规模较大，两侧地层差异明显，根据相关地质资料分析，它应是肥西—韩摆渡断裂东段的主要断层。

3. 钻孔联合剖面探测

联合剖面大致以南东—北西方向布置于浅层测线 CF2-4 解释出的 FP14 断点两侧。从南东到北西共布置了 FP14-5、FP14-2、FP14-3、FP14-6、FP14-4、FP14-1、FP14-7 七个钻孔，孔深分别为 34.53m、39.75m、36.77m、34.02m、35.82m、32.98m、18.40m。它们之间的间距分别为 15m、10m、5m、5m、10m 和 20m（图 4.2.47）。

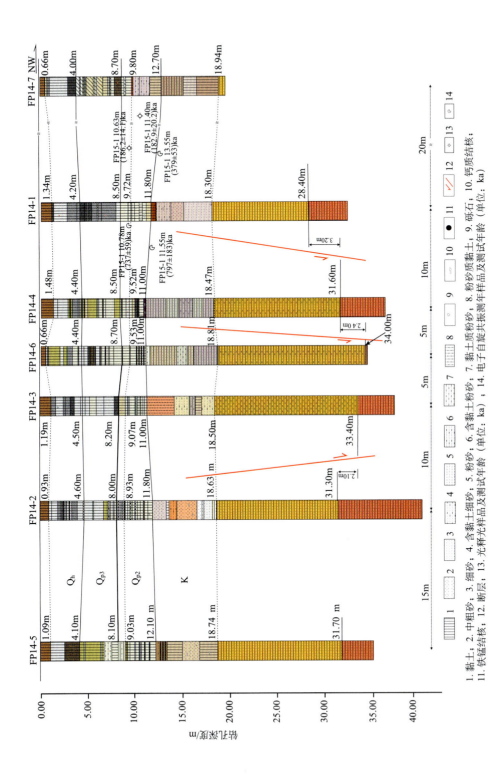

1. 黏土；2. 中粗砂；3. 细砂；4. 含黏土粉砂；5. 粉砂；6. 含黏土粉砂；7. 黏砂质黏土；8. 粉砂质粉砂；9. 砾石；10. 钙质结核；
11. 铁锰结核；12. 断层；13. 光释光样品及测试年龄（单位：ka）；14. 电子自旋共振测试年龄（单位：ka）

图 4.2.47　跨 F7 断层东段 FP14 断点钻孔联合剖面简图

该钻孔联合剖面中地层可划分为 7 个大的特征岩性层：第一层为回填土层，深度为 0.00～1.00m；第二层为粉砂质黏土层，深度为 1.00～4.00m；第三层为黏土层，深度为 4.00～8.00m；第四层为铁锰结核富集层，深度为 8.00～9.50m；第五层为黏土层，深度为 9.50～12.00m；第六层为全风化砂岩层，深度为 12.00～19.00m；第七层为强风化砂岩层，深度＞19.00m。

浅层地震勘探资料解译的 FP14 断点为倾向南东的正断层。钻孔联合剖面显示，第四系地层大致可以分为 5 层，每个分层厚度基本稳定，水平产出。白垩纪砂岩、泥岩埋藏于第四系地层之下，从岩芯观察可知，也是水平产出。依据揭露出的白垩系地层的颜色和岩性特征，可分为上下两段，上段为灰色全风化、强风化砂岩，下段为砖红色砂质泥岩。依据白垩纪砂岩和泥岩分界线埋藏深度的变化，可以认为 FP14-1 孔和 FP14-4 孔之间存在一条断层 f1，垂直断距为 3.2m；FP14-4 孔和 FP14-6 孔之间存在另一条断层 f2，垂直断距为 2.4m；FP14-2 孔和 FP14-3 孔之间也存在一条断层 f3，垂直断距为 2.1m。结合浅层地震勘探成果，可以认为钻孔联合剖面中揭露出的断层 f1 为主断层，属正断层性质，视倾向南东。断层 f2 与 f1 平行，属正断层性质，视倾向南东。断层 f3 为 f2 断层上盘的一条分支断层，与 f2 倾向相反，也属正断层。

4. 断裂活动综合分析

断裂西段断层地貌显示清楚，在卫星影像上，也有较清晰的线性显示。野外调查剖面中两个断层泥 ESR 年龄样品测试结果为（156±16）～（304±36）ka。分析认为该段断裂的最新活动时代为中更新世。

断裂东段在目标区的段落呈隐伏状态。根据浅层地震探测和钻孔联合剖面探测结果，其走向近东西，主断面倾向南，断层性质为正断层。依据断错层位及年龄样品测试结果，确定该段断层为前第四纪断层。

4.3 断裂活动总体评价

4.3.1 断裂产出状态

目标区 7 条断裂皆呈隐伏状态。其走向有北东、北西和近东西向三组。北北东—北东走向的断裂有桑涧子—广寒桥断裂（F1），倾向南东；乌云山—合肥断裂（F2），倾向南东；大蜀山—吴山口断裂（F3），倾向南东或北西。北西向断裂有桥头集—东关断裂（F4）西北段，倾向南西；大蜀山—长临河断裂（F5），倾向北东。近东西向断裂有六安—合肥断裂（F6），倾向南；肥西—韩摆渡断裂（F7）东段，倾向南。

4.3.2 活动时代、性质

根据浅层地震探测和钻孔联合剖面探测结果，桑涧子—广寒桥断裂（F1）和乌云山—

合肥断裂（F2）的最新活动时代为中更新世晚期，活动性质为逆断层。其他断裂皆为前第四纪断裂，其中大蜀山—吴山口断裂（F3）、桥头集—东关断裂（F4）西北段、大蜀山—长临河断裂（F5）的活动性质为逆断层，六安—合肥断裂（F6）、肥西—韩摆渡断裂（F7）东段是正断层。

4.3.3　断　裂　规　模

桑涧子—广寒桥断裂（F1）、乌云山—合肥断裂（F2）属于郯庐断裂带安徽段的组成部分，平面上是延伸较长的区域性断裂，剖面上属池河—西山驿断裂的分支，是切割基底的断裂。六安—合肥断裂（F6）和肥西—韩摆渡断裂（F7）平面上也是延伸较长的区域性断裂，剖面上是切割基底的断裂。大蜀山—吴山口断裂（F3）、桥头集—东关断裂（F4）西北段、大蜀山—长临河断裂（F5）仅是合肥盆地内部规模较小的断裂，剖面上切割中上地壳。

第5章 合肥市主要断裂地震危险性评价

城市活断层探测工作的直接目标除了要求准确确定目标区内第四纪活动断裂的空间位置外，还有对目标区内第四纪活动断裂的未来地震危险性进行定量评价，包括各断裂（段）未来是否可能发生破坏性地震、可能发生地震的震级及发震概率大小等。

对于第四纪活动断裂，从野外观察角度可分为两类：一是直接错动了晚更新世地层的活动断裂，即晚更新世以来活动断裂；二是错动过早、中更新世地层但没有错动晚更新世地层的无地表破裂的活动断裂，即早、中更新世断裂。

对于晚更新世以来活动断裂，活动构造与特征地震的研究表明：产生地表破裂的破坏性强烈地震（M_s 一般大于 6.5 级）往往沿着断裂或其某些特定的段落呈一定规律地原地重复发生。因此，若能准确确定活动断裂的位置、划分活动断裂的段落、确定沿该构造或其活动段落地震重复发生的规律及最后一次事件的离逝时间，就可以计算该断裂或其活动段落在未来某个时段内是否会发生强震的可能性及其大小。但由于单一断裂（或断裂段）的地震事件数据量极少，故如何准确反演地震沿活动断裂或其某些段落原地重复发生的规律，以及如何获取可靠的断裂活动定量参数等，依然是活动断裂未来地震危险性评价需要探索和深入研究的难题。

对于早、中更新世断裂，研究表明断裂自晚更新世以来已无明显的断错至地表的地震活动，未来不可能发生产生地表破裂的破坏性强烈地震，但是否会发生不产生地表破裂却依然具有一定破坏性的中强地震，仍需进一步研究判断。理论上，晚更新世以来，这类断裂的活动存在三种可能：一是断裂仍然活动并影响至地表，但由于活动强度很弱，位错量较小（如几厘米至十几厘米），故地质记录并没有保存下来，实际上为晚更新世以来活动断裂，却被鉴定为早、中更新世断裂，这类断裂未来存在发生小位错量破坏性地震的可能；二是断裂仍然活动，但活动强度已减弱至不影响地表，这类断裂未来仍然存在发生无地表位错中强震的可能；三是随着构造条件、环境的改变，断裂已不再活动，未来也不存在发生地震的可能。

尽管这三种情况均有可能存在，但在实际工作中，要区分第一种情况和第二种情况困难较大，而第三种情况也难以给予确凿的证据，从防震减灾保守角度而言，宜处理为未来仍可能存在弱活动。因此，观察不到地表破裂的第四纪活动断裂的未来地震危险性评价，实际上可归为弱活动断裂的未来地震危险性评价。由于这类断裂的活动缺少地质记录，即使有历史地震活动记录，也很难确定地震与断裂之间的确切关系，故其未来地震危险性评价，需在一定区域范围的现代地震活动特征分析的基础上进行（张建国等，2011）。

5.1　主要断裂未来地震危险性定性分析

目标区内主要断裂包括桑涧子—广寒桥断裂（F1）、乌云山—合肥断裂（F2）、大蜀山—吴山口断裂（F3）、桥头集—东关断裂（F4）、大蜀山—长临河断裂（F5）、六安—合肥断裂（F6）和肥西—韩摆渡断裂（F7）。这几条断裂与第四纪地层的关系如下。

桑涧子—广寒桥断裂（F1），跨断裂布设的 3 条浅层地震测线中有 2 条浅层地震测线反演断层错动第四系，选取其中较可靠的断点开展钻孔联合剖面探测，揭示断层错动的最新地层为中更新世地层，年龄为（162.3±17.5）～（177±44）ka，上覆（130.1±10.3）ka以来的地层未受到错动，说明该断裂最新活动年龄在（162.3±17.5）～（177±44）ka 之后、（130.1±10.3）ka 之前的中更新世晚期，上断点埋藏深度位于 25m 以下，接近 25m，断层性质为倾向南东的逆断层。

乌云山—合肥断裂（F2），跨断裂布设的 4 条浅层地震测线中有 3 条浅层地震测线反演断层错动第四系，选取其中较可靠的断点开展了 2 条钻孔联合剖面探测，揭示断层错动的最新地层为中更新世地层，年龄为（265.67±19.51）～（253.68±19.61）ka，上覆（158.29±19.27）ka 以来的地层未受到错动，说明该断裂最新活动年龄在（265.67±19.51）～（253.68±19.61）ka 之后、（158.29±19.27）ka 之前的中更新世晚期，上断点埋藏深度位于 16.7～26m，断层性质为倾向南东的逆断层。

大蜀山—吴山口断裂（F3），经裸露处的剖面观察及隐伏处的跨断裂浅层地震探测，揭示该断裂发育于白垩系中，为前第四纪断裂，性质为逆断层。

桥头集—东关断裂（F4），目标区内段落呈隐伏状，跨断裂布设的 4 条浅层地震测线中有 1 条浅层地震测线反演断层疑似错动第四系，在该处断点开展钻孔联合剖面探测，确认断层错动白垩系，未错动第四系，所以该段为前第四纪断裂，断层性质为倾向南西的逆断层。

大蜀山—长临河断裂（F5），跨断裂布设了 4 条浅层地震测线，在一处解译可靠的断点开展钻孔联合剖面探测，确认断层错动古近系和新近系，未错动第四系，为前第四纪断裂，断层性质为倾向北东的逆断层。

六安—合肥断裂（F6），跨断裂布设了 3 条浅层地震测线，在一处解译可靠的断点开展钻孔联合剖面探测，确认断层错动古近系和新近系，未错动第四系，为前第四纪断裂，断层性质为倾向南的正断层。

肥西—韩摆渡断裂（F7），目标区内段落呈隐伏状，跨断裂布设了 2 条浅层地震测线，在一处解译可靠的断点开展钻孔联合剖面探测，确认断层错动白垩系，未错动第四系，该段为前第四纪断裂，断层性质为倾向南的正断层。

由探测结果可见，目标区仅桑涧子—广寒桥断裂（F1）和乌云山—合肥断裂（F2）两条断裂为中更新世晚期活动断裂；其他 5 条断裂在目标区内的最新活动均为前第四纪，为前第四纪断裂。

从区域地震构造、历史地震与现代地震活动性的角度对这些断裂的未来地震危险性进行如下分析。

探测区处于地震活动并不十分强烈的构造环境，有史以来共发生 $M_S \geqslant 4\frac{3}{4}$ 级地震 17 次，最大地震震级为 $M_S 6\frac{1}{4}$ 级；目标区仅发生一次破坏性地震，震级为 $M_S 5$ 级。探测区主要断裂活动水平低，地震活动较弱。

探测区主要断裂在第四纪早、中期有一定的活动性，晚更新世以来尚未发现断错地表的迹象。综合区域历史地震活动特征，可以初步确定：目标区不具备发生 $M_S 7.0$ 级及以上地震的发震构造条件。

对于目标区 7 条断裂，其中桑涧子—广寒桥断裂（F1）和乌云山—合肥断裂（F2）为郯庐断裂带两条分支断裂，在目标区其最新活动为中更新世晚期，考虑到郯庐断裂带在探测区外围发现晚更新世活动证据，且深部探测揭示分支断层穿过上地壳，在下地壳合二为一，切入上地幔，这两条断裂在目标区具备发生 $M_S 6.5$ 级地震的构造条件；其他 5 条断裂均为前第四纪断裂，在目标区具备发生 $M_S 6.0$ 级地震的构造条件。

5.2 主要断裂未来地震危险性定量评估

目标区主要断裂未来地震危险性定性分析结果表明：桑涧子—广寒桥断裂（F1）和乌云山—合肥断裂（F2）为中更新世晚期活动断裂，未来存在小位移事件的可能，最大潜在震级为 $M_S 6.5$ 级；大蜀山—吴山口断裂（F3）、桥头集—东关断裂（F4）、大蜀山—长临河断裂（F5）、六安—合肥断裂（F6）和肥西—韩摆渡断裂（F7）为前第四纪断裂，未来存在弱活动的可能，最大潜在震级为 $M_S 6.0$ 级。下面对这些断裂潜在地震的最大震级及未来发震的可能性大小做进一步的评估。

5.2.1 主要断裂潜在地震的最大震级评估

桑涧子—广寒桥断裂和乌云山—合肥断裂是中更新世晚期活动断裂，其余的是前第四纪断裂，按照断裂的活动性，可将这 7 条断裂分为两组，其中桑涧子—广寒桥断裂和乌云山—合肥断裂为中更新世断裂组，其余断裂为前第四纪断裂组。

5.2.1.1 前第四纪断裂组潜在地震最大震级评估

据朱金芳等（2005）的研究，非全新世活动断层的一个重要特征是即使发生中等—中强地震，沿地表断层迹线也不会发生地震破裂和同震错动。因此，这些断层（段）的最大地震强度与断层的延伸长度、地震时沿地表断层的位移量无关，但可以根据地震强度-地表位移的下限值进行估计。这里引入两种地震强度-地表位移的经验关系进行估计。借鉴霍山地震的地表破裂数据，地震破裂和同震错动的量也就 0.1m 左右。

1. 入仓—三宅经验关系估计

日本地震学家入仓孝次郎和三宅弘惠（2000）系统总结了全球范围现代地震矩（M_0）

与地震时地表断层同震位移 D 的经验关系（图 5.2.1）。根据这一关系，伴有地表断层位错的最小地震矩为 $3.162×10^{24}$（$dyne^{①}·cm$），由 Hanks 和 Kanamori（1979）提出的关系式：

$$M_w = \frac{2}{3} \lg M_0 - 10.7 \tag{5.2.1}$$

以及地震矩 M_0 与面波震级 M_s 经验公式（陈培善和陈海通，1989）：

$$\lg M_0 = M_s + 19.2 \qquad (M_s < 6.4) \tag{5.2.2}$$

考虑在目标区外围发生的 6 级地震伴有同震位移，将前第四纪断裂组的 5 条断裂的最大地震取在无明显地表位移震级段的上限，即 $M_s6.0$。

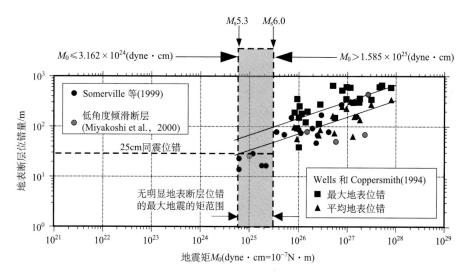

图 5.2.1　根据入仓-三宅经验关系预测目标断层的最大地震矩释放的可能范围［经验关系引自入仓孝次郎和三宅弘惠（2000）］

2. WC 经验关系估计

美国学者 Wells 和 Coppersmith（1994）基于大量样本数，建立了全球不同类型地震断层的破裂尺度（长度、面积）、同震位移量与矩震级的一系列经验关系式，简称为 WC 经验关系。其中，地表同震平均位错 AD 与矩震级 M_w 的经验关系及其建模样本如图 5.2.2 所示。从中可以看出，除极个别地震外，一般伴有 5cm 以上地表断层同震平均位错的地震震级下限值是 $M_w5.8$ 级。换句话说，矩震级小于 $M_w5.8$ 级的地震一般不伴有地表断层的明显同震位错。考虑到霍山地震有 10cm 的地表断层同震平均位错，由 WC 经验关系估计，目标断层潜在地震的最大震级要大于 $M_w5.8$ 级，根据图中的公式计算得到前第四纪断层潜在地震的最大震级为 $M_w6.1$ 或 $M_s6.0$。

根据以上两种方法评估，目标区 5 条前第四纪断层潜在地震最大震级为 $M_s6.0$。

---

① 1dyne=10^{-5}N。

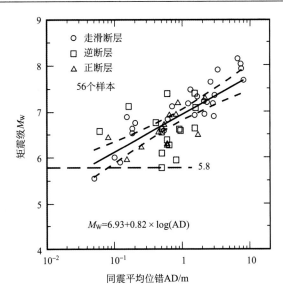

图 5.2.2　根据 WC 经验关系预测合肥市 5 条前第四纪断层的最大发震能力[经验关系引自 Wells 和
Coppersmith（1994）]

5.2.1.2　中更新世断裂组潜在地震最大震级评估

桑涧子—广寒桥断裂、乌云山—合肥断裂为中更新世晚期活动断裂，目前未发现它们具有明显地表错动的证据，有史记载以来沿断裂也未发生破坏性地震，但根据深部探测结果，它们为郯庐断裂带分支断裂，因而可能比其他 5 条前第四纪断裂更具备发生中强震的可能，同时也不能排除沿这两条断层发生地表破裂的可能。这里采用入仓-三宅经验关系来评估这两条断层（段）潜在地震的最大震级。

由图 5.2.1 可见，大量伴有明显地表同震位错的地震，地震矩均在 $1.585 \times 10^{25} \sim 3.162 \times 10^{24}$（dyne·cm），因此，从保守的角度，可考虑沿断层发生中强震时，沿它们的地表断层迹线可能产生 50cm 以下的同震位错。从图 5.2.1 获知最大地震矩为 3.416×10^{25}（dyne·cm），由式（5.2.1）和式（5.2.2）估计出相应的震级为 M_s 6.5 级。

因此，由入仓-三宅经验关系估计得到中更新世断裂潜在地震的最大震级为 M_s 6.5 级。

5.2.2　主要断裂的地震重复间隔与离逝时间估算

活动断裂与强震或大地震的孕育、发生之间存在着十分密切的关系，深入研究这种关系对于中长期地震预测具有十分重要的意义。对这一领域的研究已经从定性描述转为定量化分析（闻学泽，1995）。本次采用地震原地复发理论模式，运用断裂滑动速率和历史地震资料估计安徽地区特定断裂地震平均复发时间间隔。

5.2.2.1　利用历史地震资料得到 7 条断裂发生 6 级以上特征地震原地复发周期

特征地震指的是特定断裂段上原地重复发生的、大小接近的地震事件。在华北，特征地震样本数较少，对整个华北地区 6.0 级以上的特征地震进行统计（表 5.2.1），这里列举了 16 个地震事件，将地震的原地复发周期做统计平均，得到华北地区 6.0 级以上地震的原地复发周期为 636 年。

表 5.2.1　华北地区 6.0 级以上地震原地发生时间

序号	地震	发生时间	发生时间
1	蔚县地震	公元前 231 年	1618 年
2	通县地震	1536 年	1665 年
3	怀来地震	1337 年	1720 年
4	滦县地震	1624 年	1945 年
5	宁晋地震	777 年	1966 年
6	大同地震	1022 年	1305 年
7	临汾地震	1291 年	1695 年
8	原平地震	1038 年	1683 年

5.2.2.2　利用断裂滑动速率计算平均复发周期

1. 平均破裂长度的估计

由于华北地震区的地表破裂数据有较大的不确定性，据闻学泽关于西部地区的破裂长度与震级公式：

$$\ln l(\text{km}) = 1.387M - 6.259 \qquad (\sigma = 0.332, \quad r = 0.8961) \qquad (5.2.3)$$

式中，l 为破裂长度；M 为震级；σ 为误差；r 为相关系数。得出发生 6.5 级地震时的破裂长度为 15km，发生 6 级地震时的破裂长度为 7.8km。

2. 同震平均位错的估计

适合走滑断层的回归方程：

$$\ln(u \cdot l) = 2.33M - 5.53 \qquad (\sigma = 0.35, \quad r = 0.973) \qquad (5.2.4)$$

式中，σ 为回归剩余标准差；r 为相关系数；$(u \cdot l)$ 为等效同震面积，单位为 m²。

设所研究的断裂段上一次地震的震级为 M，伴随的地表破裂为 l，则同震平均位错量为

$$u = \frac{u \cdot l}{l} \qquad (5.2.5)$$

据上面得到的地表破裂长度数据，得到相应的 6.5 级和 6 级的同震平均位错量为 1.0m 和 0.6m。但此结果是依据适用于西部的统计关系得到的，对华北地区来说，结果

是偏大的，如唐山 7.8 级地震，垂直位移只有 1m 左右，而 1967 年河北河间 6.3 级地震，垂直位移很小。所以对合肥地区来说，取中更新世断裂发生 6.5 级和 6 级的同震平均位错量为 0.40m 和 0.24m，前第四纪断裂发生 6 级地震的同震平均位错量为 0.17m，这样的位错量，对华北地区来说也是比较大的，是趋于保守的。

3. 平均复发间隔的估计

为了估计平均复发间隔，取山东中部的滑动速率 0.50mm/a 作为中更新世断裂的年平均垂直位移，取长期蠕动平均速率为 0.20mm/a；而前第四纪断裂的年平均垂直位移取为 0.17mm/a，长期蠕动平均速率为 0.05mm/a，平均复发间隔的计算公式为

$$\overline{T} = \frac{u}{V - C}$$

式中，u 为同震平均位错；V 为年平均垂直位移；C 为长期蠕动平均速率，得到中更新世断裂发生 6.5 级和 6 级的平均复发间隔和前第四纪断裂发生 6 级地震的平均复发间隔，结果如下。

中更新世断裂发生 6.5 级地震的平均复发间隔为

$$\overline{T} = \frac{u}{V - C} = \frac{0.40 \times 1000}{0.50 - 0.20} = 1333\text{a}$$

$$\text{标准差} = 1333\sqrt{0.145^2 + 0.218^2} = 349\text{a}$$

中更新世断裂发生 6.0 级地震的平均复发间隔为

$$\overline{T} = \frac{u}{V - C} = \frac{0.24 \times 1000}{0.50 - 0.20} = 800\text{a}$$

$$\text{标准差} = 800\sqrt{0.145^2 + 0.218^2} = 209\text{a}$$

前第四纪断裂发生 6.0 级地震的平均复发间隔为

$$\overline{T} = \frac{u}{V - C} = \frac{0.17 \times 1000}{0.17 - 0.05} = 1417\text{a}$$

$$\text{标准差} = 1417\sqrt{0.145^2 + 0.218^2} = 371\text{a}$$

5.2.2.3　由最大似然法确定重复时间

1. 原理

假定地震发生过程为泊松过程，据金学申等（1994）的研究，则在 t 时间段内最大地震小于给定震级 x 的概率为

$$G(x / t) = P_r(X \leqslant x) = \exp\left[-v_0 t\left(\frac{A_2 - A(x)}{A_2 - A_{10}}\right)\right] \qquad (5.2.6)$$

式中，$A_{10} = \exp(-\beta m_0)$，$m_0$ 为目录的起始震级；$A_2 = \exp(-\beta m_{\max})$，$m_{\max}$ 为最大震级；$A(x) = \exp(-\beta x)$；v_0 为年平均发生率。

假定由历史地震目录，从 $T = (t_1, t_2, \cdots, t_{n_0})$ 个时间间隔中选取其中的最大地震

$X_0 = (x_{01}, \cdots, x_{0n})$，那么，地震活动性参数 $\theta = (\beta, \lambda)$ 的最大似然函数是

$$L_0(\theta / X_0) = \prod_{i=1}^{n_0} g\left(x_{0i}, \frac{t_i}{\theta}\right) \tag{5.2.7}$$

式中，$g(x, t / \theta)$ 是密度函数，它的形式为

$$g(x, t / \theta) = v_0 t \frac{A_2 - A(x)}{A_{10} - A_2} + \ln \frac{v_0 \beta t}{A_{10} - A_2} - \beta x \tag{5.2.8}$$

式中，β 和 λ 是要计算得到的两个地震活动性参数值，β 是震级频度关系中的 b 值，λ 是年平均发生率。

假定现今中小地震目录可分为若干个震级下限与持续时间不同的子目录，每个子目录的震级下限为 $m_i(i = 1, \cdots, l)$，它们的持续时间为 $T_i, (i = 1, \cdots, l); T_i = T_{ie} - T_{ib}, T_{ib}$ 为第 i 时间段的起始时间，T_{ie} 为第 i 时间段的结束时间，如以"年"为单位，本方法并不要求 $T_{ie} = T_{(i+1)b} - 1$，即并不要求上一子目录的结束时间与下一子目录的开始时间之间不能存在时间"空区"，这样灵活的条件使资料的选择具有广泛的适用性。

令数组 $\langle X_i \rangle$ 为

$$\langle X_i \rangle = (x_{i1}, x_{i2}, \cdots, x_{in_i}) \qquad i = 1, \cdots, l \tag{5.2.9}$$

它是从第 i 个子目录中得到的震级数组。根据定义，$x_{ij} \geqslant m_i$，m_i 为第 i 个子目录的震级下限，$j = 1, \cdots, n_i$；n_i 为第 i 个子目录的地震数。

每个子目录的最大似然函数可写为两个函数之积：

$$L_i(\theta / X_i) = L_{i\beta} \cdot L_{i\lambda}$$

β 的似然函数 $L_{i\beta}$ 在假定震级 x 是一随机变量，并在遵从古登堡-里希特分布的条件下可写为

$$L_{i\beta} = \beta^{n_i} \exp\left(-\beta \sum_{j=1}^{n_{ji}} x_{ij}\right) / (A_{1i} - A_2)^{n_i} \tag{5.2.10}$$

其中，

$$A_{1i} = \exp(-\beta m_i) \qquad i = 1, \cdots, l$$

假定单位时间的地震数是一随机变量，$L_{i\lambda}$ 可写为

$$L_{i\lambda} = C_i [\exp(-v_i T_i)](v_i T_i)^{n_i} \tag{5.2.11}$$

其中，C_i 为常数，$i = 1, \cdots, l$，于是有

$$L(\theta / X) = \sum_{i=0}^{l} L_i(\theta / X_i)$$

令

$$\partial \ln L(\theta / X) / \partial \lambda = 0 \ \text{和} \ \partial \ln L(\theta / X) / \partial \beta = 0$$

得到

$$1 / \lambda = \phi_1^E + \phi_1^C \tag{5.2.12a}$$

$$1/\beta = X - \phi_2^E - \phi_2^C + \lambda(\phi_3^E + \phi_3^C) \tag{5.2.12b}$$

其中，

$$\phi_1^E = r_0 B_1, \qquad \phi_2^E = r_0 E(m_0, m_{max}), \qquad \phi_3^E = r_0 B_2 + \phi_2^E B_1,$$

$$\phi_1^C = \sum_{i=1}^{l} T_i C_i / n, \qquad \phi_2^C = \sum_{i=1}^{l} r_i [E(m_i, m_{max}) + D_i / C_i], \qquad \phi_3^C = \sum_{i=1}^{l} D_i T_i / n$$

$$n = \sum_{i=0}^{l} n_i, \qquad r_i = n_i / n,$$

$$B_1 = (\langle t \rangle A_2 - \langle tA \rangle)/(A_2 - A_1),$$

$$B_2 = (\langle tX_0 A \rangle - \langle t \rangle m_{max} A_2)/(A_2 - A_1),$$

$$C_i = 1 - F(m_i),$$

$$F(m_i) = [A_1 - A(m_i)]/(A_1 - A_2), \qquad i = 1, \cdots, l$$

$$D_i = E(m_{min}, m_i) - E(m_{min}, m_{max}) F(m_i),$$

$$E(x, y) = [xA(x) - yA(y)]/[A(x) - A_2],$$

$$\langle t \rangle = \sum_{i=1}^{n_0} t_i / n_0, \qquad \langle tA \rangle = \sum_{i=1}^{n_0} t_i \cdot A(X_{0i}) / n_0,$$

$$\langle tX_0 A \rangle = \sum_{i=1}^{n_0} t_i \cdot X_{0i} \cdot A(X_{0i}) / n_0$$

如果 $l = 1$，$r_0 = 0$ （$n_0 = 0$），这意味着仅考虑现今中小地震目录，而这种目录的精度被认为是一样的。于是，式（5.2.12）可变为

$$1/\lambda = T/n \tag{5.2.13a}$$

$$1/\beta = X - (m_{max} A_2 - m_{min} A_1)/(A_2 - A_1) \tag{5.2.13b}$$

如果 $m_{max} \to \infty$，则 $1/\beta = \overline{X} - m_{min}$ 这与 Aki（1965）和 Utsu（1965）得到的公式相同。如果 $r_0 = 1$，$n_i = 0$ （$i = 1, \cdots, l$），这表示仅由历史地震目录来确定各种参数，则式（5.2.12）可变为

$$\frac{1}{\lambda} = \frac{\langle t \rangle A_2 - \langle tA \rangle}{A_2 - A_1} \tag{5.2.14a}$$

$$\frac{1}{\beta} = \overline{X} - \frac{\langle tX_0 A \rangle - \langle t \rangle A_2 m_{max}}{\langle tA \rangle - \langle t \rangle A_2} \tag{5.2.14b}$$

需要指出的是，应用上式时，各时间段的最大震级可以从不相同的时间间隔中取得。从式（5.2.14b）中不能得到 m_{max}，为了求最大震级，需引入方程

$$E(x_{max} / T) = m_{max} - \frac{E_1(TZ_2) - E_1(TZ_1)}{\beta \exp(-TZ_2)} - m_{min} \exp(-\lambda T) \tag{5.2.15}$$

其中，$Z_i = \lambda A_i / (A_2 - A_1)$，$i = 1, 2$；$T = \sum_{i=1}^{n_0} t_i + \sum_{i=1}^{t} T_i$；$E_1(Z) = \int_z^{\infty} \exp(-\xi)/\xi d\xi$，$E(x_{max}/T) = x_{max}$，$x_{max}$ 是观测到的最大震级。

式（5.2.14）与式（5.2.15）组成一组迭代方程，先以观测到的最大震级代入式（5.2.15），求得 $m_{\max}$，然后再代入式（5.2.14）进行计算，经过数次迭代，可求得 λ、β 和 $m_{\max}$。

2. 计算结果

将目标区及其邻近地区作为一个计算区，范围为东经 115°～121°、北纬 30°～34°，计算结果如下。

区内 5.5 级以上地震复发周期是 100 年，区内 6.0 级以上地震复发周期是 233 年，区内 6.5 级以上地震复发周期是 526 年。

5.2.3 主要断裂未来发震概率评估

由时间相依的地震复发潜势概率模型，将有关概率模型的应用与相应的复发时间参数估计相结合，给出了桑涧子—广寒桥断裂、乌云山—合肥断裂、大蜀山—吴山口断裂、桥头集—东关断裂、大蜀山—长临河断裂、六安—合肥断裂和肥西—韩摆渡断裂 7 条断裂的地震复发概率的结果。

考虑到合肥及其邻近地区历史上没有发生过很多地震，尤其是没有发生过强烈地震，所以在计算未来地震危险性时，没有应用需要较多样本量的方法，如泊松模型统计方法，以免得到的结果存在较大的不确定性。

根据黄玮琼等（1994）的研究结果，华北地区 6 级地震自 1200 年起基本完整，5 级以上地震自 1500 年起基本完整，本次取 1200 年以来的 6 级地震来估计。

计算未来 ΔT 时间内的公式为

$$p_e(T_e \leqslant T \leqslant T_e + \Delta T / T) = \frac{p(T \leqslant T_e + \Delta T) - p(T \leqslant T_e)}{1 - p(T \leqslant T_e)}$$

$$p(T \leqslant T_e) = \int_0^{T_e} \frac{1}{\sqrt{2\pi} \cdot T \cdot \sigma_M} \exp\left\{ \frac{-\left[\ln(T_e / T) - \mu_0\right]^2}{2\sigma_M^2} \right\} \mathrm{d}T = \phi\left[\frac{\ln(T_e / T) - \mu_D}{\sigma_M} \right]$$

式中，ϕ 为标准正态分布函数，其数值可查表得到。

考虑到有的预测结果是针对区域的，为了得到各断裂未来 100 年和 200 年的结果，用空间分配因子分配到每条断裂上去，各断裂长度、性质、分配因子的归一值见表 5.2.2、表 5.2.3 和表 5.2.4。

表 5.2.2　各断裂长度的归一值

项目	F1	F2	F3	F4	F5	F6	F7
归一值	0.175	0.174	0.08	0.151	0.126	0.148	0.140

前第四纪断裂取 1，中更新世断裂取 0.7，得到的断裂性质的归一值见表 5.2.3。

表 5.2.3　各断裂性质的归一值

项目	F1	F2	F3	F4	F5	F6	F7
归一值	0.181	0.181	0.127	0.127	0.127	0.127	0.127

最后得到的分配因子如表 5.2.4 所示。

表 5.2.4　各断裂分配因子的归一值

项目	F1	F2	F3	F4	F5	F6	F7
归一值	0.178	0.178	0.103	0.119	0.127	0.138	0.134

假定 1199 年在该断裂发生了一次 6.5 级地震（因为 1200 年以来 6 级地震基本完整），至 2016 年已经有 817 年没有发生同样强度的地震，那么至 2116 年（未来 100 年）的累积发震概率计算如下。

5.2.3.1　取由历史地震得到的复发周期进行计算

$$p(T \leqslant 817) = \phi\left[\frac{\ln(817 / 636) - (-0.01)}{0.347}\right] = \phi(0.75) = 0.7734$$

$$p(T \leqslant T_e + \Delta T) = \phi\left[\frac{\ln\left[(817 + 100) / 636\right] - (-0.01)}{0.347}\right] = \phi(1.08) = 0.8599$$

则未来 100 年发生 6.5 级地震的概率为

$$p_e(T_e \leqslant T \leqslant T_e + \Delta T / T) = \frac{0.8599 - 0.7734}{1 - 0.7734} = 0.38$$

至 2216 年（未来 200 年）的发震概率为

$$p(T \leqslant T_e + \Delta T) = \phi\left[\frac{\ln\left[(817 + 200) / 636\right] - (-0.01)}{0.347}\right] = \phi(1.38) = 0.9162$$

未来 200 年发生 6.5 级以上地震的概率为

$$p_e(T_e \leqslant T \leqslant T_e + \Delta T / T) = \frac{0.9162 - 0.7734}{1 - 0.7734} = 0.6302$$

由于取的重复周期是原地重复周期，所以以上结果可以认为是各条断裂的发震概率。

5.2.3.2　取由断裂滑动速率得到的复发周期进行计算

根据黄玮琼等（1994）的研究结果，从 1200 年无 6 级以上地震的时间段来估计。计算未来 ΔT 时间内的公式为

$$p_e(T_e \leqslant T \leqslant T_e + \Delta T / T) = \frac{p(T \leqslant T_e + \Delta T) - p(T \leqslant T_e)}{1 - p(T \leqslant T_e)}$$

$$p(T \leqslant T_e) = \int_0^{T_e} \frac{1}{\sqrt{2\pi} \cdot T \cdot \sigma_M} \exp\left\{ \frac{-\left[\ln(T_e / T) - \mu_0\right]^2}{2\sigma_M^2} \right\} \mathrm{d}T = \phi\left[\frac{\ln(T_e / T) - \mu_D}{\sigma_M} \right]$$

$$\sigma_M = \sqrt{\sigma_p^2 + \sigma_D^2} = \sqrt{0.241^2 + 0.233^2} = 0.335$$

假定 1199 年在桑涧子—广寒桥断裂或乌云山—合肥断裂发生了一次 6.5 级地震，至 2016 年已经有 817 年没有发生同样强度的地震，那么至 2116 年（未来 100 年）的累积发震概率为

$$p(T \leqslant 817) = \phi\left[\frac{\ln(817 / 1333) - (-0.01)}{0.335} \right] = \phi(-1.43) = 0.0764$$

$$p(T \leqslant T_e + \Delta T) = \phi\left[\frac{\ln\left[(817 + 100) / 1333\right] - (-0.01)}{0.335} \right] = \phi(-1.087) = 0.1379$$

未来 100 年发生 6.5 级地震的概率为

$$p_e(T_e \leqslant T \leqslant T_e + \Delta T / T) = \frac{0.1379 - 0.0764}{1 - 0.0764} = 0.067$$

至 2216 年（未来 200 年）的累积发震概率为

$$p(T \leqslant T_e + \Delta T) = \phi\left[\frac{\ln\left[(817 + 200) / 1333\right] - (-0.01)}{0.335} \right] = \phi(-0.78) = 0.2177$$

未来 200 年发生 6.5 级地震的概率为

$$p_e(T_e \leqslant T \leqslant T_e + \Delta T / T) = \frac{0.2177 - 0.0764}{1 - 0.0764} = 0.1530$$

假定 1199 年在中更新世断裂（桑涧子—广寒桥断裂或乌云山—合肥断裂）和前第四纪断裂（大蜀山—吴山口断裂、桥头集—东关断裂、大蜀山—长临河断裂、六安—合肥断裂、肥西—韩摆渡断裂）之一发生了一次 6.0 级地震，至 2016 年已经有 817 年没有发生同样强度的地震，那么至 2116 年（未来 100 年）中更新世断裂的累积发震概率为

$$p(T \leqslant 817) = \phi\left[\frac{\ln(817 / 800) - (-0.01)}{0.335} \right] = \phi(0.093) = 0.5359$$

$$p(T \leqslant T_e + \Delta T) = \phi\left[\frac{\ln\left[(817 + 100) / 800\right] - (-0.01)}{0.335} \right] = \phi(0.437) = 0.6700$$

未来 100 年发生 6.0 级地震的概率为

$$p_e(T_e \leqslant T \leqslant T_e + \Delta T / T) = \frac{0.6700 - 0.5359}{1 - 0.5359} = 0.2889$$

至 2216 年（未来 200 年）累积发震概率为

$$p(T \leqslant T_e + \Delta T) = \phi\left[\frac{\ln\left[(817 + 200) / 800\right] - (-0.01)}{0.335} \right] = \phi(0.746) = 0.7734$$

未来 200 年发生 6.0 级地震的概率为

$$p_e(T_e \leqslant T \leqslant T_e + \Delta T / T) = \frac{0.7734 - 0.5359}{1 - 0.5359} = 0.5117$$

前第四纪断裂发生 6 级地震的重复周期为 1416 年,计算得到未来 100 年和 200 年发生 6 级地震的概率分别为 0.13 和 0.38。

5.2.3.3　取由最大似然法得到的复发周期进行计算

1. 未来 100 年发生 5.5 级地震的概率

1500 年以来 5 级以上地震完整,计算 5.5 级地震的发震概率时,因从 1500 年以来没有发生过 5.5 级以上地震,至 2016 年已经有 517 年没有发生过同样强度的地震,那么

$$p(T \leqslant 517) = \phi\left[\frac{\ln(517/100) - (-0.01)}{0.347}\right] = \phi(4.76) = 0.9999$$

$$p(T \leqslant T_e + \Delta T) = \phi\left[\frac{\ln[(517+100)/100] - (-0.01)}{0.347}\right] = \phi(5.27) = 1$$

未来 100 年发生 5.5 级地震的概率为

$$p_e(T_e \leqslant T \leqslant T_e + \Delta T / T) = \frac{1 - 0.9999}{1 - 0.9999} = 1$$

未来 200 年发生 5.5 级地震的概率为

$$p(T \leqslant T_e + \Delta T) = \phi\left[\frac{\ln[(517+200)/100] - (-0.01)}{0.347}\right] = \phi(5.71) = 1$$

$$p_e(T_e \leqslant T \leqslant T_e + \Delta T / T) = \frac{1 - 0.9999}{1 - 0.9999} = 1$$

上述结果是目标区的计算结果,依据上述的分配因子,得到各断裂的结果如表 5.2.5 所示。

表 5.2.5　依据最大似然法得到的各断裂发生 5.5 级地震的发震概率

项目	F1	F2	F3	F4	F5	F6	F7
未来 100 年发生 5.5 级地震的概率	0.178	0.178	0.103	0.119	0.127	0.138	0.134
未来 200 年发生 5.5 级地震的概率	0.178	0.178	0.103	0.119	0.127	0.138	0.134

2. 未来 100 年发生 6.0 级地震的概率

计算 6.0 级地震的发震概率时,因 1200 年以来没有发生过 6.0 级以上地震,至 2016 年已经有 817 年没有发生过同样强度的地震,那么

$$p(T \leqslant 817) = \phi\left[\frac{\ln(817/233) - (-0.01)}{0.347}\right] = \phi(3.64) = 0.9998$$

$$p(T \leqslant T_e + \Delta T) = \phi\left[\frac{\ln\left[(817+100)/233\right] - (-0.01)}{0.347}\right] = \phi(3.98) = 0.9999$$

那么未来 100 年发生 6.0 级地震的概率为

$$p_e(T_e \leqslant T \leqslant T_e + \Delta T / T) = \frac{0.9999 - 0.9998}{1 - 0.9998} = 0.5$$

3. 未来 200 年发生 6.0 级地震的概率

$$p(T \leqslant T_e + \Delta T) = \phi\left[\frac{\ln\left[(817+200)/233\right] - (-0.01)}{0.347}\right] = \phi(4.28) = 1$$

$$p_e(T_e \leqslant T \leqslant T_e + \Delta T / T) = \frac{1 - 0.9998}{1 - 0.9998} = 1$$

上述结果是对目标区的计算结果，依据上述分配因子，得到各断裂的结果如表 5.2.6 所示。

表 5.2.6　依据最大似然法得到的各断裂发生 6.0 级地震的发震概率

项目	F1	F2	F3	F4	F5	F6	F7
未来 100 年发生 6.0 级地震的概率	0.089	0.089	0.052	0.060	0.064	0.069	0.067
未来 200 年发生 6.0 级地震的概率	0.178	0.178	0.103	0.119	0.127	0.138	0.134

4. 未来 100 年发生 6.5 级地震的概率

计算 6.5 级地震的发震概率时，因 1200 年以来没有发生过 6.5 级以上地震，至 2016 年已经有 817 年没有发生过同样强度的地震，那么

$$p(T \leqslant 817) = \phi\left[\frac{\ln(817/526) - (-0.01)}{0.347}\right] = \phi(1.30) = 0.9032$$

$$p(T \leqslant T_e + \Delta T) = \phi\left[\frac{\ln\left[(817+100)/526\right] - (-0.01)}{0.347}\right] = \phi(1.63) = 0.9484$$

未来 100 年发生 6.5 级地震的概率为

$$p_e(T_e \leqslant T \leqslant T_e + \Delta T / T) = \frac{0.9484 - 0.9032}{1 - 0.9032} = 0.47$$

5. 未来 200 年发生 6.5 级地震的概率

$$p(T \leqslant T_e + \Delta T) = \phi\left[\frac{\ln\left[(817+200)/526\right] - (-0.01)}{0.347}\right] = \phi(1.93) = 0.9732$$

$$p_e(T_e \leqslant T \leqslant T_e + \Delta T / T) = \frac{0.9732 - 0.9032}{1 - 0.9032} = 0.72$$

假定地震的发生在计算区域仅与断裂最新活动的时代有关，中更新世断裂的发生概率与前第四纪断裂的发生概率之比为 1∶0.65，由于最大似然法的结果是依据地震目录得到的，所以假定上述结果是中更新世断裂的结果，那么仅仅考虑断裂活动性得到未来 100 年和 200 年各断裂发生 5.5、6.0 和 6.5 级地震的概率见表 5.2.7。

表 5.2.7　依据最大似然法计算得到的各断裂发生地震的发震概率结果（仅考虑活动性）

断裂	未来 100 年			未来 200 年		
	5.5 级	6.0 级	6.5 级	5.5 级	6.0 级	6.5 级
F1	1	0.5	0.47	1	1	0.72
F2	1	0.5	0.47	1	1	0.72
F3	0.65	0.33	0.31	0.65	0.65	0.47
F4	0.65	0.33	0.31	0.65	0.65	0.47
F5	0.65	0.33	0.31	0.65	0.65	0.47
F6	0.65	0.33	0.31	0.65	0.65	0.47
F7	0.65	0.33	0.31	0.65	0.65	0.47

注：最大似然法（不考虑断裂分配）。

依据上述分配因子，得到结果如表 5.2.8 所示。

表 5.2.8　依据最大似然法计算得到的各断裂发生 6.5 级地震的发震概率结果（考虑分配）

项目	F1	F2	F3	F4	F5	F6	F7
未来 100 年发生 6.5 级地震的概率	0.084	0.084	0.032	0.037	0.039	0.043	0.042
未来 200 年发生 6.5 级地震的概率	0.13	0.13	0.048	0.056	0.060	0.065	0.063

5.2.3.4　利用震级时间模型计算发震概率

目前的预测模型（时间可预测模型、震级可预测模型）主要应用于板块边界和参数清楚的断层。时间可预测模型假定大地震的重复时间不是随机的，遵从时间可预测模型，并与上一次大地震的位移成正比。

由于历史大地震资料的缺乏，有时人们无法从历史地震资料来估计各断层上大地震的重复时间，所以将几条断层联系起来综合考虑大地震重复性。

Papazachos（1989）提出了时间-震级可预测模型，它不同于以前的时间可预测模型，也有别于震级可预测模型，它既可研究主断层的孕震区，也可对发生中小地震的断层进行研究。它由两个关系式来表达：一个表达式给出重复时间 T_i，另一个给出下一次地震的面波震级 M_p。表达式中包括所考虑资料的最小震级 M_{min}、上一次地震的震级和地震矩的年变化率 m_0。具体的表达式为

$$\lg T_i = bM_{min} + cM_p + d\lg m_0 + q \tag{5.2.16}$$

$$M_f = BM_{min} + CM_p + D\lg m_0 + m \tag{5.2.17}$$

式中，M_f 指前一次地震的震级；b，c，d，q，B，C，D，m 都是待定系数。

这个模型克服了单条断层只有有限时间间隔的不足。该模型中，有几点是需要说明的：

（1）下一次地震的发生时间及震级不仅取决于上一次地震，也取决于资料样本的最小震级。也就是说，它与研究区的地震活动水平有关。

（2）在这些参数里，b，c，q，B，D 大于零；d，C，m 小于零。也就是说，上一次地震的震级越大，下一次地震的震级越小；地震矩的变化率越大，距下一次地震的时间也就越短。

（3）C 和 c 是模型的关键参数，它控制了上一次地震对下一次地震的影响，是模型的核心。

（4）q 和 m 可认为是下一次地震的标定参数，它与区域地震活动水平有关。

在利用此模型的过程中，如何用地震资料来较可靠地估计地震矩或地震矩年变化率显得很重要。我们提出考虑现有地震资料的不完备性，结合历史地震资料及现代地震资料甚至考古地震资料，计算地震矩年变化率的方法。

地震矩年变化率为

$$\dot{M} = \int_{m_{\min}}^{m_{\max}} m_0 N(m_0)\mathrm{d}m_0 = \frac{\beta \exp\left(\dfrac{\beta d}{c}\right)}{c(A_1 - A_2)\left(1 - \dfrac{\beta}{c\lg(10)}\right)}\left(m_{0,\max}^{1-\frac{\beta}{c\lg(10)}} - m_{0,\min}^{1-\frac{\beta}{c\lg(10)}}\right)$$

式中，β 指与震级-频度关系中 b 值有关的分布参数。一般情况下，$m_{0,\max}$ 远远大于 $m_{0,\min}$，因此上式可近似为

$$\dot{M} = \frac{\beta \exp\left(\dfrac{\beta d}{c}\right)}{c(A_1 - A_2)\left(1 - \dfrac{\beta}{c\lg(10)}\right)}m_{0,\max}^{1-\frac{\beta}{c\lg(10)}}$$

该式与 Molnar 公式基本一致，但避免了 a 值计算上的困难。$m_{\max}$ 为区域地震的极大值，而不是已发生地震的最大值。只要得出 β 和 $m_{\max}$，就可得到地震矩年变化率。表 5.2.9 给出了由震级-时间模型计算出来的郯庐地震带模型参数及未来百年的 6 级和 6.5 级地震的发震概率。由此值进行标定后潜在震源区 6 级和 6.5 级地震发震概率在表 5.2.9 中给出。

表 5.2.9 郯庐地震带模型参数及未来百年的 6 级和 6.5 级地震的发震概率

地震带	b	c	d	q	B	C	D	M	p_6	$p_{6.5}$
郯庐地震带	0.212	0.308	0.015	−1.268	0.459	−0.103	0.552	−7.244	0.89	0.34

以区域 4 级以上和 5 级以上的地震数作为分配因子，得到计算区域的 p_6 分别为 0.22 和 0.16，$p_{6.5}$ 分别为 0.11 和 0.08，相应的各断裂的结果见表 5.2.10 和表 5.2.11。

表 5.2.10　区域 4 级以上地震数作为分配因子的各断裂结果

项目	F1	F2	F3	F4	F5	F6	F7
归一值	0.178	0.178	0.103	0.119	0.127	0.138	0.134
未来 100 年 6 级地震的发生概率	0.041	0.041	0.023	0.027	0.029	0.031	0.031
未来 100 年 6.5 级地震的发生概率	0.020	0.020	0.011	0.013	0.014	0.015	0.014

表 5.2.11　区域 5 级以上地震数作为分配因子的各断裂结果

项目	F1	F2	F3	F4	F5	F6	F7
归一值	0.178	0.178	0.103	0.119	0.127	0.138	0.134
未来 100 年 6 级地震的发生概率	0.030	0.030	0.017	0.020	0.021	0.023	0.023
未来 100 年 6.5 级地震的发生概率	0.014	0.014	0.008	0.009	0.01	0.011	0.011

第 6 章 合肥市主要断裂地震危害性评价

本章确定目标区主要断层（①桑涧子—广寒桥断裂 F1，设定地震 $M6.5$ 级；②乌云山—合肥断裂 F2，设定地震 $M6.5$ 级；③大蜀山—吴山口断裂 F3，设定地震 $M6.0$ 级；④桥头集—东关断裂 F4，设定地震 $M6.0$ 级；⑤大蜀山—长临河断裂 F5，设定地震 $M6.0$ 级；⑥六安—合肥断裂 F6，设定地震 $M6.0$ 级；⑦肥西—韩摆渡断裂 F7，设定地震 $M6.0$ 级）未来强震地表破裂带或强变形带的展布和位移量分布，以及目标区主要断层未来强震近断层强地面运动影响场。通过地震动预测方法和地表强变形与破裂预测方法开展目标断层对目标区的危害性影响评价，为城市规划和工程建设提供科学依据。

6.1 强震动的模拟计算

6.1.1 建立震源计算模型及模型优化

6.1.1.1 有限断层震源模型

建立断层震源模型为近断层强地面运动影响场的数值模拟确定合理的地震荷载输入机制，是近断层强地面运动影响场数值模拟的重要基础和关键环节。通过震害的宏观调查、地形变测量和地震波的观测研究等结果确认，天然构造地震主要是地下岩层的突然剪切错动引起的。发生剪切错动的岩层称为地震断层。实际地震断层的几何形状可能很复杂，作为初级近似，通常将地震断层简化为具有三维空间的矩形平面，即有限断层假定。技术上可以建立具有曲面三维构造的有限震源模型。

近年来，日本、美国及中国台湾的破坏性大地震的近断层观测资料、震源过程反演和近断层强地震动数值模拟都表明：在近断层区域（一般指断层距不大于 10km 或 15km 的区域）内，震源因素对强地面运动及其特征的影响不可以简化为单一震级参数的影响，而是应考虑为断层的空间展布、错动方式、凹凸体的数量、大小、位置、破裂传播速度等多种参数的综合影响。这就意味着研究近断层强地面运动时，必须要采用基于有限断层假定的震源模型。

断层震源模型原则上可以分为运动学模型和动力学模型两大类。两者的根本区别在于：①前者要求给出离散化断层所有离散节点在每一离散时刻的节点运动（如位移、速度、加速度）作为输入地震荷载，称为运动学地震荷载；后者则要求给出断层所有离散节点在每一离散时刻的节点力作为输入地震荷载，称为动力学地震荷载。②在运动学地震荷载作用下，可以无须考虑上下盘断层面之间的摩擦本构关系（通常为非线性），即可直接实现近断层强地面运动影响场的数值模拟；在动力学地震荷载作用下，则必须考虑

（做出不确定性很大的假定）上下盘断层面之间的非线性摩擦本构关系，而且需要在逐步积分过程中将断层所有离散节点的运动作为未知量进行求解，才可以实现近断层强地面运动影响场的数值模拟。由于建立有限断层震源动力学模型所需面对的困难和不确定性远大于建立有限断层震源运动学模型，所以应将有限断层运动学震源模型作为近断层强地面运动影响场有限元数值模拟的首选模型。

建立基于有限断层假定的震源模型包括三项主要内容：其一是确定断层全局震源参数，其二是确定局部震源参数，其三是基于全局和局部震源参数近似确定震源时空破裂过程。全局震源参数指主要影响和控制震源及近断层强地面运动的低频和长波分量，对高频分量仅产生次要和非控制性影响的参数。全局震源参数包括有限断层空间展布和错动方式的 6 个独立参数，分别是走向角 ϕ_s、倾向角 δ、滑动角 λ、矩形断层沿走向的边长 L（断层长度）、矩形断层沿下倾方向的边长 W（断层宽度）和断层的上界埋深 H。其中，断层走向角 ϕ_s 和倾向角 δ 规定了断层的产状，断层滑动角 λ 规定了断层的错动方式，边长 L 和 W 规定了断层的破裂面积。除以上 6 个独立参数外，全局震源参数还应包括矩震级 M_w、断层上下盘之间的平均位错 $\overline{D}$ 或平均应力降 $\Delta\sigma$ 及断层平均破裂速度 V_r。局部震源参数指主要影响和控制震源及近断层强地面运动高频和短波分量，对低频和长波分量仅产生次要和非控制性影响的参数。这些参数与震源时空破裂过程的不均匀性密切相关，如凹凸体（asperity）的数量及位置、各子震源破裂起始和终止的时间、破裂起始点和终止点的位置与破裂方向等都是重要的局部震源参数。震源时空破裂过程一般指断层面滑动的时空过程（运动学模型）或断层面应力降的时空过程（动力学模型）。震害调查表明，通常靠近断层的土木工程以及城市的地震破坏主要是由强地面运动的高频和短波分量引起的。因此合理确定局部震源参数、建立包含足够丰富高频和短波分量的有限断层震源模型对于城市和工程减灾具有举足轻重的作用。

6.1.1.2 Asperity model（凹凸体模型）

对于断层的研究结果表明，断层面全体不是均一形式的平均破裂，而是在几个区域产生较大的破裂，释放出较多的地震能量产生地震矩，这个区域称为"凹凸体"。考虑这种凹凸体的有限震源模型被称为 Asperity model。Somerville 等（1999）、Irikura 和 Miyake（2002）对于典型（代表）性的地震事件的震源反演解进行了特征性统计解析，得到以下结论：

（1）Asperity 的平均数量约为 2.6 个；
（2）Asperity 的平均数量根据地震的规模为 1～3 个；
（3）Asperity 的面积比约为 0.22；
（4）最大 Asperity 的面积比约为 0.16；
（5）Asperity 的滑动量比值约为 2.01；
（6）背景区域的滑动量比值约为 0.71；
（7）Asperity 的应力降约为 10.5MPa；
（8）背景区域的应力降约为 Asperity 区域的 20%。

凹凸体特征震源理论是目前学术界公认的近场强地震动研究中的主流震源计算模型。在模型中，凹凸体区域与背景区域的形式合理地表现了断层面上应力或滑动的不规则空间分布。

6.1.2　目标断层设定条件

6.1.2.1　确定发震断层位置

依据地震危险性评价结果，对具有潜在发震危险性的目标断层设定发震区段，建立有限震源评价模型。桑涧子—广寒桥断裂（F1）和乌云山—合肥断裂（F2）的基本震源方案设定于目标区东北部，比较震源方案设定于目标区中部，作为对合肥市区影响最不利的方案。其他 5 条断裂基本震源方案设定见图 6.1.1。

图 6.1.1 中红色虚线表示桑涧子—广寒桥断裂（F1）和乌云山—合肥断裂（F2），蓝色虚线表示大蜀山—吴山口断裂（F3）、桥头集—东关断裂（F4）、大蜀山—长临河断裂（F5），绿色虚线表示六安—合肥断裂（F6）和肥西—韩摆渡断裂（F7）的发震区段。红星表示第一方案发震开始点，白星表示第二方案发震开始点，蓝星表示第三方案发震开始点。

目标区需要评价的发震断层合计有九段，均为可能发生的最大设定震级，属于低超越概率事件。

（1）桑涧子—广寒桥断裂（F1），设定地震 $M6.5$ 级；基本方案（方案 1、方案 2）的震源断层设定于大蜀山—长临河断裂北侧，断层长度 25km，发震开始点分别位于断层中下部和东北部。比较方案（方案 3）的震源断层设定于目标区中部，断层长度 25km，发震开始点位于断层中下部。

（2）乌云山—合肥断裂（F2），设定地震 $M6.5$ 级；基本方案（方案 1、方案 2）的震源断层设定于大蜀山—长临河断裂北侧，断层长度 25km，发震开始点分别位于断层中下部和东北部。比较方案（方案 3）的震源断层设定于目标区中部，断层长度 25km，发震开始点位于断层中下部。

（3）大蜀山—吴山口断裂（F3），设定地震 $M6.0$ 级；震源断层位于大蜀山南侧，断层长度 15km，发震开始点位于断层中下部。

（4）桥头集—东关断裂（F4），设定地震 $M6.0$ 级；断层长度 15km，发震开始点位于断层中下部。

（5）大蜀山—长临河断裂（F5），设定地震 $M6.0$ 级；断层长度 15km，发震开始点位于断层中下部。

（6）六安—合肥断裂（F6），设定地震 $M6.0$ 级；断层长度 15km，发震开始点位于断层东端下部。

（7）肥西—韩摆渡断裂（F7），设定地震 $M6.0$ 级；断层长度 15km，发震开始点位于断层中下部。

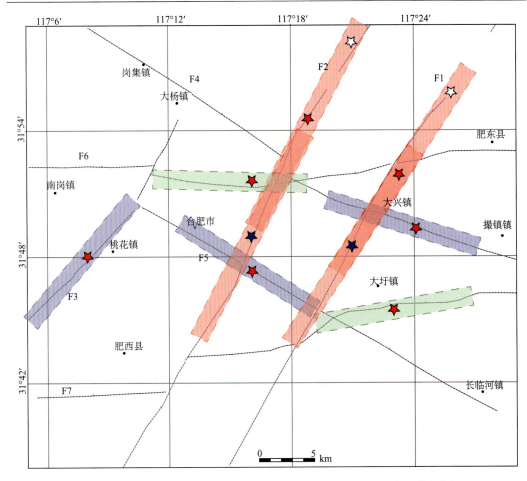

图 6.1.1　设定目标断裂 F1、F2、F3、F4、F5、F6 和 F7 在目标区位置图

6.1.2.2　设定断层形态与地震深度

根据深部地震剖面探测分析结果，合肥地区的地壳结构以剖面上的反射波组 Rc 和莫霍（Moho）面反射为界分为上地壳和下地壳，其中上地壳厚度约 16.5～20.3km；在剖面西端，莫霍面埋深为 37.7～38.3km，相应的下地壳厚度为 21.2～21.7km；在剖面东端，莫霍面埋深约 34.4km，相应的下地壳厚度为 17.8km。研究区内下地壳总体显示为西厚东薄，地壳厚度由西向东也呈减薄趋势。壳幔过渡带厚度约 3～5km，对应于地壳厚度的变化趋势，在剖面中反映为由东向西倾斜。

桑涧子—广寒桥断裂（F1）和乌云山—合肥断裂（F2）属于郯庐断裂带分支断裂，视倾向东，断面陡立，错切剖面中生代以来的盆地盖层反射和基底反射 Tg1，在上下地壳分界 Rc（深度约 16.5km）附近，与断裂 F1 与 F2 交会。乌云山—合肥断裂在深地震反射剖面中为视倾向东的张性断层，向上错断上地壳内的所有界面，向下在深度约24.8km 处与池河—西山驿断裂相交。近地表速度反演结果显示，F2 断裂西侧速度明显高于断裂东侧速度，断裂 F2 与断裂 F15 之间夹持为低速异常区段，深地震反射剖面中也显示为一个基底凹陷。

根据地震精定位结果，震源深度主要分布在 0～15km，其中优势分布深度区间为 0～10km。合肥地区现代地震不多，主要以 3 级以下地震为主。结合邻区地震震源深度分布可知，该区地震震源深度主要分布在 6～8km。在华北地区，与目标区地震环境相近地区的更大级别的强震，如 1966 年河北邢台 M_s7.2 级地震的震源深度为 9km；1975 年辽宁海城 M_s7.3 级地震的震源深度为 16km。考虑到目标断层可能发生的潜在最大地震为 M6.0～M6.5 级，结合震级和断层尺度关系，将震源深度设定为 6～12km。

6.1.2.3　设定断层参数

根据地震危险性评价结果，确定了目标区设定地震断层的主要参数。设定断层的潜在地震最大震级为 M6.0～M6.5。断层破裂长度根据设定潜在地震的最大震级，由本地区的断层破裂长度与地震规模关系及断裂在本地区的分布形态与产状综合确定，并依据活动断层模拟计算方法体系的震源参数确定原则进行目标断层长度和面积的确定。

断层的走向、断层面的宽度、断层上断点埋深和断层的倾角由野外观测结果和人工地震勘探资料综合确定。确定破裂滑动角是比较复杂且具有很大不确定性的工作，参照郯庐断裂带宏观断层性质及地震危险性评价结果进行设定。考虑 1668 年山东郯城 $8\frac{1}{2}$ 级地震的发震段莒县—郯城断层段水平平均同震位错与垂直平均同震位错的比例关系为 3.31∶1，进而设定合肥地区断层面上的平均破裂滑动角度。断层破裂速度是剪切波的 0.7～0.9 倍，约为 2.7～3.2km/s。

6.1.2.4　设定 Asperity 位置

最大 Asperity 和发震位置常发生于断层上的地震空白区域及断层分支或机制转换位置。但是由于对其机制的研究水平尚不能够直接指导 Asperity 的设定，无法仅根据地质现象进行 Asperity 位置的设定，通常的做法是考虑对目标区不利或平均的原则对地震的 Asperity 震源模型进行设定，并通过设定不同的震源方案考虑其不确定性。根据地震危险性评价结果、目标断层的分段及最大 Asperity 和发震点等理论，考虑对合肥市区不利等多种可能性，按照凹凸体特征震源理论对目标断层的震源模型进行设定。

（1）对于目标断层桑涧子—广寒桥断裂（F1）和乌云山—合肥断裂（F2）考虑对合肥市区不利的可能性，将最大 Asperity 设定于靠近市区的段落，将发震开始点设定于最大 Asperity 和第二 Asperity 之间（位于断层中下部）；考虑设定条件的不确定性，F1 和 F2 的第二方案采用将最大 Asperity 设定于远离市区的段落，将发震开始点设定于最大 Asperity 下方（位于断层北下部）；F1 和 F2 断层的第三方案考虑对合肥市区最为不利的可能性，将发震区段设定于目标区中部，最大 Asperity 和第二 Asperity 靠近市区，将发震开始点设定于断层中下部。

（2）目标断层大蜀山—吴山口断裂（F3）、桥头集—东关断裂（F4）、大蜀山—长临河断裂（F5）、六安—合肥断裂（F6）和肥西—韩摆渡断裂（F7）分别设置于应力水平较高的区段，每条断层设定最大 Asperity 和第二 Asperity，考虑对合肥市区不利的可能性，将最大 Asperity 设定于靠近合肥市区或肥东县城区或滨湖新区附近，除六安—合肥断裂（F6）外，均将发震开始点设定于最大 Asperity 和第二 Asperity 之间（位于断层中下部）。

破裂开始点的位置是最难把握的参数，目标断层附近的小震活动很少，没有明显的集中点。根据连续介质中的裂纹组合模型中应力集中位置类比确定了断裂应力集中的位置在断裂应力集中部位，因此，在没有确切的数据和资料的情况下，按照震源反演的一般性结论，采取将破坏开始点布置于主要 Asperity 附近的原则。历史上很多地震具有以上特点，图 6.1.2 表示 2008 年汶川地震的震源反演模型，断层的右端为西南向的闭锁区，在断层的右端呈现较高的应力区，而地震的确发生于此（映秀）。同时，考虑到存在断层的前方破裂效应等近断层效应，可以考虑将破裂开始点布置在相对于市区较远的断层侧下缘，以考虑对目标区较为不利的震源设定条件。计算时根据特征震源模型的具体建模方法在保证地震矩一定的条件下对断层的参数进行必要的调整。具体数据详见各条断层设定震源模型与震源模型参数表。

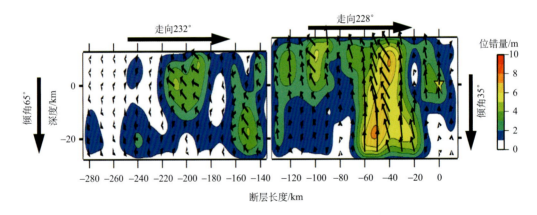

图 6.1.2　2008 年汶川地震 $M_S 8.0$ 震源反演模型

6.1.3　目标断层震源模型

根据上述发震断层空间位置和最大震级等条件，分别设定了 F1 和 F2 的基本方案震源模型（方案 1 和方案 2）和比较方案震源模型（方案 3）以及 F3~F7 的基本方案震源模型。

空间破裂传播形式根据断层的类型和规模确定为依破裂开始点位置的近似等心圆破裂。断层分布均为接近平面分布，故破裂的发育设定为沿断层展布传播的模式。Somerville 等（1999）对于典型（代表）性的地震事件的震源反演解进行了特征性统计解析，得到 Asperity 的平均数量约为 2.6 个（根据地震的规模为 1~3 个）。考虑未来地震的不确定性，基于断层面上能量相对均匀的理念进行 Asperity 的设定，每个发震构造模型设定为分别由两个主要 Asperity 构成的矩形断层。

- 最大 Asperity 1 个；
- 第二 Asperity 1 个。

Asperity 面积占断层总面积的 21%～22%。

根据板内地震的震源特性，采用三维差分法与统计学格林函数法混合计算方法（hybrid method）对需要的震源计算参数进行了推导。通过断层长度、宽度、走向、倾角、滑动角（震源机制）、矩震级、破裂传播速度、上界埋深、上断点的坐标等各项参数推导出震源的宏观与微观震源参数。断层长度、宽度、走向、倾角、滑动角（震源机制）、矩震级等初始参数根据地震危险性评价结果确定。然后，建立目标断层的发震震源模型和震源参数。

目标断层设定地震的震源模型分别表示于图 6.1.3～图 6.1.8。其中，图 6.1.3 表示桑涧子—广寒桥断裂设定 Asperity 模型方案 1 和方案 3（空间位置不同），图 6.1.4 表示桑涧子—广寒桥断裂设定 Asperity 模型方案 2，图 6.1.5 表示乌云山—合肥断裂设定 Asperity 模型方案 1 和方案 3（空间位置不同），图 6.1.6 表示乌云山—合肥断裂设定 Asperity 模型方案 2，图 6.1.7 表示大蜀山—吴山口断裂、桥头集—东关断裂和大蜀山—长临河断裂设定 Asperity 模型方案，图 6.1.8 表示六安—合肥断裂和肥西—韩摆渡断裂设定 Asperity 模型方案。图中红色部分表示第一 Asperity，黄色部分表示第二 Asperity，灰色部分为背景区域。七角星表示发震开始点，红色、黄色、白色分别表示基本震源模型和不同方案震源模型。目标断层设定地震的震源参数见表 6.1.1～表 6.1.4。

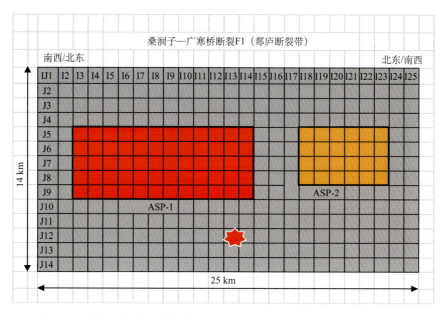

图 6.1.3　桑涧子—广寒桥断裂设定地震 M6.5 级震源模型方案 1 和方案 3

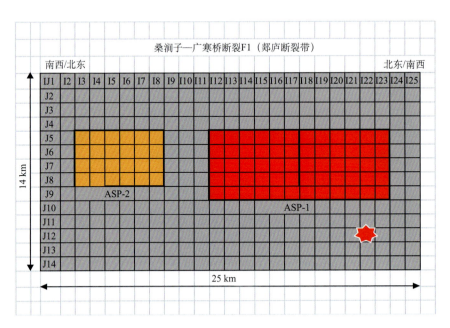

图 6.1.4　桑涧子—广寒桥断裂设定地震 $M6.5$ 级震源模型方案 2

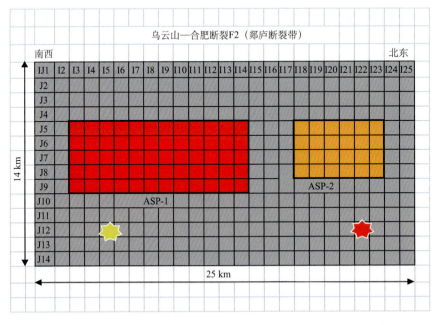

图 6.1.5　乌云山—合肥断裂设定地震 $M6.5$ 级震源模型方案 1 和方案 3

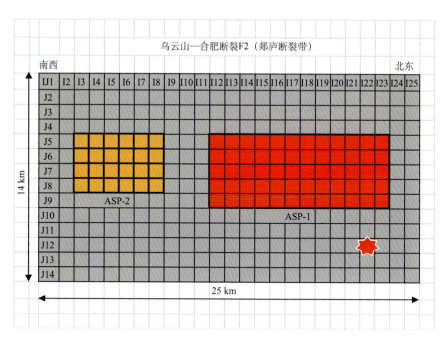

图 6.1.6　乌云山—合肥断裂设定地震 M6.5 级震源模型方案 2

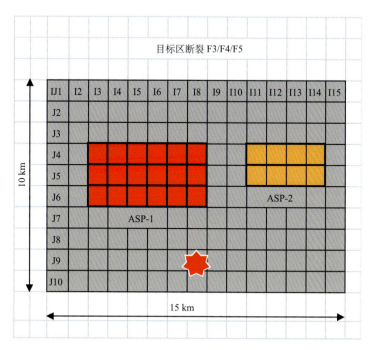

图 6.1.7　大蜀山—吴山口断裂、桥头集—东关断裂及
大蜀山—长临河断裂设定地震 M6.0 级震源模型方案

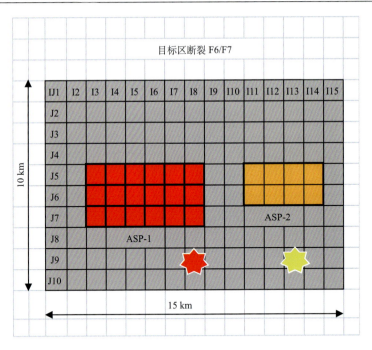

图 6.1.8　六安—合肥断裂和肥西—韩摆渡断裂设定地震 *M*6.0 级震源模型方案

表 6.1.1　桑涧子—广寒桥断裂设定 *M*6.5 级地震震源参数表

参数	设定值	单位	设定依据
断层长度	25	km	活断层探测结果
断层宽度	14	km	活断层探测结果
断层上断点	1～2	km	孕震层上端
断层下断点	15～16	km	孕震层下端
走向（strike）	210～215	°	北向顺时针旋转
倾角（dip）	85～88	°	走向轴顺时针方向
滑动角（rake）	160～180	°	右旋走滑逆断层
长度方向分割量（NL）	25		
宽度方向分割量（NW）	14		
断层要素的长度	1	km	
断层要素的宽度	1	km	
滑动方向分割数（ND）	19		
叠加数量	6650		
样本频率	100	Hz	
再分割数量（n'）	4		
断层面积	350	km^2	断层长度×断层宽度
地震矩	6.31	10^{25}dyne·cm	活断层探测结果

参数	设定值	单位	设定依据
断层要素平均地震矩	0.9	$10^{22}\text{dyne}\cdot\text{cm}$	
最大 Asperity 面积	60	km^2	
第二 Asperity 面积	24	km^2	
破裂开始点位置	Asperity 下缘		位置不同
破裂速度	2.7~2.8	km/s	
破裂形式	近似同心圆		根据断层产状选定
震源时间	0.81	s	
Asperity 平均滑动量比	2.01		
背景域平均滑动量比	0.67		
●Asperity 的位错量一定的场合			
最大 Asperity 的地震矩	2.2	$10^{25}\text{dyne}\cdot\text{cm}$	
第二 Asperity 的地震矩	0.9	$10^{25}\text{dyne}\cdot\text{cm}$	
背景 Asperity 的地震矩	3.21	$10^{25}\text{dyne}\cdot\text{cm}$	
平均应力降	23.5	bar[①]	
最大 Asperity 的应力降	115.3	bar	
第二 Asperity 的应力降	186.5	bar	
背景域的应力降	18	bar	
●Asperity 的应力一定的场合			
最大 Asperity 的地震矩	2.4	$10^{25}\text{dyne}\cdot\text{cm}$	
第二 Asperity 的地震矩	0.6	$10^{25}\text{dyne}\cdot\text{cm}$	
背景 Asperity 的地震矩	3.31	$10^{25}\text{dyne}\cdot\text{cm}$	
平均应力降	23.5	bar	
最大 Asperity 的应力降	125.8	bar	
第二 Asperity 的应力降	124.3	bar	
背景域的应力降	18.6	bar	

①1bar=10^5Pa=1dN/mm^2。

表 6.1.2　乌云山—合肥断裂设定 *M*6.5 级地震震源参数表

参数	设定值	单位	设定依据
断层长度	25	km	活断层探测结果
断层宽度	14	km	活断层探测结果
断层上断点	1~2	km	孕震层上端
断层下断点	15~16	km	孕震层下端
走向（strike）	210	°	北向顺时针旋转
倾角（dip）	80~85	°	走向轴顺时针方向
滑动角（rake）	160~180	°	右旋走滑逆断层
长度方向分割量（NL）	25		
宽度方向分割量（NW）	14		

参数	设定值	单位	设定依据
断层要素的长度	1	km	
断层要素的宽度	1	km	
滑动方向分割数（ND）	19		
叠加数量	6650		
样本频率	100	Hz	
再分割数量（n'）	4		
断层面积	350	km^2	断层长度×断层宽度
地震矩	6.31	$10^{25}dyne \cdot cm$	活断层探测结果
断层要素平均地震矩	0.9	$10^{22}dyne \cdot cm$	
最大 Asperity 面积	60	km^2	
第二 Asperity 面积	24	km^2	
破裂开始点位置	Asperity 下缘		位置不同
破裂速度	2.7~2.8	km/s	
破裂形式	近似同心圆		根据断层产状选定
震源时间	0.81	s	
Asperity 平均滑动量比	2.01		
背景域平均滑动量比	0.67		
●Asperity 的位错量一定的场合			
最大 Asperity 的地震矩	2.2	$10^{25}dyne \cdot cm$	
第二 Asperity 的地震矩	0.9	$10^{25}dyne \cdot cm$	
背景 Asperity 的地震矩	3.21	$10^{25}dyne \cdot cm$	
平均应力降	23.5	bar	
最大 Asperity 的应力降	115.3	bar	
第二 Asperity 的应力降	186.5	bar	
背景域的应力降	18	bar	
●Asperity 的应力一定的场合			
最大 Asperity 的地震矩	2.4	$10^{25}dyne \cdot cm$	
第二 Asperity 的地震矩	0.6	$10^{25}dyne \cdot cm$	
背景 Asperity 的地震矩	3.31	$10^{25}dyne \cdot cm$	
平均应力降	23.5	bar	
最大 Asperity 的应力降	125.8	bar	
第二 Asperity 的应力降	124.3	bar	
背景域的应力降	18.6	bar	

表 6.1.3 大蜀山—吴山口/桥头集—东关/大蜀山—长临河断裂设定 *M*6.0 级地震震源参数表

参数	设定值	单位	设定依据
断层长度	15	km	活断层探测结果
断层宽度	10	km	活断层探测结果
断层上断点	1~2	km	孕震层上端
断层下断点	8~10	km	孕震层下端
走向（strike）	45	°	北向顺时针旋转
倾角（dip）	40~50	°	走向轴顺时针方向
滑动角（rake）	90	°	
长度方向分割量（NL）	15		
宽度方向分割量（NW）	10		
断层要素的长度	1	km	
断层要素的宽度	1	km	
滑动方向分割数（ND）	12		
叠加数量	1800		
样本频率	100	Hz	
再分割数量（*n'*）	4		
断层面积	150	km^2	断层长度×断层宽度
地震矩	1.12	10^{25}dyne·cm	活断层探测结果
断层要素平均地震矩	0.6	10^{22}dyne·cm	
最大 Asperity 面积	18	km^2	
第二 Asperity 面积	8	km^2	
破裂开始点位置	Asperity 下缘		
破裂速度	2.7~2.8	km/s	
破裂形式	近似同心圆		根据断层产状选定
震源时间	0.45	s	
Asperity 平均滑动量比	2.01		
背景域平均滑动量比	0.78		
●Asperity 的位错量一定的场合			
最大 Asperity 的地震矩	0.3	10^{25}dyne·cm	
第二 Asperity 的地震矩	0.1	10^{25}dyne·cm	
背景 Asperity 的地震矩	0.72	10^{25}dyne·cm	
平均应力降	14.9	bar	
最大 Asperity 的应力降	95.7	bar	
第二 Asperity 的应力降	107.7	bar	
背景域的应力降	12.7	bar	
●Asperity 的应力一定的场合			
最大 Asperity 的地震矩	0.3	10^{25}dyne·cm	
第二 Asperity 的地震矩	0.1	10^{25}dyne·cm	

参数	设定值	单位	设定依据
背景 Asperity 的地震矩	0.72	10^{25}dyne·cm	
平均应力降	14.9	bar	
最大 Asperity 的应力降	95.7	bar	
第二 Asperity 的应力降	107.7	bar	
背景域的应力降	12.7	bar	

表 6.1.4 六安—合肥/肥西—韩摆渡断裂设定 M6.0 级地震震源参数表

参数	设定值	单位	设定依据
断层长度	15	km	活断层探测结果
断层宽度	10	km	活断层探测结果
断层上断点	1~2	km	孕震层上端
断层下断点	8~10	km	孕震层下端
走向（strike）	88~92	°	北向顺时针旋转
倾角（dip）	55~65	°	走向轴顺时针方向
滑动角（rake）	270	°	
长度方向分割量（NL）	15		
宽度方向分割量（NW）	10		
断层要素的长度	1	km	
断层要素的宽度	1	km	
滑动方向分割数（ND）	12		
叠加数量	1800		
样本频率	100	Hz	
再分割数量（n'）	4		
断层面积	150	km^2	断层长度×断层宽度
地震矩	1.12	10^{25}dyne·cm	活断层探测结果
断层要素平均地震矩	0.6	10^{22}dyne·cm	
最大 Asperity 面积	18	km^2	
第二 Asperity 面积	8	km^2	
破裂开始点位置	Asperity 下缘		
破裂速度	2.7~2.8	km/s	
破裂形式	近似同心圆		根据断层产状选定
震源时间	0.45	s	
Asperity 平均滑动量比	2.01		
背景域平均滑动量比	0.78		
●Asperity 的位错量一定的场合			
最大 Asperity 的地震矩	0.3	10^{25}dyne·cm	
第二 Asperity 的地震矩	0.1	10^{25}dyne·cm	

续表

参数	设定值	单位	设定依据
背景 Asperity 的地震矩	0.72	10^{25}dyne·cm	
平均应力降	14.9	bar	
最大 Asperity 的应力降	95.7	bar	
第二 Asperity 的应力降	107.7	bar	
背景域的应力降	12.7	bar	
●Asperity 的应力一定的场合			
最大 Asperity 的地震矩	0.3	10^{25}dyne·cm	
第二 Asperity 的地震矩	0.1	10^{25}dyne·cm	
背景 Asperity 的地震矩	0.72	10^{25}dyne·cm	
平均应力降	14.9	bar	
最大 Asperity 的应力降	95.7	bar	
第二 Asperity 的应力降	107.7	bar	
背景域的应力降	12.7	bar	

6.2　地下速度结构模型建立及优化

6.2.1　地下速度结构模型

建立三维地下速度结构的关键在于如何确立高精度的计算模型如实反映地下结构的物理特征，同时建立的模型必须适用于强地震动模拟计算并有利于数据补充和模型修改完善，而通过深钻等直接数据进行模型的检验是保证建立精确模型的重要环节。本节根据建模最优化要求制定具体建模流程，如图 6.2.1 所示。

6.2.2　三维地下速度结构模型建立

建模时，综合利用合肥地区的浅层地震勘探结果、地质与地形资料、深孔资料（能够用于第四系层序地层和物性分析）、各地层波速试验资料（横波速度 V_S 或纵波速度 V_P）及电磁探测等其他调查资料，确定目标区典型地层的空间分布和物性参数。根据收集的大量数据分别构建以合肥为中心的广域模型和目标区范围的基本模型。对于建模数据丰富且在空间上分布均匀的区域，运用多功能海量数据处理软件进行模型的构筑，对于建模数据稀少及在空间上分布不均匀的区域，运用开发的 B-Spline 函数建模方法连接空间随机分布的深度数据。通过收集整理适当数量的建模数据及开发运用的建模方法，建立了符合地质学和地形学理论的合肥地区三维不均匀地层速度结构模型。

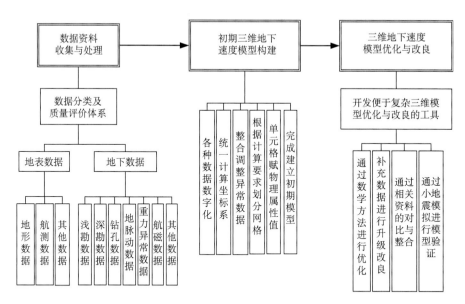

图 6.2.1　地下结构模型建模流程图

合肥地区三维地下速度结构模型包括第四系及地壳速度结构模型。综合地球物理探测及标准孔等资料成果，目标区第四纪地层标准剖面自上而下划分为全新统（Q_h）、更新统上部（Q_p^3）、更新统中部（Q_p^2）。第四系基底为 Q_p^1 层，其下部为新近系、古近系对应层 N、E 层，以及岩石圈表层 Rock 层和地震孕育层等。岩石圈表层 Rock 层表示堆积盆地盆底结构，地震孕育层表示地震基岩层，Rock 层横波波速一般为 2.2～3.0km/s，地震孕育层横波波速为 3.0km/s。这里使用［某 Q 对应层］的概念是为了表示根据波速确定的分层，区别于按照年代命名的地层。对于各种不同的资料，需要根据其质量进行整理和分类，根据强地震动预测的需要有选择性地使用。

合肥地区地下速度结构模型为七层分层结构，各层参数有 7 个，包括介质要素的空间坐标（x_j, y_j, z_j）、纵波速度 V_P、横波速度 V_S、密度 ρ、品质因子 Q。其中，浅层结构模型的纵波速度 V_P、横波速度 V_S、密度 ρ 等参数参考钻孔资料和相关数据进行设定。品质因子 Q 依据既有科研成果，通过其他物性值间接导出。深部结构根据地质和地球物理成果资料确定。在设定时，考虑三维数值模拟方法的特点，进行了适宜的数据调整。

构建的基本地下速度结构模型如图 6.2.2～图 6.2.16 所示，分别包括各主要地层的速度结构等深线图、平面图及其三维鸟瞰图。图 6.2.17 表示各主要地层分布的空间关系。表 6.2.1 表示设定的合肥地下速度结构模型的物理参数。

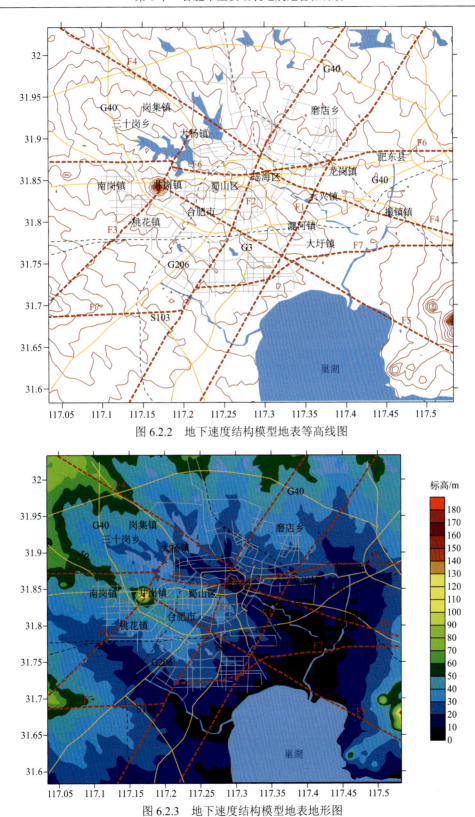

图 6.2.2　地下速度结构模型地表等高线图

图 6.2.3　地下速度结构模型地表地形图

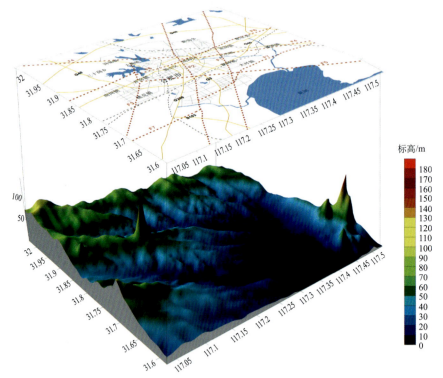

图 6.2.4　地下速度结构模型地表地形鸟瞰图

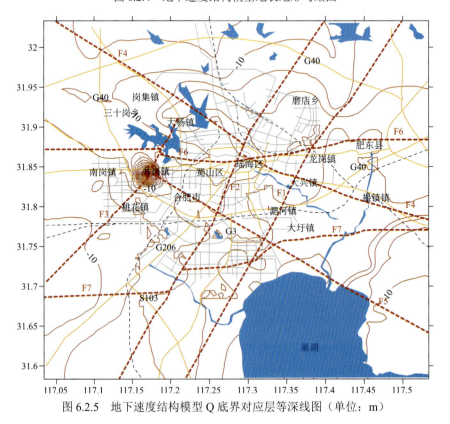

图 6.2.5　地下速度结构模型 Q 底界对应层等深线图（单位：m）

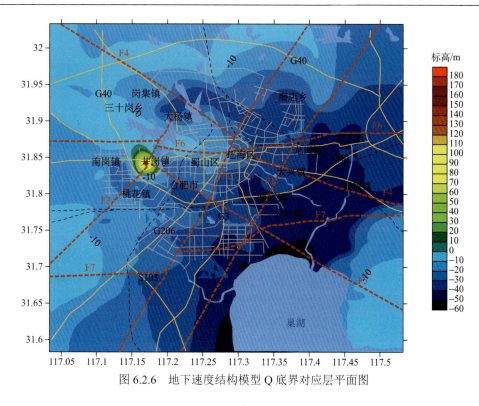

图 6.2.6 地下速度结构模型 Q 底界对应层平面图

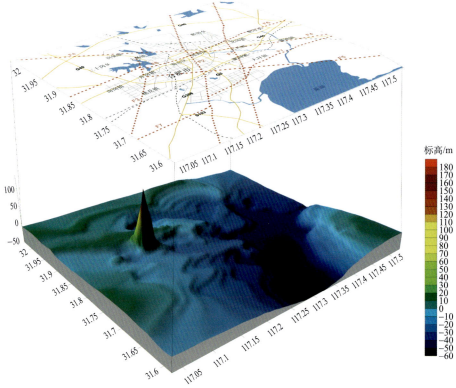

图 6.2.7 地下速度结构模型 Q 底界对应层鸟瞰图

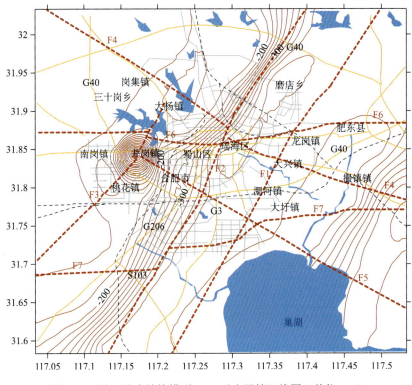

图 6.2.8 地下速度结构模型 N+E 对应层等深线图（单位：m）

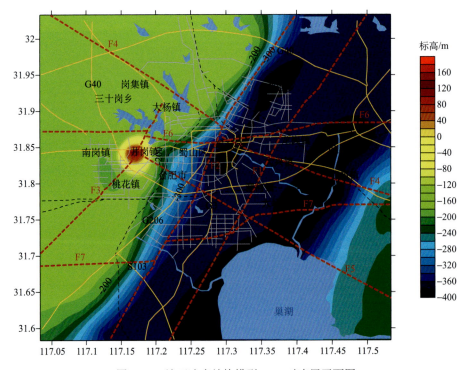

图 6.2.9 地下速度结构模型 N+E 对应层平面图

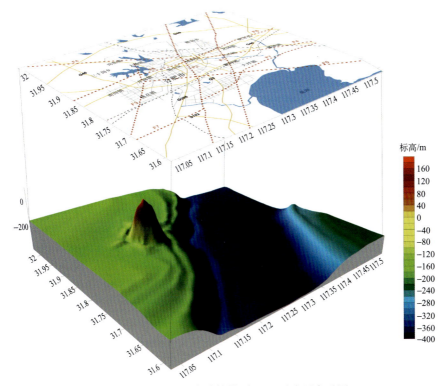

图 6.2.10　地下速度结构模型 N+E 对应层鸟瞰图

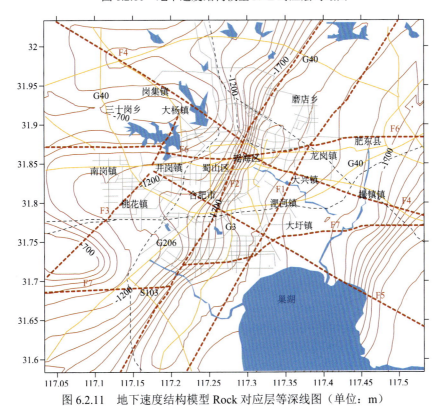

图 6.2.11　地下速度结构模型 Rock 对应层等深线图（单位：m）

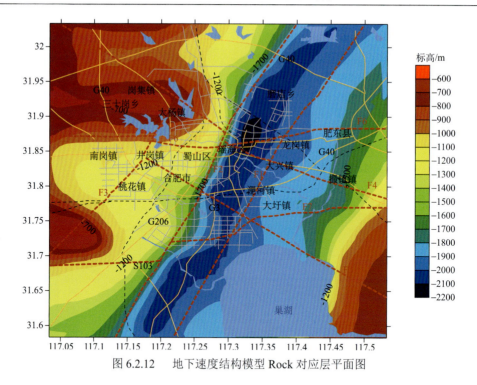

图 6.2.12　地下速度结构模型 Rock 对应层平面图

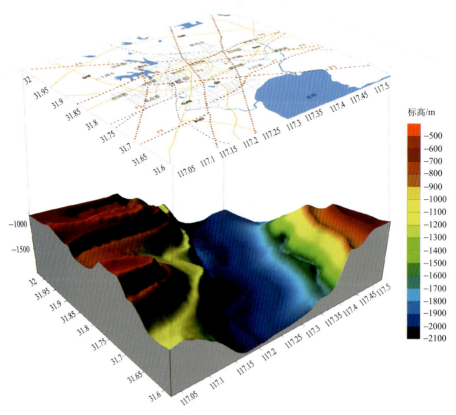

图 6.2.13　地下速度结构模型 Rock 对应层鸟瞰图

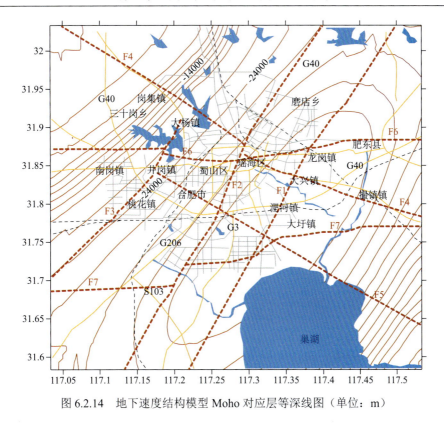

图 6.2.14　地下速度结构模型 Moho 对应层等深线图（单位：m）

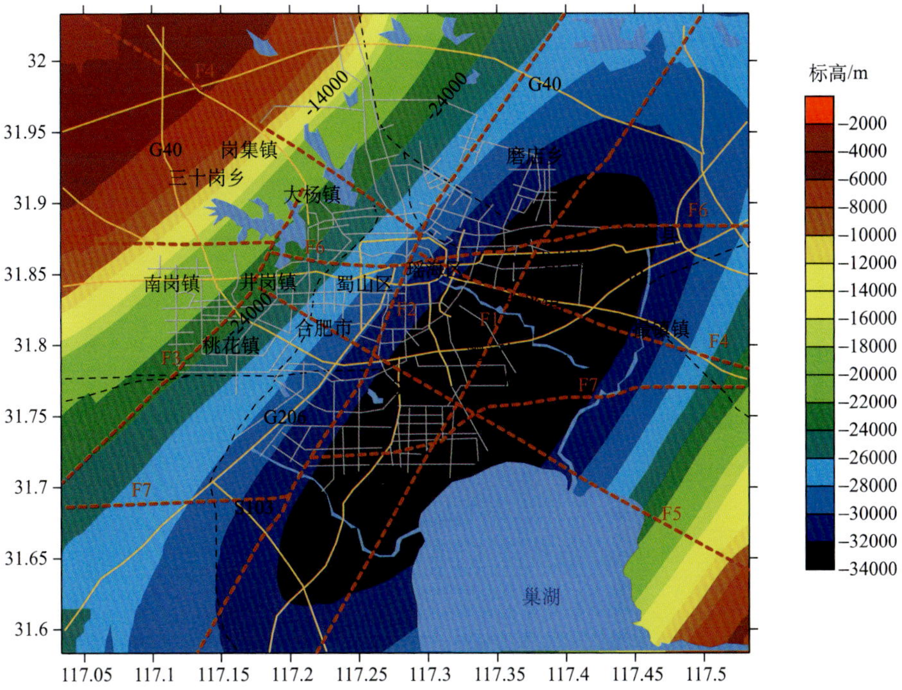

图 6.2.15　地下速度结构模型 Moho 对应层平面图

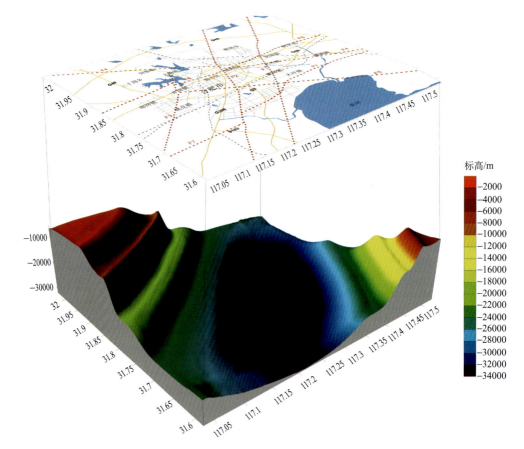

图 6.2.16　地下速度结构模型 Moho 对应层鸟瞰图

表 6.2.1　合肥地区地下速度结构模型物理参数

序号	地层名称	P 波速度/（km/s）	S 波速度/（km/s）	密度/（g/cm^3）	衰减因子
1	Q_h 对应层	0.65～0.80	0.10～0.15	1.75～1.80	50～60
2	Q_p^3 对应层	0.80～1.50	0.15～0.30	1.80～1.95	60～80
3	Q_p^2 对应层	1.50～1.80	0.30～0.40	1.95～2.00	80～100
4	Q_p^1 对应层（区域性缺失）	1.80～2.50	0.40～0.55	2.00～2.10	150～160
5	N+E 对应层	2.50～3.50	0.55～1.50	2.10～2.30	200～300
6	Rock 对应层	4.50～6.00	2.20～3.00	2.50～2.75	500～700
7	地震孕育层	6.50～7.80	3.20～3.60	2.80～2.90	>1000

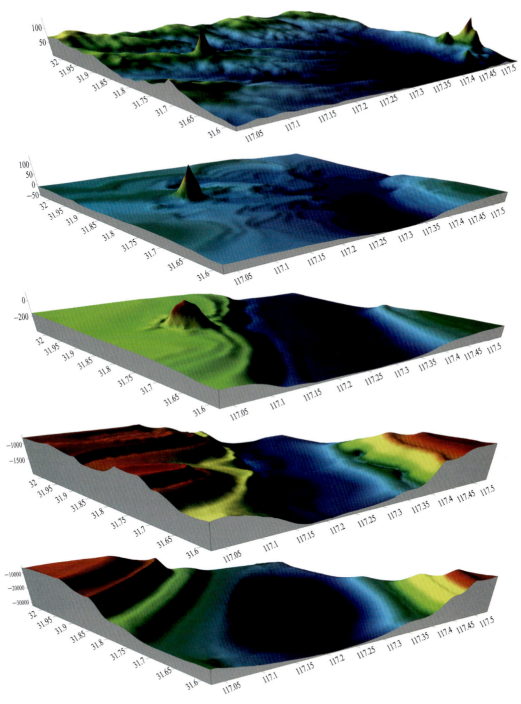

图 6.2.17　地下速度结构模型主要地层间空间关系

由上至下：地表、Q 层、N+E 层、Rock 层、Moho 层

6.3 强地震动计算与合成

6.3.1 短周期强地震动计算

合肥地区小于 1s 的短周期强地震动（高频）采用改良随机格林函数法计算。计算中使用了三维地下结构模型和 Asperity model 的参数。三维地下结构建模范围包括目标区在内的有效部分，为保证计算精度，计算模型范围大于目标区范围。因此，上述设定的计算模型称为目标区扩展模型，扩展模型的范围如图 6.3.1 所示。

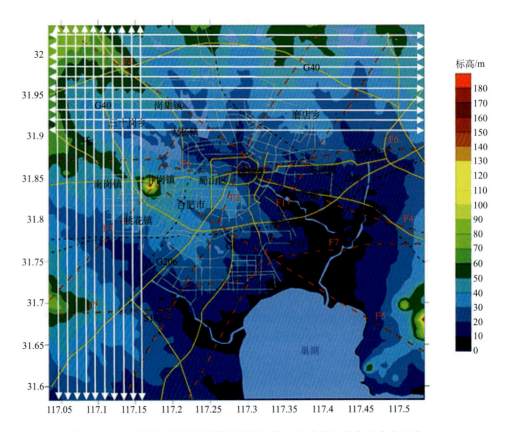

图 6.3.1　合肥地区基本计算模型范围（输出地点为经纬向白线交叉点）

在目标区范围附近，长、短周期计算波形的输出地点设定为以 1 km^2 为单位，依据地震动区划，进行 4 km^2 的平均计算，在扩展目标区范围区划单元共计 2397 个。

6.3.2 长周期强地震动理论计算

在保证计算模型参数的合理化和效率化的前提下，基于不规则网格的三维有限差分法（3DFD staggered-grid finite differences with non-uniform spacing）进行有效周期为 1s 以上的长周期地震动场的理论计算。开发根据地层波速可以采用不同网格步长的高效率计算程序，在保证空间 4 次精度计算的同时，进一步降低了计算量，提高了运算效率。该方法比标准错格计算方法节省 40% 的运算时间，从而解决了合肥地区断层展布范围大，同时需要考虑冲积平原低速度表层时有效计算周期的相互制约问题。

目标区计算模型的地表层横波最小波速为 $V_\mathrm{S}=200\sim300\mathrm{m/s}$，同时覆盖表层的厚度在 0～数千米之间变化，为典型的山区-丘陵-平原地貌的地质结构。因此，在保证有效计算周期的条件下，尽可能地采取较密集的网格划分，以客观地反映地下模型形状的准确性。水平方向网格单元定为 50m，垂直方向采用变步长网格，在盆地深度内网格尺寸为 5～10m，基岩内的网格采用 100～200m。目标区内断层计算模型的计算自由度约为 5000 万个，区域外断层的计算自由。由于模型表层采用了密集间距的网格划分，所以要求计算的时间步距非常短，以满足计算精度的要求。当最大纵波 $V_\mathrm{P}=6000\mathrm{m/s}$、表层网格尺寸为 10m 时，计算时间步长要求不大于 0.001，即每计算 1s 的时程需要进行 1000 次计算。

目标区计算模型的尺寸为 51km（EW）×47km（NS）×40km（深度），其中进行一个地震事件（一种设定震源计算模型）的计算所需时间约为 50h。时程的周期特性（有效周期）为 1.0（1.0Hz）～20.0s（0.05Hz）。

6.3.3　宽频带地震动合成

在完成长、短周期地震动计算的基础上，运用混合法（hybrid method）的宽频带模拟地震波的合成技术对于长、短周期的地震波同时实施相同特性的波段过滤处理，在频域合成后得到宽频带模拟地震波。

图 6.3.2、图 6.3.3 和图 6.3.4 分别表示运用混合法合成的宽频带大地震波、采用三维差分法计算的长周期大地震波及采用改良随机格林函数法计算的短周期大地震波的地震动参数。图中表示了各个地震波 NS、EW、垂直向（UD）分量的加速度、速度、位移的波形，以及相应的反应谱（阻尼常数 5%）。

6.4　强地震动预测结果与分析

6.4.1　F1-M6.5 级地震震源模型方案 1 地震动

图 6.4.1、图 6.4.2 和图 6.4.3 分别表示桑涧子—广寒桥断裂 F1 发生 M6.5 级地震设定震源模型 1 时，在目标区范围内的最大加速度（PGA）分布图、最大速度（PGV）分布图及最大位移（PGD）分布图。图中红色虚线表示目标断层在地面的迹线展布，黄色与黑色虚线表示高速公路等交通线路，蓝色表示河流和湖泊等水系。

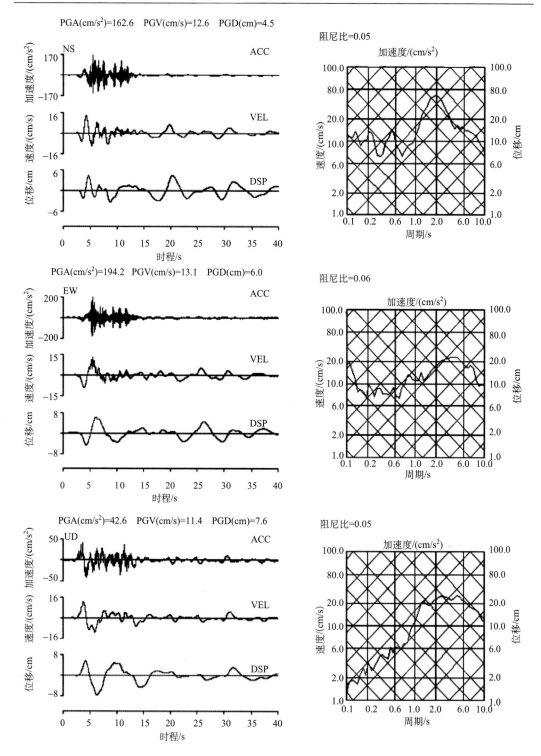

图 6.3.2　宽频带地震波合成示例示意图

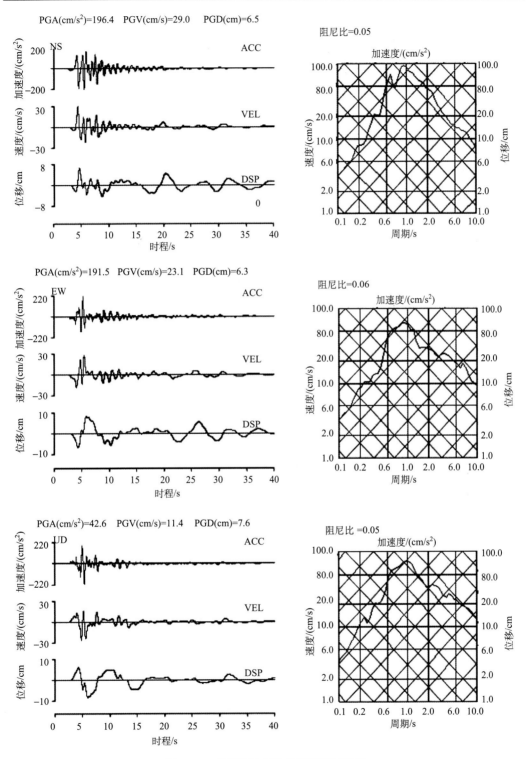

图 6.3.3　长周期地震波计算示例示意图

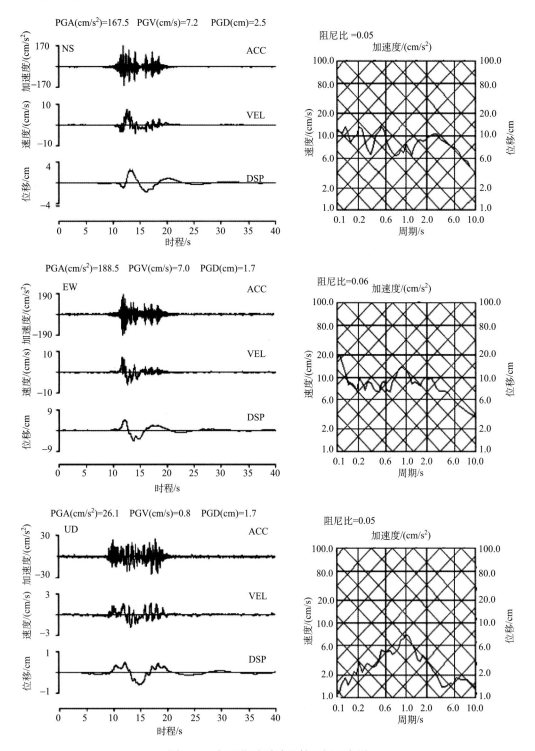

图 6.3.4　短周期地震波计算示例示意图

图 6.4.1 的最大加速度（PGA）分布图显示加速度影响范围基本覆盖整个目标区。相对目标区的尺度，北北东向分布的断层震源区发生破裂所形成的强地面运动的影响非常大。加速度高值影响区集中分布于发震断层的两侧及两端。高值影响区是指对建筑物可能产生破坏作用的 100cm/s^2 以上的加速度分布区域（图中绿黄色以上区域）。其中东侧较西侧的地震动发育卓越，强烈地震动高达 250～350cm/s^2。目标区内强烈地震场在地表的分布呈长轴 30～35km、短轴 15～20km 的长圆形区域，覆盖以合肥市区—大圩镇—撮镇镇—肥东县—磨店乡—大杨镇为顶点所包围的区域。目标区内活动断层发生的近断层地震动场的最大特征是同时表现出强烈的震源特性效应和强烈的场地特性效应。桑涧子—广寒桥断裂 F1 是右旋走滑兼逆冲断层破裂模式，其地震动在断层两侧卓越并且由于走滑断层的放射特征在断层端部形成集中的地震动分布场。目标断层为郯庐断裂带西支，根据盆地地下结构资料，断层上方覆盖结构复杂的深厚沉积层，因此场地效应导致在断层周围形成了大面积的地震动高值影响区。

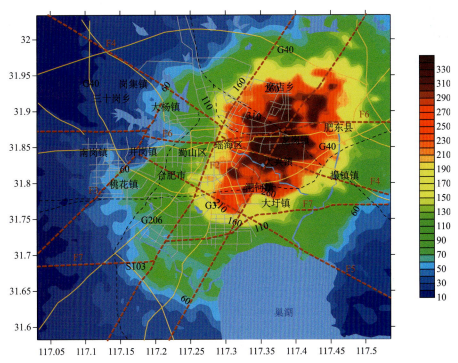

图 6.4.1　桑涧子—广寒桥断裂 F1-M6.5 级设定地震方案 1 最大加速度（PGA）分布图（单位：cm/s^2）

在上述范围内的地震动幅值基本都在 100cm/s^2 以上，目标区极限最大加速度幅值达 330～350cm/s^2。合肥市区处于地震动发生急剧变化的区域，东部区域特别是东北部区域由于位于断层侧的 Asperity 应力集中区影响范围，最大加速度发育卓越，幅值达 180～350cm/s^2，西部区域相对衰减，加速度幅值在 80～200cm/s^2 变化。

最大速度（PGV）分布图（图 6.4.2）显示地震动的空间分布形态与加速度的结果相似，只是影响范围相对缩小。速度高值影响区主要集中于断层两侧与两端，与最大加速度影响场对应，该区域为具有松散覆盖层的破裂带区域，速度极限值达到 26～28cm/s。合肥市区、北部区域，特别是东北部区域位于地震动卓越区域，最大速度（PGV）分布区域的机理对应于断层的破裂机理和断层的空间展布，同时对应于断裂带及上覆松散覆盖层的分布特征。震源附近的最大值分布受活动断层震源特征影响较大，而在外围区域，地震动受场地条件的堆积层特征影响，分布比较均匀。

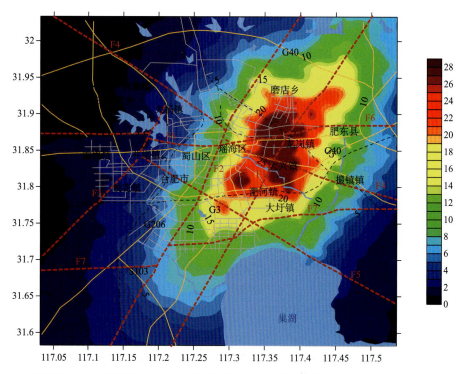

图 6.4.2　桑涧子—广寒桥断裂 F1-M6.5 级设定地震方案 1 最大速度（PGV）分布图（单位：cm/s）

　　最大位移（PGD）分布图（图 6.4.3）显示地震动位移峰值场的分布与加速度场、速度场相对应，表现为显著的右旋走滑兼逆冲断层破裂效应，主要地震动呈沿断层带状分布的特征，断层两侧地震动具有较高的幅值，断层两端地震动分布相对卓越，而在郯庐断裂带西支断层乌云山—合肥断裂 F2 西侧，由于基岩的抬升导致地震动衰减显著。最大位移（PGD）分布对应断裂带上覆松散覆盖层的分布特征。

　　根据场地条件分析，震源附近地区的地质结构以断裂形式为主，围绕断裂带堆积层变化显著，因此总体分析认为，场地对于地震动的影响表现在断裂带构造、沉积平原等因素上，其复杂地下构造对地震动产生了复杂的聚焦和叠加等效应。震源的影响则包括该断层的空间展布、Asperity 的位置、发震开始点及破裂方式等因素。因此，综合考虑桑涧子—广寒桥断裂 F1 的震源破裂模式、断层的空间展布特征及复杂的地下结构条件等因素，可以合理地解释其发生破裂所形成的强地震动场的分布形态和特征。

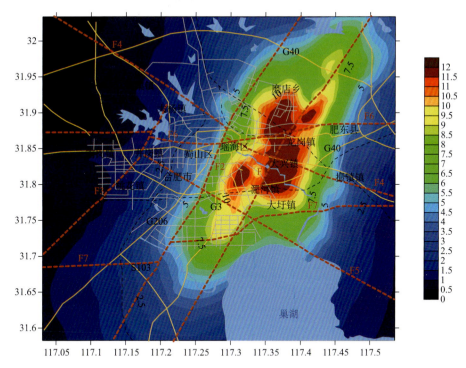

图 6.4.3　桑涧子—广寒桥断裂 F1-*M*6.5 级设定地震方案 1 最大位移（PGD）分布图（单位：cm）

6.4.2　F1-*M*6.5 级地震震源模型方案 2 地震动

图 6.4.4、图 6.4.5 和图 6.4.6 分别表示桑涧子—广寒桥断裂 F1 发生 *M*6.5 级地震设定震源模型 2 时，在目标区范围内的最大加速度（PGA）分布图、最大速度（PGV）分布图及最大位移（PGD）分布图。图中红色虚线表示目标断层在地面的迹线展布，黄色与黑色虚线表示高速公路等交通线路，蓝色表示河流和湖泊等水系。

图 6.4.4 的最大加速度（PGA）分布图显示加速度影响范围基本覆盖整个目标区。相对目标区的尺度，北北东向分布的断层震源区发生破裂所形成的强地面运动的影响非常大。加速度高值影响区集中分布于发震断层的两侧和两端，相比较于方案 1（图 6.4.1），加速度高值影响区更加集中于断层北部，北部较南部的地震动发育卓越，强烈地震动达 $190\sim310\text{cm/s}^2$，而在断层南部（靠近合肥市区区域），地震动幅值显著减小。目标区内强烈地震动场在地表的分布呈长轴 $30\sim35\text{km}$、短轴 $15\sim20\text{km}$ 的长圆形区域，覆盖以合肥市区—大圩镇—撮镇镇—肥东县—磨店乡—大杨镇为顶点所包围的区域。目标区内活动断层发生的近断层地震动场的最大特征是同时表现出强烈的震源特性效应和强烈的场地特性效应。桑涧子—广寒桥断裂 F1 是右旋走滑兼逆冲断层破裂模式，其地震动在断层两侧卓越并且由于走滑断层的放射特征在断层端部形成集中的地震动分布场。目标断层为郯庐断裂带西支，根据盆地地下结构资料，断层上方覆盖结构复杂的深厚沉积层，因此场地效应导致在断层周围形成了大面积的地震动高值影响区。

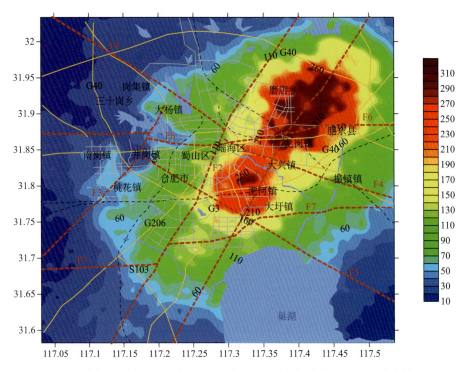

图 6.4.4　　桑涧子—广寒桥断裂 F1-M6.5 级设定地震方案 2 最大加速度（PGA）分布图（单位：cm/s^2）

在上述范围内的地震动幅值基本都在 100cm/s^2 以上，目标区极限最大加速度幅值达 290～310cm/s^2。合肥市区处于地震动发生急剧变化的区域，东部区域特别是东北部区域由于位于断层侧的 Asperity 应力集中区影响范围，最大加速度发育卓越，达 180～280cm/s^2，西部区域相对衰减，加速度幅值在 80～200cm/s^2 变化。相比较于方案 1（图 6.4.1），在合肥市区范围内的加速度幅值明显减小，对于市区的影响明显降低。

最大速度（PGV）分布图（图 6.4.5）显示地震动的空间分布形态与加速度的结果相似，只是影响范围相对缩小。速度高值影响区主要集中于断层两侧与两端，与最大加速度影响场对应，该区域为具有松散覆盖层的破裂带区域，速度极限值为 24～26cm/s，位于断层北侧。合肥市区、北部区域，特别是东北部区域位于地震动卓越区域。相比较于方案 1（图 6.4.2），在合肥市区范围内的速度幅值明显减小，对于市区的影响明显降低。最大速度（PGV）分布区域的机理对应于断层的破裂机理和断层的空间展布，同时对应于断裂带及上覆松散覆盖层的分布特征。震源附近的最大值分布受活动断层震源特征影响较大，而在外围区域，地震动受场地条件的堆积层特征影响，分布比较均匀。

最大位移（PGD）分布图（图 6.4.6）显示地震动位移峰值场的分布与加速度场、速度场相对应，表现为显著的右旋走滑兼逆冲断层破裂效应，主要地震动呈沿断层带状分布的特征，断层两侧地震动具有较高的幅值，断层两端地震动分布相对卓越。最大位移（PGD）分布同时对应于断裂带上覆松散覆盖层的分布特征。相比较于方案 1（图 6.4.3），在合肥市区范围内的幅值明显减小。

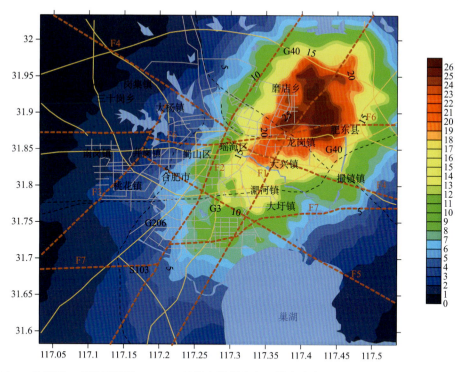

图 6.4.5　桑涧子—广寒桥断裂 F1-*M*6.5 级设定地震方案 2 最大速度（PGV）分布图（单位：cm/s）

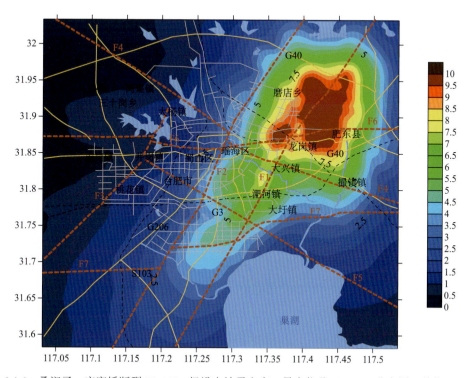

图 6.4.6　桑涧子—广寒桥断裂 F1-*M*6.5 级设定地震方案 2 最大位移（PGD）分布图（单位：cm）

桑涧子—广寒桥断裂 F1 发生 $M6.5$ 级地震设定震源模型 2 时，相对于震源模型 1，发震开始点设置于断层北端。根据震源效应和场地效应的影响分析，其地震动分布与幅值具有类似特点。综合考虑桑涧子—广寒桥断裂 F1 不同方案的震源破裂模式、断层的空间展布特征及复杂的地下结构条件等因素，可以合理地解释其发生破裂所形成的强地震动场的分布形态和特征。

6.4.3   F1-$M6.5$ 级地震震源模型方案 3 地震动

图 6.4.7、图 6.4.8 和图 6.4.9 分别表示桑涧子—广寒桥断裂 F1 发生 $M6.5$ 级地震设定震源模型 3 时，在目标区范围内的最大加速度（PGA）分布图、最大速度（PGV）分布图及最大位移（PGD）分布图。图中红色虚线表示目标断层在地面的迹线展布，黄色与黑色虚线表示高速公路等交通线路，蓝色表示河流和湖泊等水系。

图 6.4.7 的最大加速度（PGA）分布图显示加速度影响范围基本覆盖整个目标区。相对目标区的尺度，北北东向分布的断层震源区发生破裂所形成的强地面运动的影响非常大。加速度高值影响区集中分布于发震断层的两侧及两端，强烈地震动高达 250～350cm/s^2。目标区内强烈地震动场在地表的分布呈长轴 30～35km、短轴 15～20km 的长圆形区域，覆盖以合肥市区东部为中心的区域。目标区内活动断层发生的近断层地震动场的最大特征是同时表现出强烈的震源特性效应和强烈的场地特性效应。

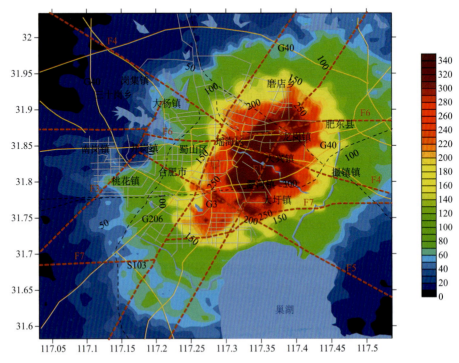

图 6.4.7   桑涧子—广寒桥断裂 F1-$M6.5$ 级设定地震方案 3 最大加速度（PGA）分布图（单位：cm/s^2）

　　在上述范围内的地震动幅值基本都在 100cm/s^2 以上，目标区极限最大加速度幅值达 330～350cm/s^2。合肥市区东部区域和东北部区域处于地震动最强烈的区域，最大加速度幅值达 300～350cm/s^2，其外围地区最大加速度幅值达 200～300cm/s^2，市区西部区域相对衰减，加速度幅值在 100～200cm/s^2。

　　最大速度（PGV）分布图（图 6.4.8）显示地震动的空间分布形态与加速度的结果相似，只是影响范围相对缩小。速度高值影响区主要集中于断层两侧与两端，与最大加速度影响场对应，该区域为具有松散覆盖层的破裂带区域，速度极限值达到 26～28cm/s。对于合肥市区，合肥市区东和东北区域位于地震动卓越区域。最大速度（PGV）分布区域的机理对应于断层的破裂机理和断层的空间展布，同时对应于断裂带及上覆松散覆盖层的分布特征。震源附近的最大值分布受活动断层震源特征影响较大，而在外围区域，地震动受场地条件的堆积层特征影响，分布比较均匀。

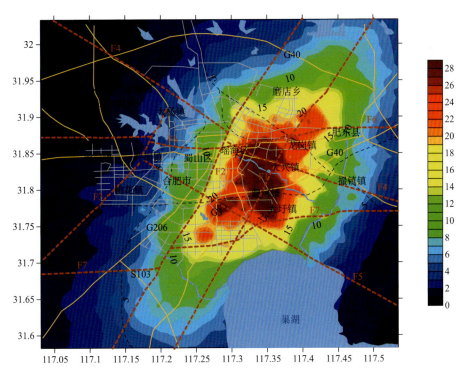

图 6.4.8　桑涧子—广寒桥断裂 F1-M6.5 级设定地震方案 3 最大速度（PGV）分布图（单位：cm/s）

　　最大位移（PGD）分布图（图 6.4.9）显示地震动位移峰值场的分布与加速度场、速度场相对应，表现为显著的右旋走滑兼逆冲断层破裂效应，主要地震动呈沿断层带状分布的特征，断层两侧地震动具有较高的幅值，断层两端地震动分布相对卓越。最大位移（PGD）分布同时对应于断裂带上覆松散覆盖层的分布特征。

　　根据场地条件分析，震源附近地区的地质结构以断裂形式为主，围绕断裂带堆积层变化显著，因此总体分析认为，场地对于地震动的影响表现在断裂带构造、沉积平原等因素，其复杂地下构造对地震动产生了复杂的聚焦和叠加等效应。震源的影响则包括该断层的空间展布、Asperity 的位置、发震开始点及破裂方式等因素。因此，综合考虑桑涧子—广寒桥断裂 F1 的震源破裂模式、断层的空间展布特征及复杂的地下结构条件等因素，可以合理地解释其发生破裂所形成的强地震动场的分布形态和特征。

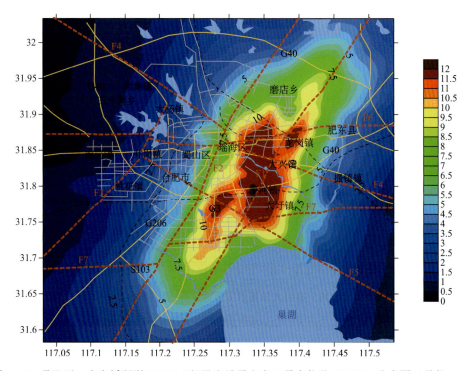

图 6.4.9 桑涧子—广寒桥断裂 F1-*M*6.5 级设定地震方案 3 最大位移（PGD）分布图（单位：cm）

6.4.4 F2-*M*6.5 级地震震源模型方案 1 地震动

图 6.4.10、图 6.4.11 和图 6.4.12 分别表示乌云山—合肥断裂 F2 发生 *M*6.5 级地震设定震源模型 1 时，在目标区范围内的最大加速度（PGA）分布图、最大速度（PGV）分布图及最大位移（PGD）分布图。图中红色虚线表示目标断层在地面的迹线展布，黄色与黑色虚线表示高速公路等交通线路，蓝色表示河流和湖泊等水系。

图 6.4.10 的最大加速度（PGA）分布图显示加速度影响范围基本覆盖整个目标区。相对目标区的尺度，北北东向分布的断层震源区发生破裂所形成的强地面运动的影响非常大。加速度高值影响区集中分布于发震断层的两侧和两端，其中东侧较西侧的地震动发育卓越，强烈地震动达到 250~350cm/s²。目标区内强烈地震动场在地表的分布呈长轴 30~35km、短轴 15~20km 的长圆形区域，覆盖以合肥市区—泓河镇—大兴镇—龙岗镇—G40—岗集镇为顶点所包围的区域。目标区内活动断层发生的近断层地震动场的最大特征是同时表现出强烈的震源特性效应和强烈的场地特性效应。乌云山—合肥断裂 F2 是右旋走滑兼逆冲断层破裂模式，其地震动在断层两侧卓越并且由于走滑断层的放射特

征在断层端部形成集中的地震动分布场。目标断层为郯庐断裂带西支，根据盆地地下结构资料，断层上方覆盖结构复杂的深厚沉积层，因此场地效应导致在断层周围形成了大面积的地震动高值影响区。

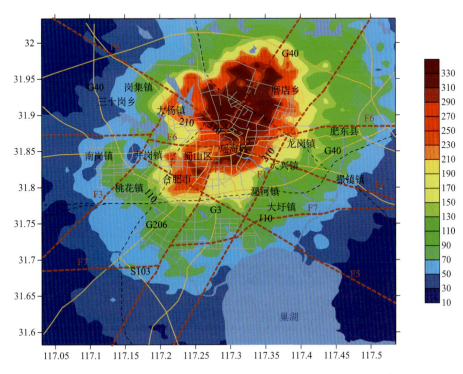

图 6.4.10　乌云山—合肥断裂 F2-*M*6.5 级设定地震方案 1 最大加速度（PGA）分布图（单位：cm/s^2）

　　根据场地条件分析，震源附近地区的地质结构以断裂形式为主，围绕断裂带堆积层变化显著，因此总体分析认为，场地对于地震动的影响表现在断裂带构造、沉积平原等因素上，其复杂地下构造对地震动产生了复杂的聚焦和叠加等效应。震源的影响则包括该断层的空间展布、Asperity 的位置、发震开始点及破裂方式等因素。因此，综合考虑乌云山—合肥断裂 F2 的震源破裂模式，断层的空间展布特征及复杂的地下结构条件等因素，可以合理地解释其发生破裂所形成的强地震动场的分布形态和特征。

　　在上述范围内的地震动幅值基本都在 100cm/s^2 以上，目标区极限最大加速度幅值达 330～350cm/s^2。合肥市区处于地震动发生急剧变化的区域，中心区域最大加速度幅值达 180～260cm/s^2，东部区域特别是东北部区域由于位于断层侧的 Asperity 应力集中区影响范围，最大加速度幅值达 180～350cm/s^2，南部和西部区域相对衰减，加速度幅值在 80～200cm/s^2 变化。

　　最大速度（PGV）分布图（图 6.4.11）显示地震动的空间分布形态与加速度的结果相似，只是影响范围相对缩小。速度高值影响区主要集中于断层两侧与两端，与最大加速度影响场对应，该区域为具有松散覆盖层的破裂带区域，速度极限值达到 26～28cm/s。合肥市区、中心区域、东部区域,特别是东北部区域位于地震动卓越区域。最大速度（PGV）

分布区域的机理对应于断层的破裂机理和断层的空间展布，同时对应于断裂带及上覆松散覆盖层的分布特征。震源附近的最大值分布受活动断层震源特征影响较大，而在外围区域，地震动受场地条件的堆积层特征影响，分布比较均匀。

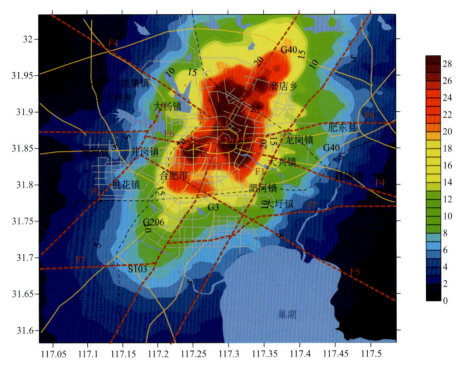

图 6.4.11　乌云山—合肥断裂 F2-M6.5 级设定地震方案 1 最大速度（PGV）分布图（单位：cm/s）

　　最大位移（PGD）分布图（图 6.4.12）显示地震动位移峰值场分布与加速度场、速度场相对应，表现为显著的右旋走滑兼逆冲断层破裂效应，主要地震动呈沿断层带状分布的特征，断层两侧地震动具有较高的幅值，断层东侧地震动分布相对卓越，作为郯庐断裂带西支断层的断裂 F2，其西侧由于基岩的抬升导致地震动衰减显著。同时，最大位移（PGD）分布对应断裂带上覆松散覆盖层分布特征。

　　计算乌云山—合肥断裂 F2 发生 M6.5 级地震设定方案 1 的最大加速度三分量，东西、南北和上下三分量的结果见图 6.4.13～图 6.4.15。可以发现，南北分量和东西分量的加速度最大值分布形态基本相似，但是具有不尽相同的特征，南北分量较东西分量幅值大，最大值为 330～350 cm/s^2，决定了目标区内最大地震动的峰值。同时，南北分量和东西分量的加速度最大值分布受北北东向断裂带的影响较大。水平分量的最大值分布决定了目标区内最大地震动的分布，垂直分量相对水平分量幅值小。最大加速度三分量的结果反映了基于右旋走滑断层破裂模式的地震动分布特征。

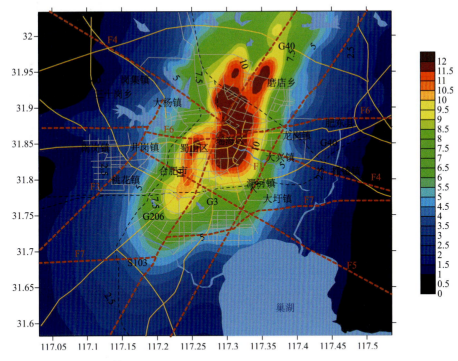

图 6.4.12　乌云山—合肥断裂 F2-*M*6.5 级设定地震方案 1 最大位移（PGD）分布图（单位：cm）

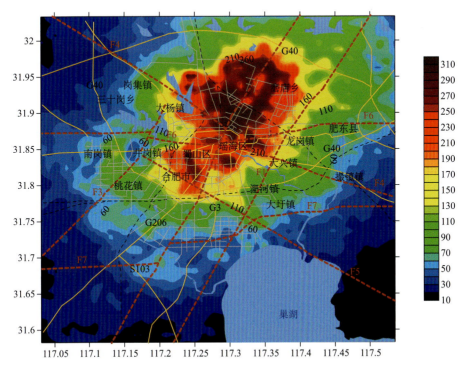

图 6.4.13　乌云山—合肥断裂 F2-*M*6.5 级设定地震方案 1 最大加速度 PGA-EW 分量分布图（单位：cm/s^2）

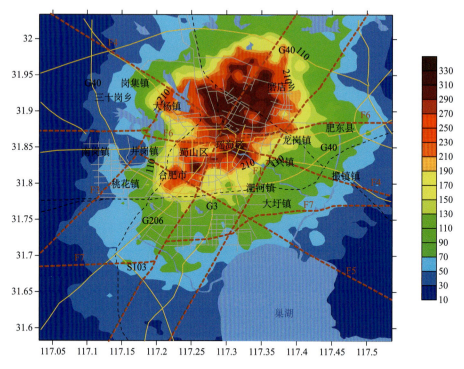

图 6.4.14　乌云山—合肥断裂 F2-*M*6.5 级设定地震方案 1 最大加速度 PGA-NS 分量分布图（单位：cm/s²）

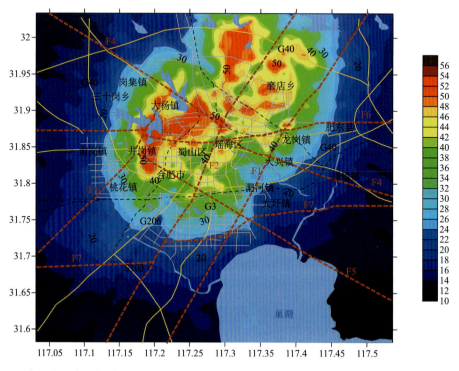

图 6.4.15　乌云山—合肥断裂 F2-*M*6.5 级设定地震方案 1 最大加速度 PGA-UD 分量分布图（单位：cm/s²）

6.4.5　F2-*M*6.5 级地震震源模型方案 2 地震动

图 6.4.16、图 6.4.17 和图 6.4.18 分别表示乌云山—合肥断裂 F2 发生 *M*6.5 级地震设定震源模型 2 时，在目标区范围内的最大加速度（PGA）分布图、最大速度（PGV）分布图及最大位移（PGD）分布图。图中红色虚线表示目标断层在地面的迹线展布，黄色与黑色虚线表示高速公路等交通线路，蓝色表示河流和湖泊等水系。

图 6.4.16 的最大加速度（PGA）分布图显示加速度影响范围基本覆盖整个目标区。相对目标区的尺度，北北东向分布的断层震源区发生破裂所形成的强地面运动的影响非常大。加速度高值影响区集中分布于发震断层的两侧和两端，相比较于方案 1（图 6.4.10），加速度高值影响区更加集中于断层北部，北部较南部的地震动发育卓越，强烈地震动达 190～310cm/s^2，而在断层南部（靠近合肥市区区域），地震动幅值显著减小。目标区内强烈地震动场在地表的分布呈长轴 30～35km、短轴 15～20km 的长圆形区域，覆盖以合肥市区—淝河镇—大兴镇—龙岗镇—G40—大杨镇为顶点所包围的区域。目标区内活动断层发生的近断层地震动场的最大特征是同时表现出强烈的震源特性效应和强烈的场地特性效应。乌云山—合肥断裂 F2 是右旋走滑兼逆冲断层破裂模式，其地震动在断层两侧卓越并且由于走滑断层的放射特征在断层端部形成集中的地震动分布场。

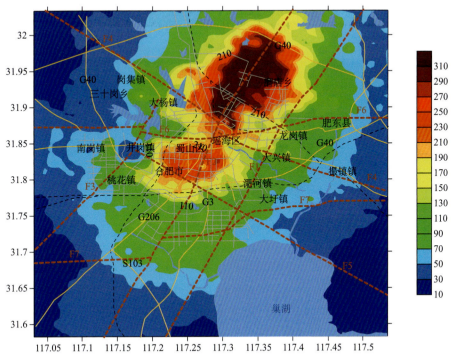

图 6.4.16　乌云山—合肥断裂 F2-*M*6.5 级设定地震方案 2 最大加速度（PGA）分布图（单位：cm/s^2）

在上述范围内的地震动幅值基本都在 100cm/s^2 以上，目标区极限最大加速度幅值达 290～310cm/s^2。合肥市区处于地震动发生急剧变化的区域，中心区域最大加速度达 180～

220cm/s^2，东北部区域位于断层侧的 Asperity 应力集中区影响范围，最大加速度发育卓越，达 180～280cm/s^2，南部和西部区域相对衰减，加速度幅值在 80～150cm/s^2 变化。相比较于方案 1（图 6.4.10），在合肥市区范围内的加速度幅值明显减小，对于市区的影响明显降低。

最大速度（PGV）分布图（图 6.4.17）显示地震动的空间分布形态与加速度的结果相似，只是影响范围相对缩小。速度高值影响区主要集中于断层两侧与两端，断层东侧更加卓越，与最大加速度影响场对应，该区域为具有松散覆盖层的破裂带区域，速度极限值为 24～26cm/s，位于断层北侧。合肥市区、北部区域，特别是东北部区域位于地震动卓越区域。相比较于方案 1（图 6.4.11），在合肥市区范围内的速度幅值明显减小，对于市区的影响明显降低。

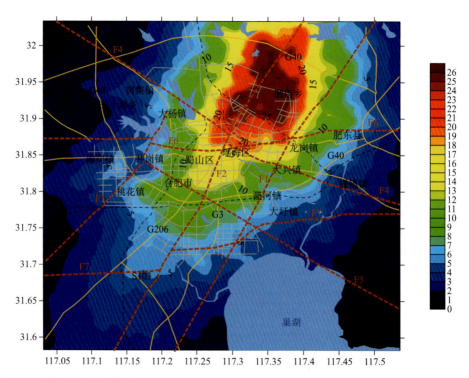

图 6.4.17　乌云山—合肥断裂 F2-M6.5 级设定地震方案 2 最大速度（PGV）分布图（单位：cm/s）

最大速度（PGV）分布区域的机理对应于断层的破裂机理和断层的空间展布，同时对应于断裂带及上覆松散覆盖层的分布特征。震源附近的最大值分布受活动断层震源特征影响较大，而在外围区域，地震动受场地条件的堆积层特征影响，分布比较均匀。

最大位移（PGD）分布图（图 6.4.18）显示地震动位移峰值场的分布与加速度场、速度场相对应，表现为显著的右旋走滑兼逆冲断层破裂效应，主要地震动呈沿断层带状分布的特征，断层两侧地震动具有较高的幅值，断层两端地震动分布相对卓越。最大位移（PGD）分布同时对应于断裂带上覆松散覆盖层的分布特征。相比较于方案 1（图 6.4.12），在合肥市区范围内的幅值明显减小。

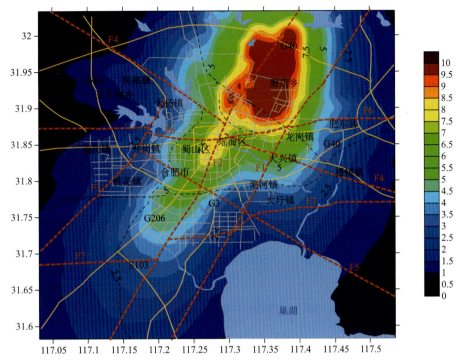

图 6.4.18　乌云山—合肥断裂 F2-*M*6.5 级设定地震方案 2 最大位移（PGD）分布图（单位：cm）

乌云山—合肥断裂 F2 发生 *M*6.5 级地震设定震源模型 2 时，发震开始点设置于断层北端。根据震源效应和场地效应的影响分析，其地震动分布与幅值具有类似特点。综合考虑乌云山—合肥断裂 F2 不同方案的震源破裂模式，断层的空间展布特征及复杂的地下结构条件等因素，可以合理地解释其发生破裂所形成的强地震动场的分布形态和特征。

6.4.6　F2-*M*6.5 级地震震源模型方案 3 地震动

图 6.4.19、图 6.4.20 和图 6.4.21 分别表示乌云山—合肥断裂 F2 发生 *M*6.5 级地震设定震源模型 3 时，在目标区范围内的最大加速度（PGA）分布图、最大速度（PGV）分布图及最大位移（PGD）分布图。图中红色虚线表示目标断层在地面的迹线展布，黄色与黑色虚线表示高速公路等交通线路，蓝色表示河流和湖泊等水系。

图 6.4.19 的最大加速度（PGA）分布图显示加速度影响范围基本覆盖整个目标区。相对目标区的尺度，北北东向分布的断层震源区发生破裂所形成的强地面运动的影响非常大。加速度高值影响区集中分布于发震断层的两侧和两端，强烈地震动达到 250～350cm/s²。目标区内强烈地震动场在地表的分布呈长轴 30～35km、短轴 15～20km 的长圆形区域，覆盖以合肥市区为中心的区域。目标区内活动断层发生的近断层地震动场的最大特征是同时表现出强烈的震源特性效应和强烈的场地特性效应。目标断层为郯庐断裂带西支，根据盆地地下结构资料，断层上方覆盖结构复杂的深厚沉积层，因此场地效应导致在断层周围形成了大面积的地震动高值影响区。

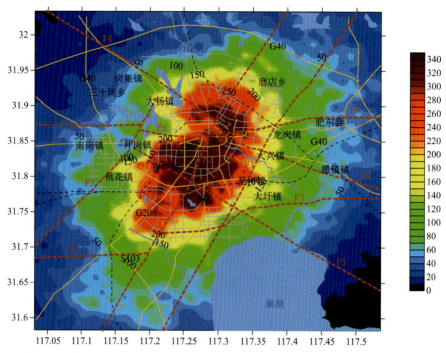

图 6.4.19　乌云山—合肥断裂 F2-M6.5 级设定地震方案 3 最大加速度（PGA）分布图（单位：cm/s^2）

　　在上述范围内的地震动幅值基本都在 100cm/s^2 以上，目标区极限最大加速度幅值达 330～350cm/s^2。合肥市区中心区域、东北区域和西南区域处于地震动最强烈的区域，最大加速度幅值达 300～350cm/s^2，其外围地区最大加速度幅值达 200～300cm/s^2。

　　最大速度（PGV）分布图（图 6.4.20）显示地震动的空间分布形态与加速度的结果相似，只是影响范围相对缩小。速度高值影响区主要集中于断层两侧与两端，与最大加速度影响场对应，该区域为具有松散覆盖层的破裂带区域，速度极限值达到 26～28cm/s。合肥市区中心区域、东北区域和西南区域位于地震动卓越区域。最大速度（PGV）分布区域的机理对应于断层的破裂机理和断层的空间展布，同时对应于断裂带及上覆松散覆盖层的分布特征。震源附近的最大值分布受活动断层震源特征影响较大，而在外围区域，地震动受场地条件的堆积层特征影响，分布比较均匀。

　　最大位移（PGD）分布图（图 6.4.21）显示地震动位移峰值场分布与加速度场、速度场相对应，表现为显著的右旋走滑兼逆冲断层破裂效应，主要地震动呈沿断层带状分布的特征，断层两侧地震动具有较高的幅值，断层东侧地震动分布相对卓越，作为郯庐断裂带西支断层 F2，其西侧由于基岩的抬升导致地震动衰减显著。同时，最大位移（PGD）分布对应于断裂带上覆松散覆盖层分布特征。

　　对 6 个不同目标发震断层模型的设定地震计算结果显示，最大加速度、最大速度和最大位移等地震动参数的幅值变化幅度不大，地震动高值区的分布形态和范围差异较大，反映了未来潜在地震预测的不确定性因素。因此，在制定设定地震方案时应尽可能地考虑地震断层发震时的各种可能性，可以提供有依据的结果并同时给出可能的变动范围，为正确把握目标断层可能发生的地震危害奠定基础。

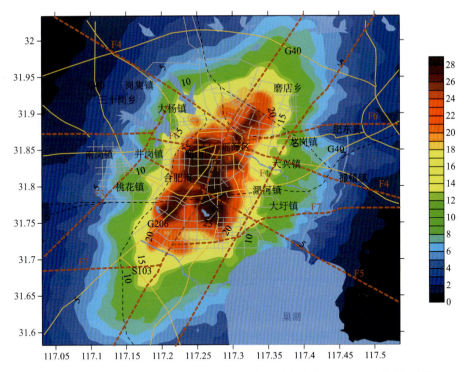

图 6.4.20　乌云山—合肥断裂 F2-*M*6.5 级设定地震方案 3 最大速度（PGV）分布图（单位：cm/s）

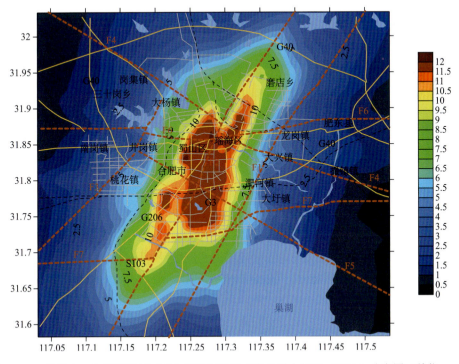

图 6.4.21　乌云山—合肥断裂 F2-*M*6.5 级设定地震方案 3 最大位移（PGD）分布图（单位：cm）

桑涧子—广寒桥断裂 F1-M6.5 级设定地震方案 1 与设定地震方案 2 的震源模型与参数基本相同，乌云山—合肥断裂 F2-M6.5 级设定地震方案 1 与设定地震方案 2 的震源模型与参数基本相同，不同在于各自的 Asperity 位置和发震开始点的位置。方案 1 设定地震的最大 Asperity 区域位于断层南侧，接近合肥市区，发震开始点设定于断层中下部、最大 Asperity 区域附近。因此，由下部发生的地震动集中于断层南端。方案 2 设定地震的最大 Asperity 区域位于断层北侧，远离合肥市区，发震开始点设定于断层北侧下部、第二 Asperity 区域附近。地震波由于向南传播，在断层南端形成了较大的前方放射效应区域，但是地震动幅值与方案 1 比较相对较小。两条断裂带上的设定地震方案 3 由于发震区段位于目标区中部，横跨合肥市区，强地震动的分布在三个设定地震方案中对于合肥市区影响最大。

对于近场地震动，除震源效应以外，具有三维不均匀介质的松散地层产生的场地效应对地震动的空间分布产生非常复杂的影响，距离断层 10～15km 的近断层区域的地震动受断层和地下结构的影响比较强烈，而距离断层具有一定距离的地震动则受地下结构的支配性影响，这种现象已经在以往的地震观测记录中得到证实。影响近场地震动的最大值的因素很多，详细讨论最大值的问题需要精密的地下结构和丰富的观测资料，目前只能依赖于既有的资料尽可能建立相对精密的三维预测模型进行计算，以争取达到较高的精度。因此，本书侧重于地震动的空间分布形态分析，而对最大地震动不进行深入讨论。尽管在进行建筑物的抗震设防时主要依据为最大加速度，但是地下结构抗震设计还需要考虑速度或变形，因此加速度、速度和位移均为重要的地震动参数，通过对三种不同量值的研究可以深入把握地震动的特性，同时为使用单位在考虑不同抗震对象时，提供了选择和参考的依据。

6.4.7　目标区 M6.0 级地震（F3～F7）地震动

大蜀山—吴山口断裂 F3、桥头集—东关断裂 F4、大蜀山—长临河断裂 F5、六安—合肥断裂 F6 和肥西—韩摆渡断裂 F7 均为前第四纪断裂，设定潜在地震最大震级均为 6.0 级。

对于上述断裂的地震动计算与分析，震源模型按照对合肥市区、开发区等不利和平均的场景进行了设定。其中，大蜀山—吴山口断裂 F3、桥头集—东关断裂 F4 和大蜀山—长临河断裂 F5 为逆断裂，六安—合肥断裂 F6 和肥西—韩摆渡断裂 F7 为正断裂。

图 6.4.22～图 6.4.24 表示大蜀山—吴山口断裂发生 M6.0 级设定地震时，在目标区范围内的最大加速度（PGA）分布图、最大速度（PGV）分布图及最大位移（PGD）分布图。图中红色虚线表示目标断裂在地面的迹线展布，黄色与黑色虚线表示高速公路等交通线路，蓝色表示河流和湖泊等水系。图 6.4.25～图 6.4.27 表示桥头集—东关断裂 M6.0 级设定地震的最大加速度（PGA）分布图、最大速度（PGV）分布图及最大位移（PGD）分布图；图 6.4.28～图 6.4.30 表示大蜀山—长临河断裂 M6.0 级设定地震的最大加速度（PGA）分布图、最大速度（PGV）分布图及最大位移（PGD）分布图；图 6.4.31～图 6.4.33 表示六安—合肥断裂 M6.0 级设定地震的最大加速度（PGA）分布图、最大速度（PGV）分布图及最大位移（PGD）分布图；图 6.4.34～图 6.4.36 表示肥西—韩摆渡断裂 M6.0 级设定地震的最大加速度（PGA）分布图、最大速度（PGV）分布图及最大位移（PGD）分布图。

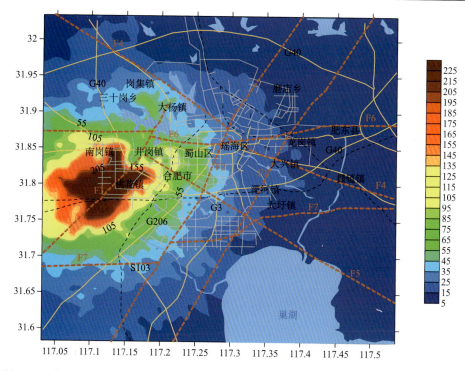

图 6.4.22　大蜀山—吴山口断裂 *M*6.0 级设定地震最大加速度（PGA）分布图（单位：cm/s²）

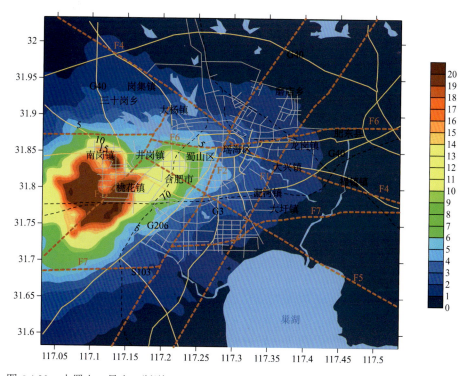

图 6.4.23　大蜀山—吴山口断裂 *M*6.0 级设定地震最大速度（PGV）分布图（单位：cm/s）

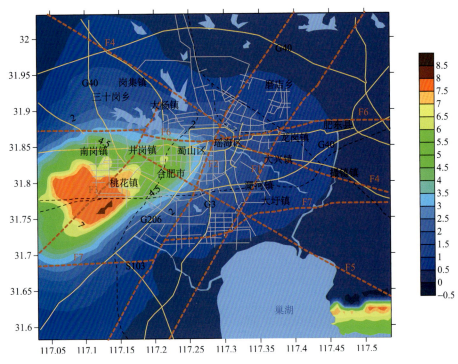

图 6.4.24　大蜀山—吴山口断裂 $M6.0$ 级设定地震最大位移（PGD）分布图（单位：cm）

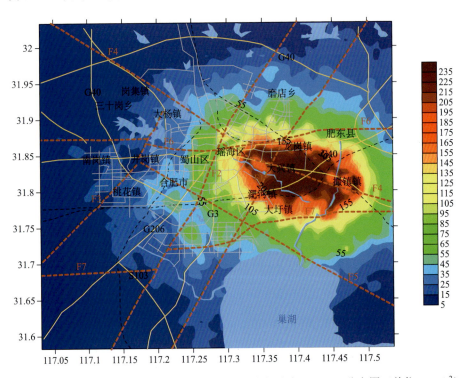

图 6.4.25　桥头集—东关断裂 $M6.0$ 级设定地震最大加速度（PGA）分布图（单位：cm/s^2）

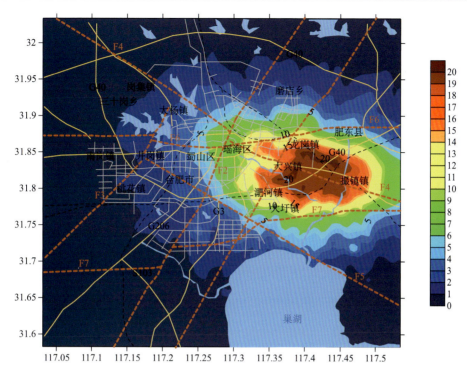

图 6.4.26　桥头集—东关断裂 M6.0 级设定地震最大速度（PGV）分布图（单位：cm/s）

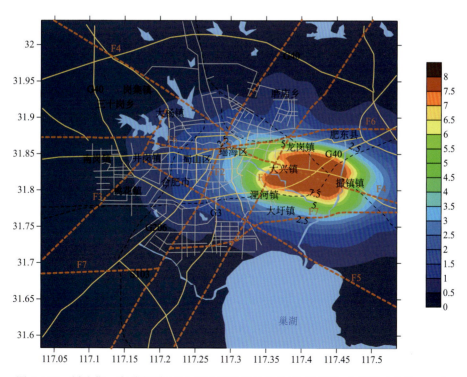

图 6.4.27　桥头集—东关断裂 M6.0 级设定地震最大位移（PGD）分布图（单位：cm）

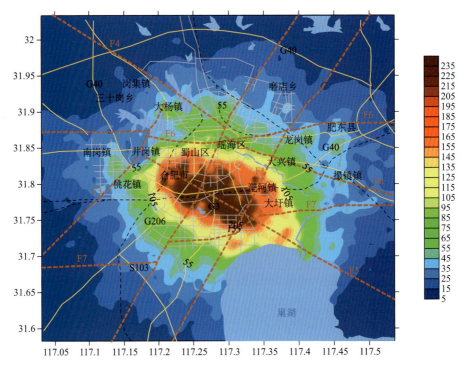

图 6.4.28　大蜀山—长临河断裂 $M6.0$ 级设定地震最大加速度（PGA）分布图（单位：cm/s^2）

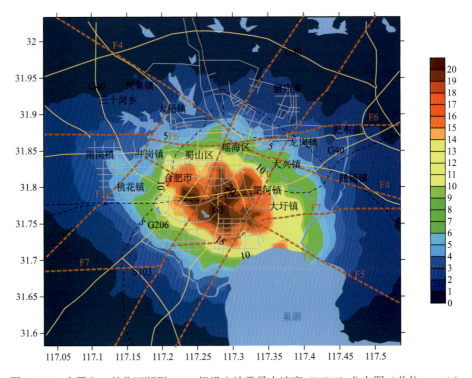

图 6.4.29　大蜀山—长临河断裂 $M6.0$ 级设定地震最大速度（PGV）分布图（单位：cm/s）

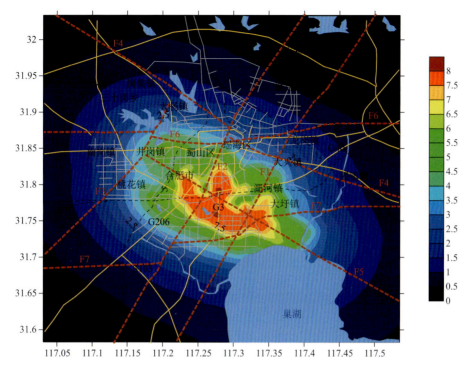

图 6.4.30　大蜀山—长临河断裂 *M*6.0 级设定地震最大位移（PGD）分布图（单位：cm）

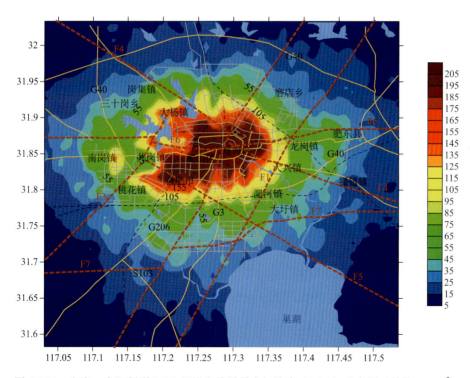

图 6.4.31　六安—合肥断裂 *M*6.0 级设定地震最大加速度（PGA）分布图（单位：cm/s^2）

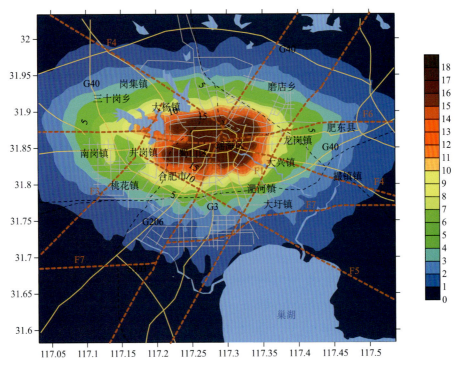

图 6.4.32　六安—合肥断裂 *M*6.0 级设定地震最大速度（PGV）分布图（单位：cm/s）

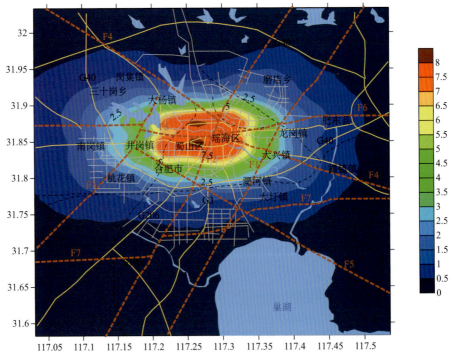

图 6.4.33　六安—合肥断裂 *M*6.0 级设定地震最大位移（PGD）分布图（单位：cm）

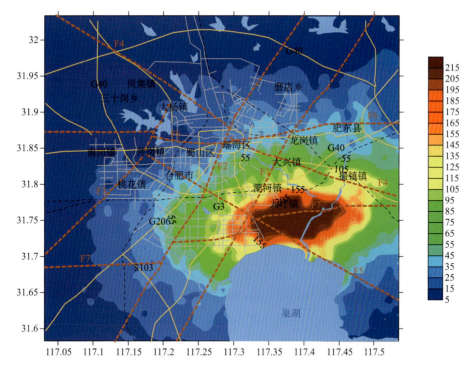

图 6.4.34　肥西—韩摆渡断裂 M6.0 级设定地震最大加速度（PGA）分布图（单位：cm/s^2）

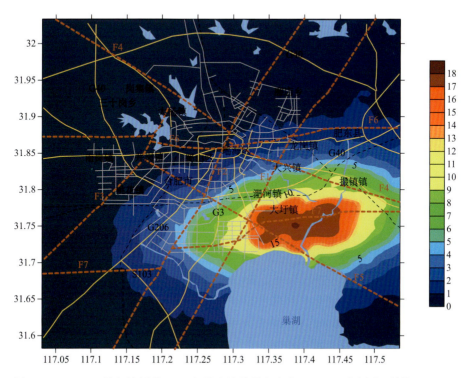

图 6.4.35　肥西—韩摆渡断裂 M6.0 级设定地震最大速度（PGV）分布图（单位：cm/s）

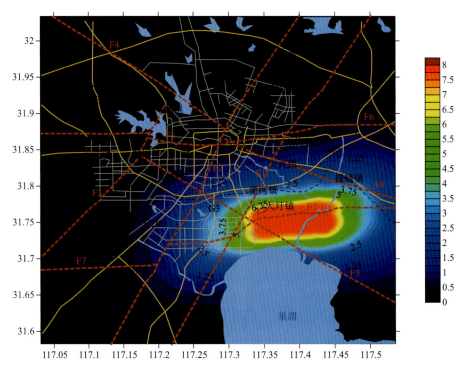

图 6.4.36　肥西—韩摆渡断裂 *M*6.0 级设定地震最大位移（PGD）分布图（单位：cm）

　　分析得知，地震动的分布受震源破裂机制、场地条件等因素的影响，表现出不同的特征。相对目标区的尺度，*M*6.0 级地震所形成的地震动影响比较大。加速度高值影响区集中分布于发震断层周围。

　　断层 F3 设定于近西部山区，为逆冲断层破裂模式，最大加速度幅值为 210～230cm/s²，目标区内强烈地震动场在地表的分布呈长轴 20～25km、短轴 10～15km 的长圆形区域，对合肥市区西南部等区域影响很大（图 6.4.22）。

　　断层 F4 设定于东部冲积盆地，为逆冲断层破裂模式，最大加速度幅值为 220～240cm/s²，目标区内强烈地震动场在地表的分布呈长轴 25km、短轴 15km 的长圆形区域，对合肥市区东部、肥东县城和滨湖区等区域影响很大（图 6.4.25）。

　　断层 F5 设定于中部冲积盆地，为逆冲断层破裂模式，最大加速度幅值为 220～240cm/s²，目标区内强烈地震动场在地表的分布呈长轴 25km、短轴 15km 的长圆形区域，对合肥市区东南部和滨湖区等区域影响很大（图 6.4.28）。

　　断层 F6 设定于中部冲积盆地变化区域，为正断层破裂模式，最大加速度幅值为 190～210cm/s²，目标区内强烈地震动场在地表的分布呈长轴 25km、短轴 15km 的长圆形区域，对合肥市区影响很大（图 6.4.31）。

　　断层 F7 设定于东南部滨湖冲积平原，为正断层破裂模式，最大加速度幅值为 200～220cm/s²，目标区内强烈地震动场在地表的分布呈长轴 25km、短轴 15km 的长圆形区域，对滨湖区等区域影响很大（图 6.4.34）。

最大速度（PGV）分布图显示地震动的空间分布形态与加速度的结果相似，只是影响范围相对缩小。最大位移（PGD）分布图显示地震动位移峰值场的分布与加速度场、速度场相对应。主要地震动沿断层带状分布，断层两侧地震动具有较高的幅值，表现为显著的右旋走滑兼逆冲断层破裂效应。综合考虑目标区内 $M6.0$ 级地震（F3～F7）的震源破裂模式、断层的空间展布特征及复杂的地下结构条件等因素，可以合理地解释其发生破裂所形成的强地震动场的分布形态和特征。

6.5 地表破裂与地表强变形预测

由于目标断层桑涧子—广寒桥断裂 F1 和乌云山—合肥断裂 F2 为郯庐断裂带两条西分支断裂，在目标区内为隐伏断层，发生潜在最大地震时有可能导致地表破裂与地表强变形，因此本节主要针对这两条断层进行地表破裂与地表强变形预测。

6.5.1 预测参数与模型

综合地震探测和钻孔联合剖面等资料，目标断层倾角陡立，倾向南东，为右旋走滑兼逆冲断层性质，断层上断点埋深数十米。考虑到目标断层为隐伏断层，具有不同厚度的覆盖层，采用有限元数值计算方法评价地表位移场。参照确定的破裂和强变形的计算范围，基于目标区三维地下结构模型构建沿目标断层 F1 和 F2 的典型结构模型开展预测分析。图 6.5.1 表示目标区第四系地下结构模型。

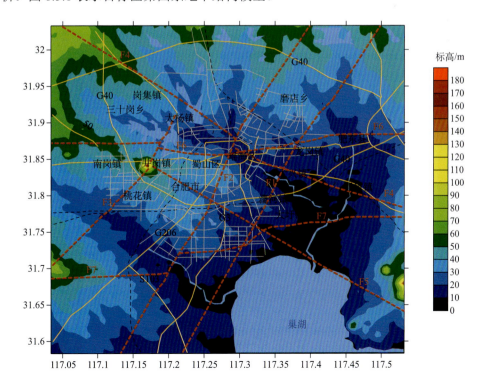

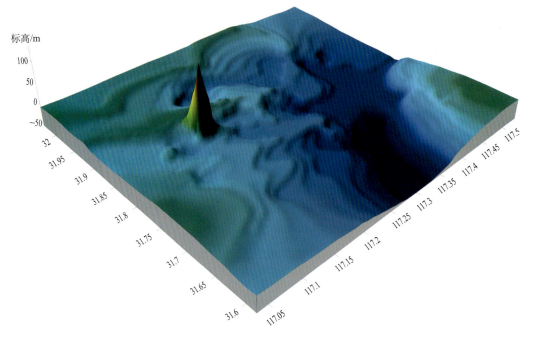

图 6.5.1　第四系等深线与三维立体图

　　分析模型由基岩部分与覆盖层两部分构成，基岩体按照地震孕育层岩体设定物理参数，覆盖土体分为多层，由地表向下分别为黏土、粉砂质黏土、泥质粉砂等，土体材料统一采用弹塑性模型，弹性模量根据各层土性进行选取，塑性模型采用 Drucker-Prager 准则，各土层之间的接触面约束设定为绑定约束。根据土体的埋深情况构建以下两种模型来研究不同土层厚度对地表位移的影响特征和变化规律。模型 1：覆盖层厚度为 10m 的区段；模型 2：覆盖层厚度为 30m 的区段。

　　根据 Okada 方法，构建的断层模型为基岩岩体（地震孕育层），模型长度为 70km，宽度为 30km，断层倾角为 80°～88°，断层顶部与断层下表面的距离为 28 km。由于断层类型为右旋走滑为主兼逆冲性质，则该平均位错量在水平方向分布占 80%，在垂直方向分布占 20%左右。当发生 6.5 级的地震时，水平方向位错量设为 0.4m，垂直方向位错量设为 0.1m。通过 Okada 方法计算可得到岩体表面在三个方向的位移变化量，并作为上覆土层底部变形的输入量。

　　引入垂直位移（U_z）、平行断层走向的水平位移（U_x）和垂直断层走向的水平位移（U_y）来直观认识模拟结果。以目标断层为例，基岩岩体（地震孕育层）表面计算结果如图 6.5.2～图 6.5.7 所示，分别为基岩体表面垂直位移分布图、垂直断层走向水平位移分布图、平行断层走向水平位移分布图及各自的立体图。相应的位移及变形量分布特征见图 6.5.8～图 6.5.14。当断层面上发生位错量时，基岩岩体表面可以产生最大相对位错。

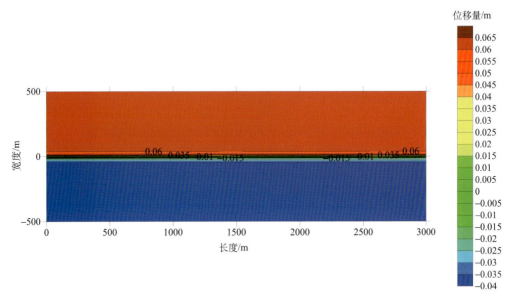

图 6.5.2 基岩体表面垂直位移分布图

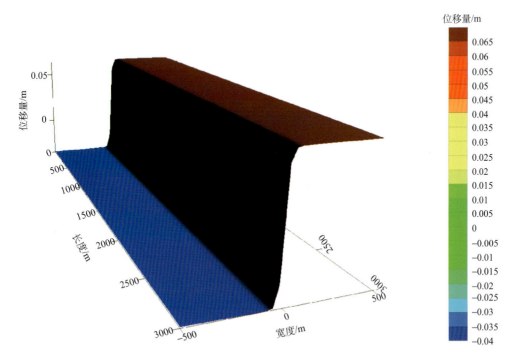

图 6.5.3 基岩体表面垂直位移立体图

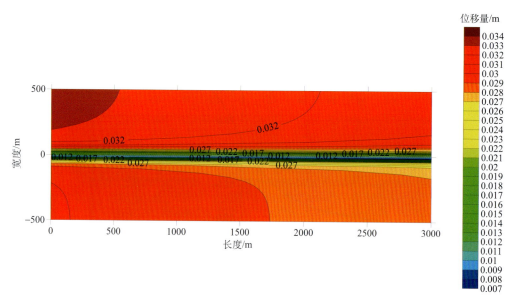

图 6.5.4　基岩体表面垂直断层走向水平位移分布图

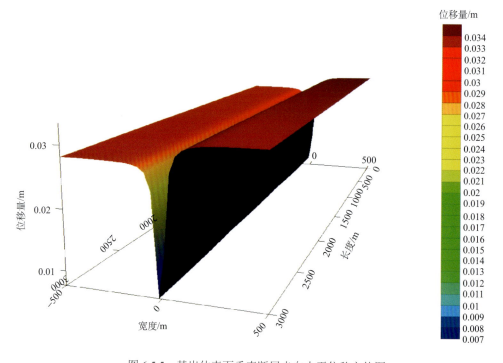

图 6.5.5　基岩体表面垂直断层走向水平位移立体图

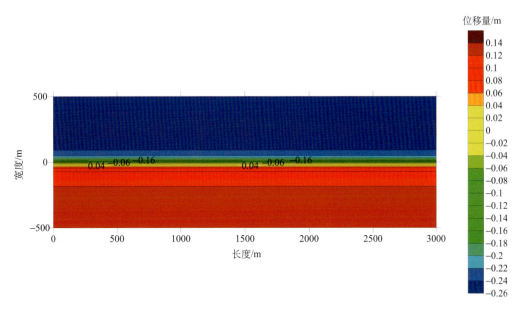

图 6.5.6　基岩体表面平行断层走向水平位移分布图

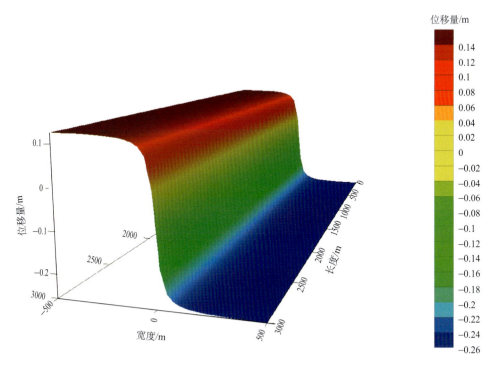

图 6.5.7　基岩体表面平行断层走向水平位移立体图

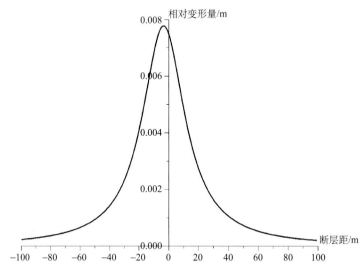

图 6.5.8　目标断层岩层表面总相对变形量分布特征图

左侧为断层下盘，右侧为断层上盘

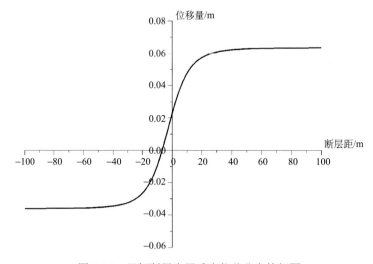

图 6.5.9　目标断层岩层垂直位移分布特征图

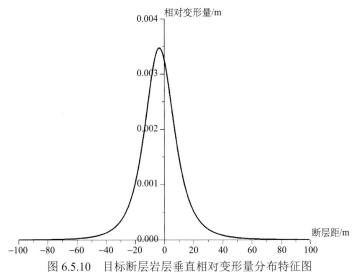

图 6.5.10   目标断层岩层垂直相对变形量分布特征图

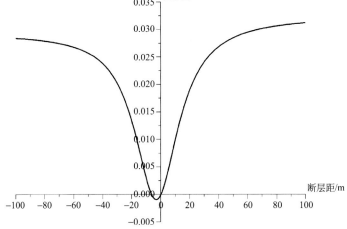

图 6.5.11   目标断层垂直断层走向水平位移分布特征图

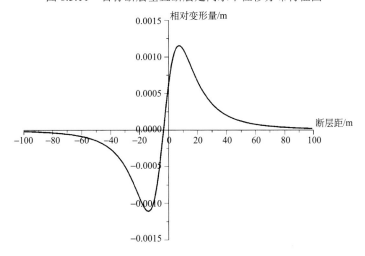

图 6.5.12   目标断层垂直断层走向水平相对变形量分布特征图

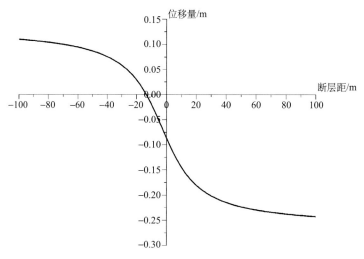

图 6.5.13　目标断层平行断层走向水平位移分布特征图

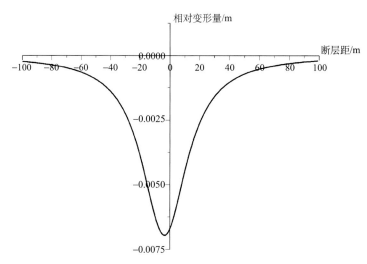

图 6.5.14　目标断层平行断层走向水平相对变形量分布特征图

6.5.2　隐伏断层地表强变形分析

通过三维有限元软件对地表强变形及位错研究进行数值模拟。基于基岩和上部覆盖土层的区域岩土模型，计算隐伏断层地表三个方向位移分布结果，可以用来分析地表位移的三维空间变化。

6.5.2.1　模型 1 结果

由于目标断层在未来地震活动中将表现出右旋走滑兼逆冲滑动的性质，所以对该断层强变形带的预测研究涉及 3 个位移量的计算，即垂直位移（U_z）、平行断层走向的水平位移（U_x）和垂直断层走向的水平位移（U_y）。隐伏地震活动断层地表破裂带和地表强变形带预测研究的目的是给出该断层未来在一定范围内可能遭遇到的最大变形量，从而为跨断层的抗震设防提供可以参考的依据。因此，一般根据隐伏断层中间位置上的位移分布特征来确定强变形带的规模（宽度和变形量），以获得该隐伏断层发生最大潜在地震时可能遭遇的最大变形量等相关参数。下面主要以模型 1 所得结果进行研究分析。

由于断层影响区域较大，在给出目标断层中间位置上一条以断层上断点地表投影迹线为中心、长 200m，共计 201 个计算点上的 3 个位移分量（U_{xi}、U_{yi} 和 U_{zi}）为基础，根据两两计算点之间的位移量差值获得了 1m 间隔内的相对变形量，同时获得了每个计算点的总体相对变形量。

当覆盖层厚度为 10m 时，计算结果显示地表不发生破裂。图 6.5.15 为每个计算点的总体相对变形量，根据计算起始点和终点之间的 3 个位移分量的差值，可以计算获得总变形量为 0.282m。取其 85% 作为强变形带的变形量，则强变形带内的总变形量为 0.240m，满足该条件的范围从计算点–47m 至计算点 41m，即强变形带分布在计算点–47～41m，在该范围内每个计算点上的相对变形量都大于 0.0008m。根据计算点间距为 1m，可获得强变形带宽度为 88m。

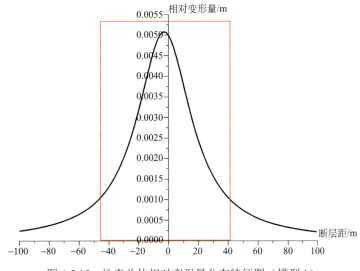

图 6.5.15　地表总体相对变形量分布特征图（模型 1）

左侧为断层下盘，右侧为断层上盘

在强变形带分布特征上，可以看出：在断层地表投影迹线的下盘一侧，强变形带宽 47m；而在断层地表投影迹线的上盘一侧，强变形带宽 41m。在跨越目标断层进行设防时，并不是按跨断层地表投影迹线平均设防，也不是根据位移量大小，需参照相对变形量的分布特征偏向下盘一侧进行设防。

1. 垂直位移

根据不同位置所对应的垂直位移,可以绘制如图 6.5.16 所示的垂直位移分布特征图。为进一步了解地表垂直变形量最大的位置,计算了每 1m 范围可能遭遇到的变形量(图 6.5.17),从中可以看出:强变形带分布在位置–47～41m,在位置–47m 的垂直位移量为–0.032m(正值上升,负值下降),在位置 41m 的垂直位移量为 0.059m,宽度范围内可能遭遇的垂直变形量为 0.091m。

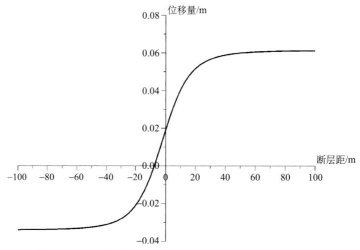

图 6.5.16　目标断层地表垂直位移分布特征图(模型 1)

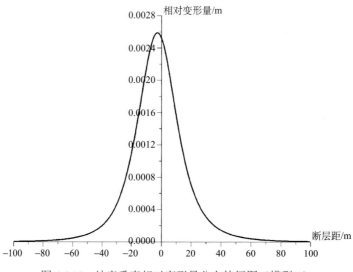

图 6.5.17　地表垂直相对变形量分布特征图(模型 1)

2. 垂直断层走向的水平位移

目标断层未来发生 6.5 级地震时,该断层在垂直断层走向上的地表水平位移分布特征如图 6.5.18 所示。在位置–47m 的位移量为 0.022m，在位置 41m 的位移量为 0.023m，两点之间（宽度 88m）可能遭遇的垂直断层走向的水平变形量为 0.001m。

在每 1m 间隔内的相对变形量特征分布图（图 6.5.19）上，可以看出：随着离开断层地表投影迹线位置，在上、下盘分别出现了两个相对变形量峰值，下盘的峰值点出现在–17m 处，上盘的峰值点出现在 11m 处。

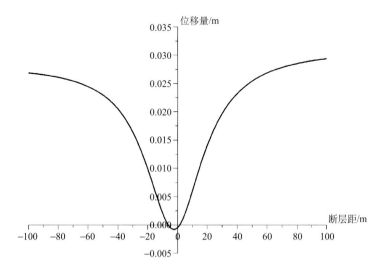

图 6.5.18　垂直断层走向地表水平位移分布特征图（模型 1）

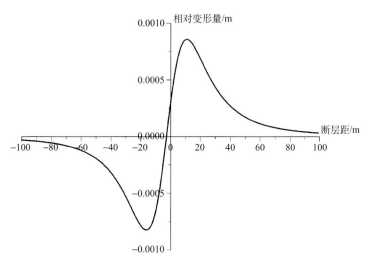

图 6.5.19　垂直断层走向地表水平相对变形量分布特征图（模型 1）

3. 平行断层走向的水平位移

目标断层未来发生 6.5 级地震时，在平行断层走向上的地表水平位移分布特征如图 6.5.20 所示。在位置–47m 的位移量为 0.045m（正值表示向图面上方运动），在位置 41m 的位移量为–0.177m，两点之间（宽度 88m）可能遭遇的平行断层走向的水平变形量为

0.222m。在平行断层走向上，每 1m 间隔内的相对变形量特征分布图如图 6.5.21 所示。

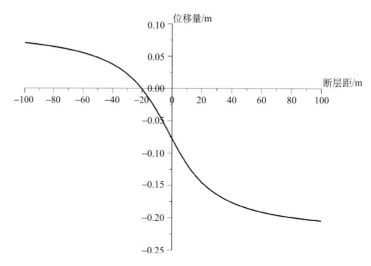

图 6.5.20　平行断层走向地表水平位移分布特征图（模型 1）

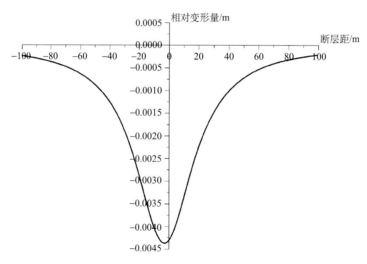

图 6.5.21 平行断层走向地表水平相对变形量分布特征图（模型 1）

6.5.2.2　模型 2 结果

当覆盖层厚度为 30m 时，计算结果显示地表不发生破裂。图 6.5.22 为每个计算点的总体相对变形量，根据计算起始点和终点之间的 3 个位移分量的差值，可以计算获得总变形量为 0.133m。取其 85%作为强变形带的变形量，则强变形带内的总变形量为 0.113m，满足该条件的范围从计算点–55m 至计算点 50m，即强变形带分布在计算点–55～50m，在该范围内每个计算点上的相对变形量都大于 0.0004m。根据计算点间距为 1m，可获得强变形带宽度为 105m。在强变形带分布特征上，可以看出：在断层地表投影迹线的下盘一侧，强变形带宽 55m；而在断层地表投影迹线的上盘一侧，强变形带宽 50m。

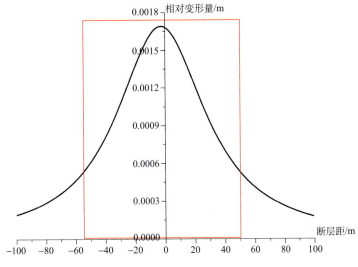

图 6.5.22　地表总体相对变形量分布特征图（模型 2）

左侧为断层下盘，右侧为断层上盘

1. 垂直位移

图 6.5.23 为垂直位移分布特征图，同时计算得到每 1m 范围可能遭遇到的变形量，如图 6.5.24 所示，从中可以看出：强变形带分布在位置–55～50m，在位置–55m 的垂直位移量为–0.022m（正值上升，负值下降），在位置 50m 的垂直位移量为 0.040m，宽度范围内可能遭遇的垂直变形量为 0.062m。

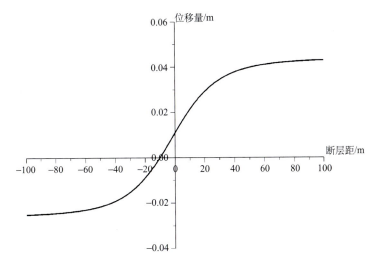

图 6.5.23　目标断层地表垂直位移分布特征图（模型 2）

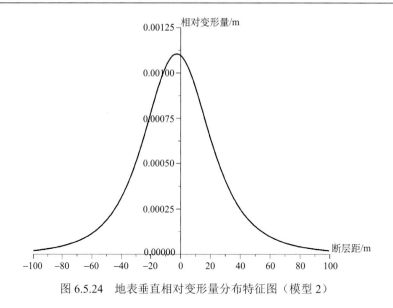

图 6.5.24　地表垂直相对变形量分布特征图（模型 2）

2. 垂直断层走向的水平位移

在垂直断层走向上的地表水平位移分布特征如图 6.5.25 所示，在位置–55m 的位移量为 0.013m，在位置 50m 的位移量为 0.014m，两点之间（宽度 105m）可能遭遇的垂直断层走向的水平变形量为 0.001m。图 6.5.26 为每 1m 间隔内的相对变形量特征分布图，可以看出：下盘的峰值点出现在–26m，上盘峰值点出现在 21m 处。

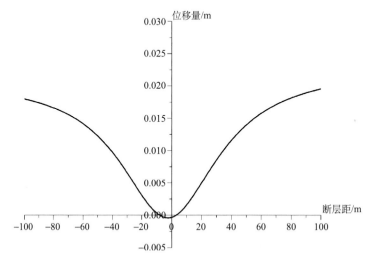

图 6.5.25　垂直断层走向地表水平位移分布特征图（模型 2）

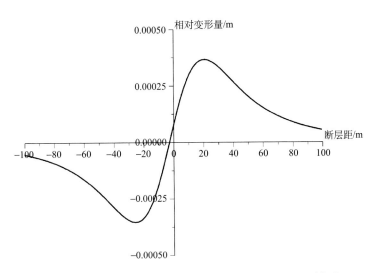

图 6.5.26　垂直断层走向地表水平相对变形量分布特征图（模型 2）

3. 平行断层走向的水平位移

在平行断层走向上的地表水平位移分布特征如图 6.5.27 所示。在位置–55m 的位移量为 0.029m（正值表示向图面上方运动），在位置 50m 的位移量为–0.065m，两点之间（宽度 105m）可能遭遇的平行断层走向的水平变形量为 0.094m。在平行断层走向上，每 1m 间隔内的相对变形量特征分布图如图 6.5.28 所示。

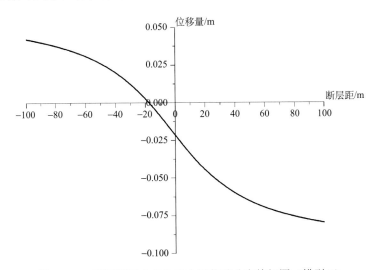

图 6.5.27　平行断层走向地表水平位移分布特征图（模型 2）

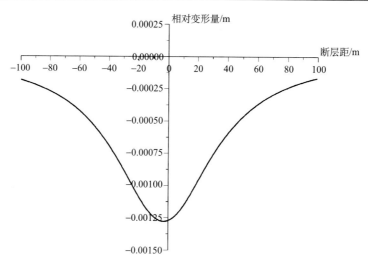

图 6.5.28　平行断层走向地表水平相对变形量分布特征图（模型 2）

6.5.3　预测结果

通过沿目标断层选取典型区段构建解析与数值计算模型开展地表强变形带预测，典型区段包括岩石出露区段和具有不同覆盖层厚度区段。其中三个典型区段的计算结果如下：

（1）对于出露地表活动断层区段，根据危险性评价可知，在未来 6.5 级地震事件中的同震水平位移为 0.4m。根据华北平原等大区域构造类比确定该破裂带最大宽度不会超过 30m。

（2）对于具有厚度为 10m 的覆盖层区段（模型 1），强变形带分布在计算点–47～41m，宽度为 88m，在断层地表投影迹线的下盘一侧，强变形带影响宽度为 47m，而在断层地表投影迹线的上盘一侧，强变形带影响宽度为 41m。强变形带范围内可能遭遇的总变形量为 0.240m。其中，垂直变形量为 0.091m，垂直断层走向的水平变形量为 0.001m，平行断层走向的水平变形量为 0.222m。

（3）对于具有厚度为 30m 的覆盖层区段（模型 2），强变形带分布在计算点–55～50m，宽度为 105m，在断层地表投影迹线的下盘一侧，强变形带影响宽度为 55m；而在断层地表投影迹线的上盘一侧，强变形带影响宽度为 50m。强变形带范围内可能遭遇的总变形量为 0.113m。其中，垂直变形量为 0.062m，垂直断层走向的水平变形量为 0.001m，平行断层走向的水平变形量为 0.094m。

6.6　地震动危害性评价主要结论

基于对目标断层桑涧子—广寒桥断裂 F1-M6.5 级设定地震和乌云山—合肥断裂

F2-M6.5 级设定地震（震源模型方案 1、震源模型方案 2、震源模型方案 3）的强地震动计算结果的分析，以及地表强变形和破裂带预测评价，得到目标断层地震危害性评价结论如下。

1. 桑涧子—广寒桥断裂 F1-M6.5 级设定地震（方案 1）

F1 发生 M6.5 级地震（方案 1）时，最大加速度影响范围基本覆盖整个目标区。加速度高值影响区（指对建筑物可能产生破坏作用的 100cm/s^2 以上加速度分布区域）分布于断层两侧及两端，形成长轴 30～35km、短轴 15～20km 的长圆形区域。其中断层东侧较西侧的地震动发育卓越，强烈地震动达到 250～350cm/s^2。其地震动受断层破裂形式和场地条件的共同影响，在空间上的分布具有不均匀性。郯庐断裂带构造、冲积盆地等复杂地下构造对地震动产生了复杂的放大（增幅）和聚焦等效应。

对于合肥市区，其东部区域，特别是东北部处于强烈地震动影响范围，幅值可能达到 180～350cm/s^2，西部区域地震动为 80～200cm/s^2。

F1 发生 M6.5 级破坏性地震（方案 1）时，在震源区附近很大区域内，一定的周期频带范围内的地震动水平超过《中国地震动参数区划图》（GB 18306—2015）对于一般建设工程的设防水准，较大区域超过 50 年超越概率 2%的罕遇地震设防水准，局部区域达到或超过极罕遇地震的设防水准，能够造成建设工程发生区域性破坏，应加强震害预测和抗震工作。

2. 桑涧子—广寒桥断裂 F1-M6.5 级设定地震（方案 2）

F1 发生 M6.5 级地震（方案 2）时，最大加速度影响范围基本覆盖整个目标区。加速度高值影响区分布于断层两侧及两端，形成长轴 30～35km、短轴 15～20km 的长圆形区域。其中断层北部较南部的地震动发育显著发达，强烈地震动达到 190～310cm/s^2。其地震动受断层破裂形式和场地条件的共同影响，在空间上的分布具有不均匀性。郯庐断裂带构造、冲积盆地等复杂地下构造对地震动产生了复杂的放大（增幅）和聚焦等效应。

对于合肥市区，其东部区域，特别是东北部处于强烈地震动影响范围，幅值可能达到 180～280cm/s^2，西部区域地震动为 80～200cm/s^2。

F1 发生 M6.5 级破坏性地震（方案 2）时，在震源区附近很大区域内，一定的周期频带范围内的地震动水平超过《中国地震动参数区划图》（GB 18306—2015）对于一般建设工程的设防水准，较大区域超过 50 年超越概率 2%的罕遇地震设防水准，局部区域达到或超过极罕遇地震的设防水准，能够造成建设工程发生区域性破坏，今后应加强震害预测和抗震工作。

通过比较 F1 的不同发震模式，方案 2 设定地震产生的地震动影响范围大于方案 1 设定地震，但是地震动极限强度小于方案 1 设定地震。

3. 桑涧子—广寒桥断裂 F1-M6.5 级设定地震（方案 3）

F1 发生 M6.5 级地震（方案 3）时，最大加速度影响范围基本覆盖整个目标区。加速度高值影响区分布于断层两侧及两端，形成长轴 30～35km、短轴 15～20km 的长圆形区域。目标区极限最大加速度幅值达 330～350cm/s²。其地震动受断层破裂形式和场地条件的共同影响，在空间上的分布具有不均匀性。郯庐断裂带构造、冲积盆地等复杂地下构造对地震动产生了复杂的放大（增幅）和聚焦等效应。

对于合肥市区，其东部区域和东北部区域处于强烈地震动影响范围，幅值可能达到 300～350cm/s²，西部区域地震动为 100～200cm/s²。

F1 发生 M6.5 级破坏性地震（方案 3）时，在震源区附近很大区域内，一定的周期频带范围内的地震动水平超过《中国地震动参数区划图》（GB 18306—2015）对于一般建设工程的设防水准，较大区域超过 50 年超越概率 2% 的罕遇地震设防水准，局部区域达到或超过极罕遇地震的设防水准，能够造成建设工程发生区域性破坏。

通过比较 F1 的不同发震模式，方案 3 设定地震产生的地震动影响规模和地震动极限强度与方案 1 设定地震相似，但是对合肥市区的影响更大。

4. 乌云山—合肥断裂 F2-M6.5 级设定地震（方案 1）

F2 发生 M6.5 级地震（方案 1）时，最大加速度影响范围基本覆盖整个目标区。加速度高值影响区分布于断层两侧及两端，形成长轴 30～35km、短轴 15～20km 的长圆形区域。其中断层东侧较西侧的地震动发育卓越，强烈地震动达到 250～350cm/s²。其地震动受断层破裂形式和场地条件的共同影响，在空间上的分布具有不均匀性。郯庐断裂带构造、冲积盆地等复杂地下构造对地震动产生了复杂的放大（增幅）和聚焦等效应。

对于合肥市区，其东部区域，特别是东北部处于强烈地震动影响范围，幅值可能达到 180～350cm/s²，西部和南部区域地震动为 80～200cm/s²。

F2 发生 M6.5 级破坏性地震（方案 1）时，在震源区附近很大区域内，一定的周期频带范围内的地震动水平超过《中国地震动参数区划图》（GB 18306—2015）对于一般建设工程的设防水准，较大区域超过 50 年超越概率 2% 的罕遇地震设防水准，局部区域达到或超过极罕遇地震的设防水准，能够造成建设工程发生区域性破坏。

5. 乌云山—合肥断裂 F2-M6.5 级设定地震（方案 2）

F2 发生 M6.5 级地震（方案 2）时，最大加速度影响范围基本覆盖整个目标区。加速度高值影响区分布于断层两侧及两端，形成长轴 30～35km、短轴 15～20km 的长圆形区域。其中断层北侧较南侧的地震动发育卓越，强烈地震动达到 190～310cm/s²。其地震动受断层破裂形式和场地条件的共同影响，在空间上的分布具有不均匀性。郯庐断裂带构造、冲积盆地等复杂地下构造对地震动产生了复杂的放大（增幅）和聚焦等效应。

合肥市区处于地震动发生急剧变化的区域，中心区域最大加速度达 180～220cm/s²，东北部区域最大加速度发育卓越，达 180～280 cm/s²，南部和西部加速度幅值为 80～150 cm/s²。

F2 发生 M6.5 级破坏性地震（方案 2）时，在震源区附近很大区域内，一定的周期频带范围内的地震动水平超过《中国地震动参数区划图》（GB 18306—2015）对于一般建设工程的设防水准，较大区域超过 50 年超越概率 2%的罕遇地震设防水准，局部区域达到或超过极罕遇地震的设防水准，能够造成建设工程发生区域性破坏。

通过比较 F2 的不同发震模式，方案 2 设定地震产生的地震动影响范围大于方案 1 设定地震，但是地震动极限强度小于方案 1 设定地震。

6. 乌云山—合肥断裂 F2-M6.5 级设定地震（方案 3）

F2 发生 M6.5 级地震（方案 3）时，最大加速度影响范围基本覆盖整个目标区。加速度高值影响区分布于断层两侧及两端，形成长轴 30～35km、短轴 15～20km 的长圆形区域。目标区极限最大加速度幅值达 330～350cm/s²。其地震动受断层破裂形式和场地条件的共同影响，在空间上的分布具有不均匀性。郯庐断裂带构造、冲积盆地等复杂地下构造对地震动产生了复杂的放大（增幅）和聚焦等效应。

对于合肥市区，其中心区域、东北区域和西南区域处于强烈地震动影响范围，幅值可能达到 300～350cm/s²，其外围区域地震动为 200～300cm/s²。

F2 发生 M6.5 级破坏性地震（方案 3）时，在震源区附近很大区域内，一定的周期频带范围内的地震动水平超过《中国地震动参数区划图》（GB 18306—2015）对于一般建设工程的设防水准，较大区域超过 50 年超越概率 2%的罕遇地震设防水准，局部区域达到或超过极罕遇地震的设防水准，能够造成建设工程发生区域性破坏。

通过比较 F2 的不同发震模式，方案 3 设定地震产生的地震动影响规模和地震动极限强度与方案 1 设定地震相似，但是对合肥市区的影响更大。

7. F1 断层或 F2 断层发生 M6.5 级地震的地表强变形

桑润子—广寒桥断裂的三种破坏模式和乌云山—合肥断裂的三种破坏模式在目标区内均可产生一定程度的地表强变形带，发生地表破裂的可能性很小。在盆地地区，依据隐伏断层上覆土层的厚度，可能发生宽度超过 100m 的地表强变形影响带，当覆盖层厚度小于等于 10m 时，强变形影响宽度设定为 88m，上盘为 41m，下盘 47m，强变形的量值相对较小。对于设防要求高的重大工程，建议开展有针对性的专题研究。

随着覆盖层厚度增大，地表变形带影响范围趋于分散，表现在影响宽度变大，而总变形量和相对变形量均降低，说明危险程度相应减小，因此在实际应用中应综合权衡影响宽度与绝对变形量制定对策。

本节给出的强地震动的计算结果基于目标区内潜在最大震级的地震断层发生破裂时，目标区内产生的地震动的空间分布，计算背景和计算方法不同于现行规范。

本节的设定地震事件作为低超越概率地震，相当或超出《中国地震动参数区划图》（GB 18306—2015）规定的大震或重要工程中使用的最不利地震的概率水平。

第 7 章　合肥市活断层探测与地震危险性评价结论

作为安徽省首个活断层探测项目，目标区又位于安徽省会城市合肥市，通过"合肥市活断层探测与地震危险性评价"项目开展的系统性研究工作，确定了合肥市主城区主要断裂的空间展布和最新活动时代，评价了其未来发生地震的概率、水平及危害性，并在郯庐断裂带、合肥地区所处的地震构造环境、合肥盆地的最新构造变形等方面获得了最新的认识和了解，为合肥市的抗震设防及城市综合减灾提供重要依据，也为安徽省其他城市开展活断层探测工作提供借鉴。

7.1　郯庐断裂带特征

通过深、浅部探测结合野外考察，认识到郯庐断裂带为一条切割岩石圈的断裂带，深部由两条深大断裂组成，以直立样式切穿莫霍面插入上地幔顶部，浅部由多条分支断裂组成，剖面中呈花瓣状形态。探测区内该断裂带主要由 4 条主干断裂构成，分别是桑涧子—广寒桥断裂（F1）、乌云山—合肥断裂（F2）、池河—西山驿断裂（F15）、藕塘—清水涧断裂（F16）。各断裂皆可划分为北、中、南三段。

F1 北段和 F15 北段最新活动时代为晚更新世，其他断裂和断裂段最新活动时代为中更新世晚期—中更新世。断裂活动性质主要表现为正走滑断层、逆走滑断层。

确定了郯庐断裂带分支断层（F1、F2）穿过合肥盆地，并隐伏于合肥盆地中，最新活动时代为中更新世晚期，活动性质为逆断层，切割到上地壳，至下地壳合并为一条断裂。

7.2　第四系分布特征

探测区不同地区第四系堆积厚度变化较大，西北部的淮河平原区是第四系堆积最厚的地区，从下更新统到全新统皆有堆积，厚度为 50～235m。合肥盆地第四系分布虽然广泛，但除个别地段外，总的厚度较小，绝大部分仅有中更新统—全新统，缺失下更新统，反映早更新世—中更新世初期盆地大部分处于隆起状态。通过对钻孔资料的深入分析，确定合肥盆地的下蜀组是一个穿时的地层单元，即穿越了中更新统和上更新统。合肥盆地第四系堆积的起始年龄距今约 60 万年，盆地西北堆积薄，仅 15～20m，东南堆积厚，一般 40m 左右。

值得指出的是，盆地东北缘的肥东县梁园到定远县池河一线，第四系厚度可达百米以上，反映该段堆积厚度受郯庐断裂带第四纪活动的影响。

7.3 新构造运动特征

通过对探测区地震构造背景的调查与分析,得出区域新构造运动总体表现为西南部大别山及东北部张八岭—浮槎山一带差异性缓慢隆升,淮北平原区、江淮波状平原及沿长江冲积平原主要表现为差异性下降,淮北平原表现为持续性下降,堆积较厚的新生界,而江淮波状平原、沿长江冲积平原则表现为间歇性下降,其新生界和第四系堆积较薄。研究区断裂具有继承性活动特点。

区域构造应力场为近东西向的水平挤压和近南北向的水平拉张,使不同方向的断裂活动产生不同的运动方式,NE 向断裂表现为右旋走滑,NW 向断裂表现为左旋走滑。

7.4 目标区断裂活动性

目标区 7 条断层均呈隐伏状态,根据浅层地震探测及钻孔联合地质剖面资料分析,桑涧子—广寒桥断裂(F1)和乌云山—合肥断裂(F2)的最新活动时代为中更新世晚期,活动性质为逆断层;其他 5 条断裂皆为前第四纪断裂,其中大蜀山—吴山口断裂(F3)、桥头集—东关断裂(F4)、大蜀山—长临河断裂(F5)的活动性质为逆断层,六安—合肥断裂(F6)、肥西—韩摆渡断裂(F7)为正断层(表 7.4.1)。

表 7.4.1 目标区断裂属性表

断裂编号	断裂名称	几何特征	产状			性质	上断点埋深/m	最新活动时代
			走向	倾向	倾角/(°)			
F1	桑涧子—广寒桥断裂	隐伏	NNE	SEE	30~40	逆断层	25	Q_{p2} 晚期
F2	乌云山—合肥断裂	隐伏	NNE	SEE	40~45	逆断层	27	Q_{p2} 晚期
F3	大蜀山—吴山口断裂	隐伏	NE	NW	28	逆断层	45	Pre-Q
F4	桥头集—东关断裂	隐伏	NWW	SW	35~55	逆断层	39	Pre-Q
F5	大蜀山—长临河断裂	隐伏	NW	NE	55	逆断层	44	Pre-Q
F6	六安—合肥断裂	隐伏	E	S	46~57	正断层	46	Pre-Q
F7	肥西—韩摆渡断裂	隐伏	E	S	50~80	正断层	28	Pre-Q

7.5 地壳结构特征

深地震反射剖面反映出探测区地壳结构非常复杂,地壳厚度由西向东呈减薄趋势,莫霍面埋深为 34.4~38.3km,上地壳厚度为 16.5~20.3km,下地壳厚度为 17.8~21.7km;以郯庐断裂带为界,西侧华北地块合肥盆地内的莫霍面深度明显大于东侧扬子地块的深度,壳幔过渡带厚度约 3~5km。探测区莫霍面至上地幔顶部被郯庐断裂带切割。

7.6　地 震 活 动 性

探测区自公元 294 年～2017 年 8 月底，共记录到破坏性地震 17 次，其中 $4\frac{3}{4}\leqslant$ $M_s<5$ 级 2 次，$5\leqslant M_s<6$ 级 12 次，$6\leqslant M_s<7$ 级 3 次。3 次 $6\leqslant M_s<7$ 的地震分别是 1652 年 3 月 23 日霍山东北 M_s6 级地震、1831 年 9 月 28 日凤台东北 $M_s6\frac{1}{4}$ 级地震和 1917 年 1 月 24 日霍山 $M_s6\frac{1}{4}$ 级地震。地震空间分布不均匀，≥6 级地震主要发生在霍山—六安地区和凤台—凤阳地区，且霍山—六安地区中强震活动的频度和强度明显高于其他地区。

目标区范围内发生 $M_s\geqslant4\frac{3}{4}$ 级地震仅 1 次，即 1673 年 3 月 29 日合肥 5 级地震，该次地震震中烈度为Ⅵ度。1970 年有仪器记录以来至 2017 年 8 月，目标区共记录到 $M_L\geqslant1.0$ 级的地震 17 次，其中最大地震为 2009 年 4 月肥东 4.0 级地震。目标区历史上 5 级地震和 1970 年有仪器记录以来发生的小震绝大部分位于郯庐断裂带内，其他地区地震很少。

7.7　地 震 构 造 条 件 评 价

由小震精定位结果、震源深度剖面及体波速度结构分析得到探测区中小地震主要发生在明显的高速异常区；另外，高速异常和低速异常的陡变带往往是不同介质的接触部位，随着地壳应力的不断积累，造成不同介质之间的滑动失稳，从而产生地震。重力、航磁及大地电磁测深资料反映出梅山—龙河口断裂、青山—晓天断裂和落儿岭—土地岭断裂在地壳深处皆构成明显的电性边界，具备发生强震的深部构造条件；此外，重力、航磁资料反映的高重力或低重力，高磁或低磁特征，平面上呈长椭圆形特征，这些特征有利于地震的孕育和发生。

由深部探测结果显示，郯庐断裂带是切穿地壳的深大断裂，呈现为多条主干断裂联系的复杂的大型花状几何样式，组成巨大的断裂体系。沿断裂带是一条明显的电性分界带，也是一条重力梯度带和航磁异常带。山东段历史上曾发生 1668 年郯城 $8\frac{1}{2}$ 级地震，根据构造类比，探测区内郯庐断裂带具备发生强震的深部构造条件。

7.8　目标区发震构造与地震危险性

深地震反射探测结果显示，郯庐断裂带分支断裂桑涧子—广寒桥断裂（F1）和乌云山—合肥断裂（F2）的中段位于目标区内，是中更新世晚期活动断裂。由入仓-三宅经验关系和 WC 经验关系评估这两条断层潜在地震的最大震级为 M_s 6.5 级。目标区其他 5 条断裂潜在地震最大震级为 M_s 6.0 级。

综合多种确定性方法的最保守取值，桑涧子—广寒桥断裂（F1）和乌云山—合肥断裂（F2）未来 100 年发生 6.5 级地震的概率为 0.39，未来 200 年发生 6.5 级地震的概率为 0.63。

7.9　设定地震的地震动危害性评价

目标区桑涧子—广寒桥断裂（F1）发生 M_s 6.5 级地震时，最大加速度影响范围基本覆盖整个目标区，加速度高值影响区（100cm/s^2 以上）分布于断层两侧及两端，形成长轴 30～35km、短轴 15～20km 的长圆形区域，目标区极限最大加速度幅值达 330～350 cm/s^2。对于合肥市区，其东部区域和东北部区域处于强烈地震动影响范围，幅值可能达到 300～350 cm/s^2，西部区域地震动为 100～200 cm/s^2。

而乌云山—合肥断裂（F2）发生 M_s 6.5 级地震时，最大加速度影响范围也基本覆盖整个目标区。加速度高值影响区分布于断层两侧及两端，形成长轴 30～35km、短轴 15～20km 的长圆形区域。目标区极限最大加速度幅值达 330～350cm/s^2。对于合肥市区，其中心区域、东北区域和西南区域处于强烈地震动影响范围，幅值可能达到 300～350cm/s^2，外围区域地震动为 200～300cm/s^2。

这两条断层在发生 M_s 6.5 级地震时，在震源区附近很大区域内，一定的周期频带范围内的地震动水平均超过《中国地震动参数区划图》（GB 18306—2015）中目标区范围内的地震动值，对于一般建设工程的设防水准，较大区域也均超过 50 年超越概率 2%的罕遇地震设防水准，局部区域达到或超过极罕遇地震的设防水准，能够造成建设工程发生区域性破坏。

根据桑涧子—广寒桥断裂和乌云山—合肥断裂的可能破坏模式，在目标区内均可产生一定程度的地表强变形带，发生地表破裂的可能性很小。但对于设防要求高的重大工程，仍需继续开展有针对性的专题研究工作。

主要参考文献

安徽省地震工程研究院. 2012. 滁州市地震小区划报告.

安徽省地震局. 1990. 安徽地震目录(公元 281～1985 年). 北京: 中国展望出版社.

安徽省地质局. 1974. 1∶200000 六安幅（H-50-Ⅲ）、岳西幅（H-50-Ⅸ）地质图及区域地质调查报告.

安徽省地质局. 1977. 1∶200000 南京幅（I-50-XXXV）地质图及区域地质调查报告.

安徽省地质局. 1979a. 1∶200000 亳州幅（I-50-XX）、阜阳幅（I-50-XXVI）、蒙城幅（Ⅰ-50-XXVⅡ）、固始幅（I-50-XXXⅡ）、寿县幅（I-50-XXXⅢ）地质图及区域地质调查报告.

安徽省地质局. 1979b. 1∶200000 蚌埠幅（I-50-XXVⅢ）地质图及区域地质调查报告.

安徽省地质局. 1979c. 1∶200000 合肥幅（H-50-Ⅳ）、定远幅（I-50-XXXⅣ）地质图及区域地质调查报告.

安徽省地质局区域地质调查队. 1979a. 1∶500000 安徽省构造体系图及说明书.

安徽省地质局区域地质调查队. 1979b. 定远幅、合肥幅地质构造图.

安徽省地质矿产局. 1987. 安徽省区域地质志. 北京: 地质出版社.

白志明, 王椿镛. 2006. 下扬子地壳 P 波速度结构: 符离集-奉贤地震测深剖面再解释. 科学通报, 51(21): 2534-2541.

北京中震创业工程科技研究院, 安徽省地震工程研究院, 中国地震灾害防御中心. 2007. 安徽芜湖核电站笆茅山厂址可行性研究阶段地震安全性评价报告.

晁洪太, 李家灵, 崔昭文, 等. 1994. 郯庐断裂带中段全新世活断层的特征滑动行为与特征地震. 内陆地震, 8(4): 297-304.

陈国星, 高维明. 1988. 沂沭断裂带现代活动特征及其与强震构造的关系. 中国地震, 4(3): 130-135.

陈海云, 舒良树, 张云银, 等. 2004. 合肥盆地中新生代构造演化. 高校地质学报, 10(2): 250-256.

陈沪生, 周雪清, 李道琪, 等. 1993. 中国东部灵璧—奉贤(HQ-13)地学断面图 1∶1000000. 北京: 地质出版社.

陈建平. 2004. 合肥盆地中新生代构造演化与油气地质特征. 北京: 地质出版社.

陈锦泰, 蔡全利, 许坤福, 等. 1989. 山东省地震构造//马杏垣. 中国岩石圈动力学地图集. 北京: 中国地图出版社.

陈培善, 陈海通. 1989. 由二维破裂模式导出的地震定标律. 地震学报, 11(4): 337-350.

程言新, 张福生, 王婉茹, 等. 1996. 安徽省地貌分区和分类. 安徽地质, 6(1): 63-69.

邓起东, 冉勇康, 杨晓平, 等. 2007. 中国活动构造图(1∶400 万). 北京: 地震出版社.

丁国瑜. 1982. 中国内陆活动断裂基本特征的探讨//中国地震学会地震地质专业委员会. 中国活动断裂. 北京: 地震出版社.

丁国瑜. 1992. 有关活断层分段的一些问题. 中国地震, 8(2): 1-10.

方小东, 朱光, 徐春华, 等. 2005. 合肥盆地安参 1 井同位素年代地层学研究. 安徽地质, 15(4): 246-250.

方仲景, 计凤桔, 向宏发, 等. 1976. 郯庐带中段第四纪断裂活动特征与地震地质条件评述. 地质科学, 11(4): 354-366.

高维明, 郑朗荪, 李家灵, 等. 1988. 1668 年郯城 8.5 级地震的发震构造. 中国地震, 4(3): 9-15.

国家地震局地质研究所. 1987. 郯庐断裂. 北京: 地震出版社.

国家地震局震害防御司. 1995. 中国历史强震目录(公元前 23 世纪—公元 1911 年). 北京: 地震出版社.

何宏林, 宋方敏, 李传友, 等. 2004. 郯庐断裂带莒县胡家孟晏地震破裂带的发现. 地震地质, 26(4):

630-637.

黄汲清, 任纪舜, 姜春发, 等. 1977. 中国大地构造基本轮廓. 地质学报, 51(2): 19-37.

黄玮琼, 李文香, 曹学锋. 1994. 中国大陆地震资料完整性研究之一——以华北地区为例. 地震学报, 16(3): 273-280.

黄耘, 李清河, 孙业君, 等. 2006. 江苏及邻区地壳上地幔结构研究. 西北地震学报, 28(4): 369-376.

贾红义, 刘国宏, 张云银, 等. 2001. 合肥盆地形成机制与油气勘探前景. 安徽地质, 11(1): 9-18.

江苏省地质局区调队. 1974. 1∶200000 马鞍山幅(H-50-Ⅴ)地质图及区域地质调查报告.

金学申, 戴英华, 赵军, 等. 1994. 不同精度的地震资料在确定地震活动性参数中的应用. 地震学报, 16(3): 281-287.

李家灵, 晁洪太, 崔昭文, 等. 1994. 1668 年郯城 8½级地震断层及其破裂机制. 地震地质, 16(3): 229-237.

李起彤. 1994. 断层活动性定量评定之现状与展望. 国际地震动态, 5: 1-5.

李起彤, 南金生, 苏顺昌, 等. 1990. 华东地区中强地震构造背景和地质标志研究. 华南地震, 10(1): 1-14.

李清河, 黄耘, 张元生, 等. 2008. 郯庐断裂带中南段速度结构特点. 国际地震动态, 11: 110.

李忠, 李任伟. 1999. 合肥盆地南部侏罗系砂岩碎屑组分及其物源构造属性. 岩石学报, 15(3): 438-445.

刘保金, 酆少英, 姬计法, 等. 2015. 郯庐断裂带中南段的岩石圈精细结构. 地球物理学报, 58(5): 1610-1621.

刘国生. 2009. 合肥盆地东部对郯庐断裂带活动的沉积响应. 合肥: 合肥工业大学出版社.

刘国生, 朱光, 牛漫兰, 等. 2006. 合肥盆地东部中-新生代的演化及其对郯庐断裂带活动的响应. 地质科学, 41(2): 256-269.

刘国生, 朱光, 宋传中, 等. 2002. 郯庐断裂带新近纪以来的挤压构造与合肥盆地的反转. 安徽地质, 12(2): 81-85.

刘泽民, 刘东旺, 李玲利, 等. 2011. 利用多个震源机制解求东大别地区平均应力场. 地震学报, 33(5): 605-613.

陆镜元, 曹光暄, 刘庆忠, 等. 1992. 安徽省地震构造与环境分析. 合肥: 安徽科学技术出版社.

吕庆田, 董树文, 史大年, 等. 2014. 长江中下游成矿带岩石圈结构与成矿动力学模型——深部探测(SinoProbe)综述. 岩石学报, 30(4): 889-906.

马杏垣. 1987. 中国及邻近海域岩石圈动力学图及说明书(1∶400 万). 北京: 地质出版社.

闵伟, 焦德成, 周本刚, 等. 2011. 依兰-伊通断裂全新世活动的新发现及其意义. 地震地质, 33(1): 141-150.

邱连贵, 辛忠斌, 徐春华, 等. 2002. 安参 1 井中生界沉积相及储层特征研究. 石油实验地质, 24(3): 228-231.

任纪舜. 1999. 从全球看中国大地构造——中国及邻区大地构造图简要说明. 北京: 地质出版社.

任纪舜. 2003. 新一代中国大地构造图. 地球学报, 24(1): 1-2.

沈小七, 姚大全, 郑海刚, 等. 2015. 郯庐断裂带重岗山—王迁段晚更新世以来的活动习性. 地震地质, 37(1): 139-148.

史大年, 吕庆田, 徐文艺, 等. 2012. 长江中下游成矿带及邻区地壳结构——MASH 成矿过程的 P 波接收函数成像证据? 地质学报, 86(3): 389-399.

宋传中, 朱光, 王道轩, 等. 2000. 苏皖境内滁河断裂的演化与大地构造背景. 中国区域地质, 19(4): 367-374.

宋方敏, 杨晓平, 何宏林, 等. 2005. 山东安丘—莒县断裂小店子—茅埠段新活动及其定量研究. 地震地质, 27(2): 200-211.

汤有标, 沈子忠, 林安培, 等. 1988. 郯庐断裂带安徽段的展布及其新构造活动. 地震地质, 10(2): 46-50.

汤有标, 姚大全. 1990. 郯庐断裂带赤山段晚更新世以来的活动性. 中国地震, 6(2): 63-69.

腾吉文, 王光杰, 张中杰, 等. 2000. 华南大陆 S 波三维速度结构与郯庐断裂带的南延. 科学通报, 45(23): 2492-2498.

腾吉文, 闫雅芬, 王光杰, 等. 2006. 大别造山带与郯庐断裂带壳、幔结构和陆内"俯冲"的耦合效应. 地球物理学报, 49(2): 449-457.

涂荫玖, 刘湘培, 汪祥云, 等. 2001. 下扬子北缘滁州—巢湖褶皱冲断带研究. 大地构造与成矿学, 25(1): 9-26.

涂荫玖, 杨晓勇, 刘德良. 1999. 皖东黄栗树—破凉亭断裂带北段构造岩显微—超显微变形特征及地质意义. 地质评论, 45(6): 621-627.

王椿镛, 张先康, 陈步云, 等. 1997. 大别造山带的地壳结构研究. 中国科学(D 辑), 27(3): 221-226.

王清晨, 从伯林, 马力. 1997. 大别造山带与合肥盆地的构造耦合. 科学通报, 42 (6): 575-580.

闻学泽. 1995. 活动断裂地震潜势的定量评估. 北京: 地震出版社.

夏瑞良. 1985. 安徽区域地震应力场的分布特征. 地震地质, 7(3): 13-21.

谢富仁, 崔效锋, 赵建涛, 等. 2004. 中国大陆及邻区现代构造应力场分区. 地球物理学报, 47(4): 654-662.

谢瑞征, 丁政, 李端璐. 1990. 江苏宿迁发现古地震遗迹. 地震地质, 12(4): 378-379.

谢瑞征, 丁政, 朱书俊, 等. 1991. 郯庐断裂带江苏及邻区第四纪活动特征. 地震学刊, 4: 1-7.

徐春华, 宋明水, 李学田, 等. 2005. 合肥盆地安参 1 井石炭二叠系的发现及其地质意义. 成都理工大学学报(自然科学版), 32(6): 576-580.

徐涛, 张忠杰, 田小波, 等. 2014. 长江中下游成矿带及邻区地壳速度结构: 来自利辛—宜兴宽角地震资料的约束. 岩石学报, 30(4): 918-930.

徐锡伟, 于贵华, 马文涛, 等. 2002. 活断层地震地表破裂"避让带"宽度确定的依据与方法. 地震地质, 24(4): 470-483.

徐佑德, 赵明, 徐春华, 等. 2002. 合肥盆地安参 1 井中生代地层特征. 石油实验地质, 24(3): 223-227.

许卫, 王有生, 童劲松, 等. 1999. 合肥及其以东地区新构造运动特征. 安徽地质, 9(4): 250-254.

薛爱民, 金维浚, 袁学诚. 1999. 大别山北缘合肥盆地中、新生代构造演化. 高校地质学报, 5(2): 157-163.

杨源源, 赵朋, 郑海刚, 等. 2017. 郯庐断裂带安徽紫阳山段发现全新世活动证据. 地震地质, 39(4): 644-655.

杨源源, 郑海刚, 姚大全, 等. 2016. 郯庐断裂带中段嶂山东侧断裂的活动特征. 地震地质, 38(3): 582-595.

姚大全, 刘加灿. 2004. 郯庐断裂带池河段的新活动. 地震学报, 26(6): 616-622.

姚大全, 刘加灿, 李杰, 等. 2003. 六安—霍山地震危险区地震活动和地震构造. 地震地质, 25(2): 211-219.

姚大全, 汤有标, 沈小七, 等. 2012. 郯庐断裂带赤山段中晚更新世之交的史前地震遗迹. 地震地质, 34(1): 93-99.

姚大全, 郑海刚, 赵朋, 等. 2017. 郯庐断裂带淮河南到女山湖段晚第四纪以来的新活动. 中国地震, 33(1): 38-45.

翟洪涛, 张毅, 孙宝廷. 2006. 合肥地区地震活动性及地震地质构造背景分析. 华南地震, 26(3): 68-76.

詹艳, 赵国泽, 陈小斌, 等. 2004. 宁夏海原大震区西安州—韦州剖面大地电磁探测与研究. 地球物理学报, 47(2): 274-281.

詹艳, 赵国泽, 王继军, 等. 2008. 1927 年古浪 8 级大震区及其周边地块的深部电性结构. 地球物理学报, 51(2): 511-520.

张建国, 杨润海, 赵晋民, 等. 2011. 昆明活断层探测. 昆明: 云南科技出版社.

张交东, 刘德良, 林会喜, 等. 2003. 郯庐断裂带南段巨型正花状构造的发现及地质意义. 中国科学技术大学学报, 33(4): 486-490.

张交东, 王登稳, 刘德良, 等. 2008. 合肥盆地安参 1 超深井钻遇的基底时代问题讨论. 地质评论, 54(4): 145-150.

张交东, 杨长春, 刘成斋, 等. 2010. 郯庐断裂带南段走滑和伸展断裂的深部结构及位置关系. 地球物理学报, 53(4): 864-873.

张明辉, 徐涛, 吕庆田, 等. 2015. 长江中下游成矿带及邻区三维 Moho 面结构: 来自人工源宽角地震资料的约束. 地球物理学报, 58(12): 4360-4372.

张鹏, 李丽梅, 张景发, 等. 2011. 郯庐断裂带江苏段第四纪活动特征及其动力学背景探讨. 防震减灾工程学报, 31(4): 389-396.

张四维, 张锁喜, 唐荣余, 等. 1988. 下扬子地区符离集—奉贤地震测深资料解释. 地球物理学报, 31(6): 637-648.

赵朋, 姚大全, 杨源源, 等. 2017a. 郯庐断裂带安徽浮山段晚第四纪以来活动新发现. 地震地质, 39(5): 889-903.

赵朋, 姚大全, 杨源源, 等. 2017b. 郯庐断裂带大红山段晚第四纪以来的新活动. 地震地质, 39(3): 550-560.

赵宗举, 杨树锋, 陈汉林, 等. 2000a. 合肥盆地基底构造属性. 地质科学, 35(3): 288-296.

赵宗举, 杨树锋, 周进高, 等. 2000b. 合肥盆地逆掩冲断带地质-地球物理综合解释及其大地构造属性. 成都理工学院学报, 27(2): 151-157.

郑晔, 滕吉文. 1989. 随县—马鞍山地带地壳与上地幔结构及郯庐构造带南段的某些特征. 地球物理学报, 32(6): 648-659.

郑颖平, 姚大全, 张毅, 等. 2014. 郯庐断裂带新沂—五河段晚第四纪活动的新证据. 中国地震, 30(1): 23-29.

中华人民共和国国家质量监督检验检疫总局, 中国国家标准化管理委员会. 2015. 中国地震动参数区划图(GB 18306—2015).

中国地震局地球物理研究所. 2012. 合肥南站综合交通枢纽配套工程场地地震安全性评价报告.

中国地震局地质研究所. 2007. 安徽芜湖核电站芭茅山厂址可行性研究阶段地震安全性评价报告.

中国地震局地质研究所. 2011. 国电巢湖核电项目初步可行性研究阶段地震地质专题报告.

中国地震局震害防御司. 1999. 中国近代地震目录(公元 1912 年—1990 年, Ms≥4. 7). 北京: 地震出版社.

周翠英, 王铮铮, 蒋海昆, 等. 2005. 华东地区现代地壳应力场及地震断层错动性质. 地震地质, 27(2): 273-288.

周进高, 赵宗举, 邓红婴. 1999. 合肥盆地构造演化及含油气性分析. 地质学报, 73(1): 15-24.

朱光, 朴学峰, 张力, 等. 2011. 合肥盆地伸展方向的演变及其动力学机制. 地质论评, 57(2): 153-166.

朱光, 王道轩, 刘国生, 等. 2004a. 郯庐断裂带的演化及其对西太平洋板块运动的响应. 地质科学, 39(1): 36-49.

朱光, 王道轩, 徐春华, 等. 2004b. 大别高压-超高压变质岩剥露历史在合肥盆地的记录. 高校地质学报, 10(4): 594-605.

朱介涛. 1986. 我国大陆地壳及上地幔分块结构特征. 成都地质学院学报, 13(1): 75-97.

朱金芳, 黄宗林, 徐锡伟, 等. 2005. 福州市活断层探测与地震危险性评价. 中国地震, 21(1): 1-16.

IGCP 第 206 项中国工作组. 1989. IGCP 第 206 项——全球主要活断层特性的对比. 北京: 地震出版社.

入倉孝次郎, 三宅弘恵. 2000. M8 クラスの大地震の断層パラメーター一断層長さ, 幅, 変位, 面積と地震モーメントの関系. 京都: 京都大学防災研究所.

Aki K. 1965. Maximum likelihood estimate of b in the formula logN=a-bM and its confidence limits. Bull. Earthq. Res Inst, Univ. Tokyo 43(2): 237-239.

Christie-Blick N, Biddle K T. 1985. Deformation and basin formation along strike-slip faults// Biddle K T, Christie-Blick N. Strike-slip Deformation, Basin Deformation and Sedimentation. Society of Economic

Paleontologists and Mineralogists Special Publication, Society for Sedimentary Geology, Tulsa, 37: 1-34.

Harding T P. 1985. Seismic characteristics and identification of negative flower structures, positive flower structures and positive structural inversion. AAPG Bulletin, 69(4): 582-600.

Hanks T C, Kanamori H. 1979. A moment magnitude scale. J. Geophys. Res. , 84: 2348-2350.

Irikura K, Miyake H. 2002. Source modeling for strong ground motion prediction. Chikyu, 37: 62-77.

Miyakoshi K, Kagawa T, Sekiguchi H, et al. 2000. Source characterization of inland earthquakes in Japan using source inversion results. Proceedings of the 12th World Conference on Earthquake Engineering (CD-ROM).

Naylor M A, Mandl G, Supesteijn C H K. 1986. Fault geometries in basement-induced wrench faulting under different initial stress states. Journal of Structural Geology, 8(7): 737-752.

Papazachos B C. 1989. A time-predictable model for earthquakes in Greece. Bull. Seismol. Soc. Am., 79(1): 77-84.

Somerville P G, Irikura K, Graves R W, et al. 1999. Characterizing crustal earthquake slip models for the prediction of strong ground motion. Seismological Research Letters, 70(1): 59-82.

Utsu T. 1965. A method for determining the value of b in a formula logN=a-bM showing the magnitude-frequency relation for earthquakes. Geophysical Bulletin of the Hokkaido University, 13: 99-103.

Wells D, Coppersmith K J. 1994. New empirical relations among magnitude, rupture length, rupture width, rupture area and surface displacement. Bull. Seism. Soc. Am. , 84(4): 974-1002.

Xu S, Chen G, Tao Z, et al. 1994. The fossils in Shangxi group and its implication for tectonics, Southern Anhui, China. Science China Chemistry, 37(3): 366-375.

Xu Z Q. 1987. Etude tectonique et microtectinique de la Chaine paleclzoique de Qinlings // Presente a L'Universite des Sciences et Techninues du Lanauedoc Pour obtenir le dinlome de Doctorat, 93-107.

Zoback M L. 1992. First-and second-order patterns of stress in the lithosphere: The World Stress Map Project. Journal of Geophysical Research: Solid Earth, 97(B8): 11703-11728.